继电保护现场操作

实用技术

张慧卿　程奕梅　张 帆　编

JIDIAN BAOHU XIANCHANG CAOZUO
SHIYONG JISHU

中国电力出版社
CHINA ELECTRIC POWER PRESS

内 容 提 要

本书共分三章，第一章着重介绍继电保护现场作业操作要求，其中包括继电保护校验要求、验收重点、改造安全措施等内容；第二章着重介绍继电保护新设备验收，针对不同的继电保护装置和二次回路，详细介绍了继电保护及其二次回路的验收流程、验收项目、验收标准；第三章着重介绍继电保护现场定期校验，针对不同的继电保护装置和二次回路，详细介绍其日常校验项目、校验流程、校验方法、校验标准。

本书可供系统内继电保护专业相关工作人员参考使用。

图书在版编目（CIP）数据

继电保护现场操作实用技术/张慧卿，程奕梅，张帆编. —北京：中国电力出版社，2019.11
（2023.7 重印）

ISBN 978-7-5198-4047-1

Ⅰ. ①继… Ⅱ. ①张… ②程… ③张… Ⅲ. ①继电保护 Ⅳ. ①TM77

中国版本图书馆 CIP 数据核字（2019）第 265187 号

出版发行：中国电力出版社
地　　址：北京市东城区北京站西街 19 号（邮政编码 100005）
网　　址：http://www.cepp.sgcc.com.cn
责任编辑：岳　璐（010-63412339）
责任校对：黄　蓓　朱丽芳
装帧设计：赵丽媛
责任印制：石　雷

印　　刷：固安县铭成印刷有限公司
版　　次：2019 年 12 月第一版
印　　次：2023 年 7 月北京第二次印刷
开　　本：787 毫米×1092 毫米　16 开本
印　　张：16.75
字　　数：413 千字
印　　数：1501—2000 册
定　　价：51.00 元

前　言

本书是作者长期从事继电保护现场工作经验的总结，重点介绍继电保护现场工作的流程、方法和安全措施。本书尽力做到浅析易懂，非常适合继电保护初学者和现场工作人员使用，力求使继电保护现场工作人员能够自学并且学懂学会。因此，本书对提高广大继电保护人员的现场操作技能和防止继电保护人员“三误”事故具有重要的指导意义。

本书共分三章，第一章着重介绍继电保护现场作业操作要求，其中包括继电保护校验要求、验收重点、改造安全措施等内容；第二章着重介绍继电保护新设备验收，针对不同的继电保护装置和二次回路，详细介绍了继电保护及其二次回路的验收流程、验收项目、验收标准；第三章着重介绍继电保护现场定期校验，针对不同的继电保护装置和二次回路，详细介绍其日常校验项目、校验流程、校验方法和校验标准。

继电保护是一项专业性极强的工作，要求从事继电保护的人员具有全面的电力系统知识和严谨的工作作风。为提高继电保护人员现场作业的技能水平，作者在总结 25 年从事继电保护现场工作的实践经验的基础上，编写了继电保护现场作业操作要求，本技能操作要求只是作为原有规程、规定和要求的补充和细化，不取代原有任何规程、规定和要求。作者将从事继电保护现场工作的经验奉献给广大读者，旨在帮助继电保护人员提高现场作业技能水平。希望本书的出版能够对继电保护从业人员起到一定的帮助作用。

作者在编写本书的过程中参考了国电南瑞、北京四方、国电南自等继电保护生产厂家的说明书，在此一并表示感谢！

由于水平有限，书中疏漏和不妥之处在所难免，恳请读者批评指正。

编　者

2019 年 8 月

目　录

第一章 继电保护现场作业操作要求

第一节 继电保护校验

一、工作前的准备工作

工作前的准备工作见表 1-1。

表 1-1 工作前的准备工作

序号	准备工作
1	了解工作地点一、二次设备运行情况，本工作与运行设备有无直接联系，与其他班组有无需要相互配合的工作
2	拟定工作重点项目及准备解决的缺陷和薄弱环节
3	根据作业性质，编制施工方案、试验方案，必要时经相关部门审核批准
4	工作人员明确分工并熟悉图纸、检验规程和作业指导书等有关资料
5	应具备与实际状况一致的图纸、上次检验记录、对应的作业指导书、最新整定通知单、检验规程、合格的仪器仪表、备品备件、工具和连接导线等
6	开展本次工作危险点分析并制定相应的预控措施
7	制定符合现场实际情况的二次工作安全措施票
8	核对本次作业的工作票所载工作内容是否明确清晰，审查工作票所列安全措施是否准确、完备，是否满足现场安全作业的要求

二、3/2 接线的线路保护装置检验

3/2 接线的线路保护装置检验见表 1-2。

表 1-2 3/2 接线的线路保护装置检验

内容	序号	安全措施要点
基本要求	1	掌握线路保护及其断路器保护所用电流互感器（TA）的接线情况，以及每个 TA 回路内所串接的保护装置
	2	进行保护装置检验工作前必须履行开工手续
线路保护	1	记录保护屏上所有压板、定值开关等的位置
	2	断开保护屏上的全部压板
	3	断开保护屏上的 TA 回路，要求断开 I_A、I_B、I_C 的可连端子
	4	断开保护屏上的电压互感器（TV）回路，要求断开 U_A、U_B、U_C、U_L、U_N 的空气开关或可连端子，优先断开可连端子
断路器保护	1	记录保护屏上所有压板的位置
	2	断开保护屏上的全部压板

续表

内容	序号	安全措施要点
断路器保护	3	边开关的“失灵启动母差保护压板”、中开关的“失灵跳边开关压板”“失灵发远跳压板”“失灵启动边开关压板”断开后，还需要将压板上端用绝缘胶布缠绕，以防误投该压板，并将相应的端子排用绝缘胶布粘好
	4	断开保护屏上的 TA 回路，要求断开 I_A、I_B、I_C 的可连端子
	5	断开保护屏上的 TV 回路，要求断开 U_A、U_B、U_C、U_L、U_N 的空气开关或可连端子，优先断开可连端子
	6	采用“和电流”的保护装置，如果“和电流”是将两组电流互感器的电流在装置外部并接后接入装置内，则在只停一组断路器，而又需要对电流互感器进行电气试验时，应由继电保护人员首先在“和电流”处断开检修电流互感器至保护装置的连线（包括 A、B、C、N 四根线），否则不允许在电流互感器二次回路进行任何工作（包括短接、对电流互感器进行电气试验等）
短引线保护	1	记录保护屏上所有压板的位置
	2	断开保护屏上的全部压板
	3	断开保护屏上的 TA 回路，要求断开 I_A、I_B、I_C 的可连端子
	4	短引线保护在线路运行时必须退出，只有在线路停运而断路器成串运行时才投入短引线保护
接口屏	1	记录保护屏上所有压板的位置
	2	断开保护屏上的全部压板

三、220kV 双母线（带旁路）接线的线路保护装置检验

220kV 双母线（带旁路）接线的线路保护装置检验见表 1-3。

表 1-3　　220kV 双母线（带旁路）接线的线路保护装置检验

内容	序号	安全措施要点
基本要求	1	掌握线路保护及其断路器保护所用 TA 的接线情况，以及每个 TA 回路内所串接的保护装置
	2	进行保护装置检验工作前必须履行开工手续
线路保护	1	检查并记录压板的实际位置，特别要注意断开“启动失灵保护压板”，并且还需要将其上端用绝缘胶布缠绕，以防误投该压板
	2	断开保护屏上的 TA 回路，要求断开 I_A、I_B、I_C 的可连端子
	3	断开保护屏上的 TV 回路，要求断开 U_A、U_B、U_C、U_L、U_N 的空气开关或可连端子，优先断开可连端子
	4	电压切换回路应可靠断开，对于带保持的电压切换回路，应拔出其电压切换插件，以防止检验过程中造成 TV 短路
辅助保护	1	检查并记录压板的实际位置，特别要注意断开“启动失灵保护压板”，并且还需要将其上端用绝缘胶布缠绕，以防误投该压板，并将相应的端子排用绝缘胶布粘好
	2	断开保护屏上的 TA 回路，要求断开 I_A、I_B、I_C 的可连端子
	3	电压切换回路应可靠断开，对于带保持的电压切换回路，应拔出其电压切换插件，以防止检验过程中造成 TV 短路

四、110kV 双母线（带旁路）接线的线路保护装置检验

110kV 双母线（带旁路）接线的线路保护装置检验见表 1-4。

表 1-4　110kV 双母线（带旁路）接线的线路保护装置检验

内容	序号	安全措施要点
基本要求	1	掌握线路保护及其断路器保护所用 TA 的接线情况，以及每个 TA 回路内所串接的保护装置
	2	进行保护装置检验工作前必须履行开工手续
线路保护	1	检查并记录压板的实际位置
	2	断开保护屏上的 TA 回路，要求断开 I_A、I_B、I_C 的可连端子
	3	断开保护屏上的 TV 回路，要求断开 U_A、U_B、U_C、U_L、U_N 的空气开关或可连端子，优先断开可连端子
	4	电压切换回路应可靠断开，对于带保持的电压切换回路，应拔出其电压切换插件，以防止检验过程中造成 TV 短路

五、35kV（10kV）线路、电容器、所用电保护装置检验

35kV（10kV）线路、电容器、所用电保护装置检验见表 1-5。

表 1-5　35kV（10kV）线路、电容器、所用电保护装置检验

内容	序号	安全措施要点
基本要求	1	掌握线路保护及其断路器保护所用 TA 的接线情况
	2	进行保护装置检验工作前必须履行开工手续
保护装置	1	检查并记录压板的实际位置
	2	断开保护屏上的 TA 回路，要求断开 I_A、I_B、I_C 的可连端子
	3	断开保护屏上的 TV 回路，要求断开 U_A、U_B、U_C、U_L、U_N 的空气开关或可连端子，优先断开可连端子
	4	电压切换回路应可靠断开，对于带保持的电压切换回路，应拔出其电压切换插件，以防止检验过程中造成 TV 短路

六、500kV 变压器、高抗保护装置检验

500kV 变压器、高抗保护装置检验见表 1-6。

表 1-6　500kV 变压器、高抗保护装置检验

内容	序号	安全措施要点
基本要求	1	必须掌握变压器保护及其断路器保护所用 TA 的接线情况，以及每个 TA 回路内所串接的保护装置
	2	进行保护装置检验工作前必须履行开工手续
主保护	1	检查并记录压板的实际位置
	2	断开保护屏上的 TA 回路，要求断开 I_A、I_B、I_C 的可连端子
	3	断开保护屏上的 TV 回路，要求断开 U_A、U_B、U_C、U_L、U_N 的空开或可连端子，优先断开可连端子

续表

内容	序号	安全措施要点
断路器保护	1	检查并记录压板的实际位置，然后断开保护屏上的全部压板
	2	边开关的“失灵启动母差保护压板”、中开关的“失灵跳边开关压板”“失灵发远跳压板”“失灵启动边开关压板”断开后，还需要将压板上端用绝缘胶布缠绕，以防误投该压板，并将相应的端子排用绝缘胶布粘好
	3	断开保护屏上的TA回路，要求断开I_A、I_B、I_C的可连端子
	4	断开保护屏上的TV回路，要求断开U_A、U_B、U_C、U_L、U_N的空气开关或可连端子，优先断开可连端子
短引线保护	1	检查并记录压板的实际位置，然后断开保护屏上的全部压板
	2	断开保护屏上的TA回路，要求断开I_A、I_B、I_C的可连端子
	3	短引线保护在线路运行时必须退出，只有在线路停运而断路器成串运行时才投入短引线保护
非电量保护	1	检查并记录压板的实际位置
	2	电压切换回路应可靠断开，对于带保持的电压切换回路，应拔出其电压切换插件，以防止检验过程中造成TV短路
	3	瓦斯等非电量保护要自变压器本体上进行传动，非电量保护跳闸接点之间的绝缘在每次检验中必须进行，而且要求其绝缘电阻接近∞（1000V绝缘电阻表）
	4	当瓦斯等继电器接点之间的绝缘电阻降低时，可能是瓦斯继电器的接点进油、接点或电缆绝缘电阻下降，需要进一步检查。（注意：测量绝缘电阻时，将相应的装置插件拔出或断开端子）

七、220kV变压器、高抗保护装置检验

220kV变压器、高抗保护装置检验见表1-7。

表1-7　　220kV变压器、高抗保护装置检验

内容	序号	安全措施要点
基本要求	1	掌握变压器保护及其断路器保护所用TA的接线情况，以及每个TA回路内所串接的保护装置
	2	进行保护装置检验工作前必须履行开工手续
主保护	1	检查并记录压板的实际位置
	2	断开“启动失灵保护压板”和“跳母联开关压板”“跳旁路开关压板”，并且还需要将其上端用绝缘胶布缠绕，以防误投该压板，并将相应的端子排用绝缘胶布粘好
	3	断开保护屏上的TA回路，要求断开I_A、I_B、I_C的可连端子。注意防止误碰运行中的旁路开关的电流回路
	4	断开保护屏上的TV回路，要求断开U_A、U_B、U_C、U_L、U_N的空气开关或可连端子，优先断开可连端子
非电量保护	1	检查并记录压板的实际位置
	2	电压切换回路应可靠断开，对于带保持的电压切换回路，应拔出其电压切换插件，以防止检验过程中造成TV短路

续表

内容	序号	安全措施要点
非电量保护	3	瓦斯等非电量保护要自变压器本体上进行传动，非电量保护跳闸接点之间的绝缘在每次检验中必须进行，而且要求其绝缘电阻接近∞（1000V 绝缘电阻表）
	4	当瓦斯等继电器接点之间的绝缘电阻降低时，可能是瓦斯继电器的接点进油、接点或电缆绝缘电阻下降，需要进一步检查。（注意：测量绝缘电阻时，将相应的装置插件拔出或断开端子）

八、110kV 变压器保护装置检验

110kV 变压器保护装置检验见表 1-8。

表 1-8　　110kV 变压器保护装置检验

内容	序号	安全措施要点
基本要求	1	掌握变压器保护及其断路器保护所用 TA 的接线情况，以及每个 TA 回路内所串接的保护装置
	2	进行保护装置检验工作前必须履行开工手续
变压器保护	1	检查并记录压板的实际位置，然后断开保护屏上的全部压板
	2	断开保护屏上的 TA 回路，要求断开 I_A、I_B、I_C 的可连端子
	3	断开保护屏上的 TV 回路，要求断开 U_A、U_B、U_C、U_L、U_N 的空气开关或可连端子，优先断开可连端子
	4	电压切换回路应可靠断开，对于带保持的电压切换回路，应拔出其电压切换插件，以防止检验过程中造成 TV 短路
	5	瓦斯等非电量保护要自变压器本体上进行传动，非电量保护跳闸接点之间的绝缘在每次检验中必须进行，而且要求其绝缘电阻接近∞（1000V 绝缘电阻表）
	6	当瓦斯等继电器接点之间的绝缘电阻降低时，可能是瓦斯继电器的接点进油、接点或电缆绝缘电阻下降，需要进一步检查。（注意：测量绝缘电阻时，将相应的装置插件拔出或断开端子）

九、电网安全自动装置检验

电网安全自动装置检验见表 1-9。

表 1-9　　电网安全自动装置检验

内容	序号	安全措施要点
基本要求	1	掌握电网安全自动装置的运行方式、与之相关厂站和设备的运行情况
	2	按照线路配置的电网安全自动装置宜随线路停电检修进行检验，如果在线路运行的情况下检验电网安全自动装置，需要特别注意防止误跳运行断路器或造成 TA 开路
	3	进行装置检验工作前必须履行开工手续
单端配置的安全自动装置	1	检查并记录压板的实际位置
	2	断开被检修安全自动装置屏上的跳闸压板，并用绝缘胶布缠好压板上口，用胶布粘好相应端子
	3	封好各电流回路，然后断开保护屏上的 TA 回路，要求断开 I_A、I_B、I_C 的可连端子
	4	断开保护屏上的 TV 回路，要求断开 U_A、U_B、U_C、U_N 的空气开关或可连端子，优先断开可连端子

续表

内容	序号	安全措施要点
双端配置的安全自动装置	1	首先向调度部门申请现场工作开工，确认对端保护退出运行
	2	断开被检修安全自动装置屏上的跳闸压板，并用绝缘胶布缠好压板上口，用胶布粘好相应端子
	3	封好各电流回路，然后断开保护屏上的TA回路，要求断开 I_A、I_B、I_C 的可连端子
	4	断开保护屏上的TV回路，要求断开 U_A、U_B、U_C、U_N 的空气开关或可连端子，优先断开可连端子
	5	动作逻辑联调一定要通知对侧工作人员予以配合

十、备用电源自投装置检验

备用电源自投装置检验见表1-10。

表1-10　　备用电源自投装置检验

内容	序号	安全措施要点
基本要求	1	掌握该自投的运行方式、与之相关的断路器运行情况，以及每个TA的接线方式
	2	进行装置检验工作前必须履行开工手续
自投装置	1	检查并记录压板的实际位置
	2	断开自投屏上“跳进线一”“跳进线二”“合进线一”“合进线二”或“跳母联”“合母联”的压板，并且还需要将压板的上端用绝缘胶布缠绕，以防误投压板
	3	断开保护屏上的TA回路，要求在断开进线电流时一定要做好防止TA开路的措施，将TA封好后，经第二人检查后，再断开电流回路；母联回路拆除 I_A、I_B、I_C 的可连端子
	4	断开保护屏上的TV回路，要求断开 U_A、U_B、U_C、U_L、U_N 的空气开关或可连端子，优先断开可连端子
	5	自投装置传动时，要有专人监护，防止误碰运行开关

十一、故障录波器（行波测距）装置检验

故障录波器和行波测距装置检验见表1-11。

表1-11　　故障录波器和行波测距装置检验

内容	序号	安全措施要点
基本要求	1	掌握该自投的运行方式、与之相关的断路器运行情况，以及每个TA的接线方式
	2	进行装置检验工作前必须履行开工手续
故障录波测距装置	1	检查并记录压板的实际位置
	2	断开自投屏上“跳进线一”“跳进线二”“合进线一”“合进线二”或“跳母联”“合母联”的压板，并且还需要将压板的上端用绝缘胶布缠绕，以防误投压板
	3	断开保护屏上的TA回路，一定要做好防止TA开路的措施，将TA封好，经第二人检查后，再断开电流回路，拆除 I_A、I_B、I_C 的可连端子。断开过程中须用钳形相位表监视电流情况
	4	断开保护屏上的TV回路，要求断开 U_A、U_B、U_C、U_L、U_N 的空气开关或可连端子，优先断开可连端子
	5	检验重点：零漂、电流、电压精度试验，保护定值设置，测距参数设置，母线电压对应关系检查，开关量输入检查及通信功能检查

十二、3/2 接线的母线保护装置检验

3/2 接线的母线保护装置检验见表 1-12。

表 1-12　　3/2 接线的母线保护装置检验

内容	序号	安全措施要点
基本要求	1	3/2 接线的母线保护宜随母线检修进行检验，如果在母线运行的情况下检验母线保护，需要特别注意防止误跳运行开关或造成 TA 开路
	2	进行保护装置检验工作前必须履行开工手续
母差保护	1	检查并记录压板的实际位置，然后断开被检修母差保护屏上的全部压板
	2	将所有的电流回路按照元件分别短封电缆侧接线，并经第二人检查正确后，再分别断开 TA 回路，要求断开 I_A、I_B、I_C、I_N 的可连端子
	3	断开保护屏上的 TV 回路，要求断开 U_A、U_B、U_C、U_L、U_N 的空气开关或可连端子，优先断开可连端子
	4	检验重点：开关量输入检查、失灵保护跳母差回路检查

十三、双母线接线的母线保护装置检验

双母线接线的母线保护装置检验见表 1-13。

表 1-13　　双母线接线的母线保护装置检验

内容	序号	安全措施要点
基本要求	1	母线运行情况下，检验母线保护，需要特别注意防止误跳运行开关、TA 开路、TV 短路
	2	进行保护装置检验工作前必须履行开工手续
母差保护	1	检查并记录压板的实际位置，然后断开被检修母差保护屏上的全部压板
	2	将所有的电流回路按照元件分别短封电缆侧接线，并经第二人检查正确后，再分别断开 TA 回路，要求断开 I_A、I_B、I_C、I_N 的可连端子
	3	断开保护屏上的 TV 回路，要求断开 U_A、U_B、U_C、U_L、U_N 的空气开关或可连端子，优先断开可连端子
	4	检验重点：刀闸位置接点开入检查、失灵保护输入检查、变压器保护动作解除复压闭锁回路检查、死区保护功能检查
	5	工作结束前，应检查母联 TA 是否接入差动回路

十四、失灵保护装置检验

失灵保护装置检验见表 1-14。

表 1-14　　失灵保护装置检验

内容	序号	安全措施要点
基本要求	1	在母线运行的情况下，失灵保护的检验最好在母联断路器检修时进行，如果在母联断路器运行时进行断路器失灵保护的检验，需要特别注意防止误跳运行开关、TA 开路、TV 短路
	2	进行保护装置检验工作前必须履行开工手续
失灵保护	1	检查并记录压板的实际位置
	2	将母联电流回路电缆侧接线短封，用钳形相位表测量无电流，并经第二人检查正确后，再分别断开 TA 回路，要求断开 I_A、I_B、I_C、I_N 的可连端子

续表

内容	序号	安全措施要点
失灵保护	3	断开保护屏上的TV回路，要求断开U_A、U_B、U_C、U_L、U_N的空气开关或可连端子，优先断开可连端子
	4	检验要点：失灵保护输入检查、变压器保护动作解除复压闭锁回路检查

十五、保护装置的检验注意事项

保护装置的检验注意事项见表1-15。

表1-15　保护装置的检验注意事项

内容	序号	安全措施要点
安全措施票	1	对照已审批过的二次工作安全措施票逐条执行，并在“执行”栏打勾。如在执行过程中有与实际不相符的，应认真检查核实，确认无误后方可实施
	2	坚持现场安全技术措施票的严肃性，任何人员不得擅自更改二次工作安全措施票所列措施，如试验需要必须更改，须经工作负责人确认，并做好相应记录和安全措施后在监护下进行，试验完毕后应立即恢复，并经第二人检查确认
	3	工作结束恢复安全措施时，逐条在“恢复”栏打勾
	4	上述工作至少由两人进行。监护人由技术水平较高且有经验的人担任，执行人、恢复人由工作班成员担任。相应执行人、监护人、恢复人各方应在相关工作完成后分别签字确认。执行和恢复安全措施过程中，不得进行其他工作
试验接线	1	试验电源必须要带有快速空气开关、漏电保护器；试验仪器应可靠接地
	2	三相电流、三相电压采用2组四色软导线，电流和电压必须有明显的区别
	3	三相电流、三相电压必须自保护屏端子排内侧加入保护装置。由于试验导线本身重量的作用，导线将产生向下的重力，使端子排承受较大的拉力，因此必须采取措施减轻导线对端子排的拉力（如将导线吊在保护屏的上部）
装置试验	1	进行通电试验前，需要对保护屏和室外端子箱的设备进行全面清扫，清扫工作必须在通电前进行，其原因是防止在清扫过程中将导线碰断和碰松
	2	保护装置的程序版本（版本号、CRC码、形成时间）符合规定要求
	3	保护装置检验的重点：零漂、精度、定值区（应置于“0”区或“1”区，最好统一在“1”区，同时相邻区置相同定值）
	4	打印出定值与定值单核对。不用的定值项按照说明书必须慎重整定
	5	各保护间的传动和带断路器、重合闸传动，应有专人指挥，开关场必须有人监视断路器的动作行为。对于纵联保护传动，两侧应加以协调，轮流带通道进行模拟故障试验，并观察保护动作行为是否正确
	6	二次回路的直阻测试要求使用毫欧表
	7	保护装置检验结束前，检查试验项目的完整性和正确性。清除保护装置中的报告，核对时钟
	8	恢复所有安全措施至开工前状态，并须经第二人检查无误

十六、保护装置整定值和改定值注意事项

保护装置整定值和改定值注意事项见表1-16。

表 1-16　　保护装置整定值和改定值注意事项

内容	序号	保护装置整定值和改定值工作要点
保护整定值改定值注意事项	1	按照保护整定规定注意保护Ⅰ、Ⅱ、Ⅲ、Ⅳ段的定值要按照阶梯原则整定
	2	在整定保护装置定值的同时，需要整定保护装置的参数定值
	3	对于 LFP 型变压器保护，还需要整定 VFC 插件中的平衡系数
	4	不用的定值项：阻抗、欠电压、失电流的欠量定值整定为最小值，过电压、过电流等过量定值整定为最大值，动作时间整定为最大值，但必须符合阶梯原则
	5	控制字的整定必须谨慎，确保准确无误
	6	变压器保护的接线方式整定尤为重要，建议 TA 不要使用△接线方式，而是使用保护装置内部的 Y/△变换。这样可以有效地避免 TA 误接线的发生
	7	对于自动计算平衡系数的变压器保护，其参数定值直接影响平衡系数的大小，也即直接影响差流的大小，所以参数定值必须准确，额定电压的输入宜按照合格电压的中间值输入
	8	运行设备改定值时，必须注意 TA 的电流比是否与原电流比相同。改变 TA 电流比时除需修改保护定值外，还需要修改保护装置的参数定值。对于 LFP 型变压器保护，还需要修改 VFC 插件中的平衡系数
	9	如果涉及差动保护的定值改变，在带上负荷后必须对装置进行差流检查。为了确保差流的正确性，变压器所带负荷不能太小

第二节　继电保护验收

一、继电保护验收前的准备

继电保护验收前的准备见表 1-17。

表 1-17　　继电保护验收前的准备

内容	序号	继电保护验收前的准备
准备故障	1	熟悉本变电站的主接线
	2	熟悉本变电站继电保护的配置
	3	熟悉与继电保护相关专业的设备配置，如变压器、断路器的厂家、型号、工作方式，以及通信方式、保护通道类型、监控系统、直流系统、五防闭锁配置等

二、TA 验收重点

TA 验收重点见表 1-18。

表 1-18　　TA 验收重点

内容	序号	验收要点
TA 验收	1	核对接线，从 TA 二次接线到端子箱的接线必须在两端同时断开的情况下进行核对。接线的标识一定要与 TA 的出厂标识一致。TA 本体二次端子的标识禁止使用金属片
	2	极性检查。线路、母线保护的 TA 极性宜以母线为极性引出；用于变压器中、低压侧的 TA 极性，保护回路宜以母线为极性引出，测量、计量回路以变压器为极性引出
	3	TA 接地点：如果 TA 之间没有电气联系，所有 TA 均在端子箱中接地，保护屏内的接地点必须拆除，且各套 TA 之间不得有连接线。如果 TA 之间有电气联系，接地点设在 TA 汇集的始点，并需做明显标识

续表

内容	序号	验收要点
TA验收	4	每个TA二次绕组的接地点应分别引出接地线，接至接地铜排；不得将各二次绕组的公共端在端子排连接后引出一根接地线。保证运行的TA二次回路不失去接地点
	5	在TA二次回路变更后必须检查接地点情况，确保接地良好且不能出现两点或多点接地
	6	TA二次备用绕组，应将其引至开关端子箱（汇控柜），在端子排将三相所有引出线短接后接地
	7	如TA二次侧接有小变流器，则TA与小变流器之间必须有接地点，接地要求同上
	8	根据TA铭牌及试验报告，确定二次绕组使用是否正确。保护、故障录波器用TA必须使用保护级绕组，不得使用测量、计量绕组
	9	从端子箱到保护屏、测控屏、电度屏核对接线，也可以用点“大极性”的方式进行

注　500kV变压器差动保护各电压等级侧均使用TPY级绕组；500kV线保护、差动保护、线路保护使用TPY级绕组，失灵保护使用P级绕组，故障录波装置使用TPY或P级绕组；220kV及以下保护和故障录波装置均使用P级绕组；测量和计量使用0.5/0.2/0.5S/0.2S绕组。

三、TV验收重点

TV验收重点见表1-19。

表1-19　　TV验收重点

内容	序号	验收要点
TV验收	1	核对接线，从TV二次接线到端子箱的接线必须在两端同时断开的情况下进行核对。接线的标识一定要与TV的出厂标识一致。TV二次端子的标识禁止使用金属片
	2	核对TV二次线圈的准确度等级，是否与所供设备相对应
	3	端子箱接线应该按照保护、测量、计量分段接线。特别需要区分多个“N600”
	4	TV回路的反事故措施（简称反措）非常重要，要确保有电气联系的各组TV只有一个接地点，接地点设在保护室内，并有明显标志，端子箱内经氧化锌避雷器接地
	5	独立的与其他TV二次回路没有电气联系的TV，其接地点可以设置在开关场

四、断路器验收重点

断路器验收重点见表1-20。

表1-20　　断路器验收重点

内容	序号	验收要点
断路器验收	1	收集断路器的技术说明书和出厂二次图纸
	2	按照断路器的性能检查其跳闸、合闸、重合闸闭锁回路是否满足保护的需要
	3	断路器的防跳回路应使用断路器本体的防跳回路，并正确使用防跳回路传动方法
	4	断路器的非全相保护应使用断路器本体的非全相保护回路，但非全相保护的投入必须有压板控制，保护动作后发出带保持的信号
	5	测量断路器跳、合闸线圈的直流电阻，并与保护操作箱的跳、合电流进行对比，应该匹配
	6	二次回路接线正确性检查。特别要注意短连线的检查，尽可能使用连接片
	7	断路器跳、合（包括单相操作）的传动（此项目要在传动保护前进行一次）
	8	断路器的各种信号传动（此项目可以与监控系统联合传动）

五、隔离开关验收重点

隔离开关验收重点见表1-21。

表1-21　隔离开关验收重点

内容	序号	验收要点
隔离开关验收	1	收集隔离开关的技术说明书和出厂二次图纸
	2	继电保护主要使用隔离开关的辅助接点，用于电压切换、母差保护、隔离开关位置信号
	3	交流和直流回路应避免共同使用隔离开关同一层辅助接点进行切换
	4	电压切换均采用单接点、常开方式，电压切换回路不带保持。在端子箱中，这部分应使用独立的一段端子

六、变压器（电抗器）本体验收重点

变压器（电抗器）本体验收重点见表1-22。

表1-22　变压器（电抗器）本体验收重点

内容	序号	验收要点
变压器本体TA验收	1	变压器本体TA的验收：特别要注意零序TA的极性
	2	用于变压器高压侧的TA极性，均以母线为极性引出
	3	用于变压器中、低压侧的TA极性，保护回路以母线为极性引出，测量、计量回路以变压器为极性引出
	4	变压器的容量确定后其TA的使用电流比也即确定，一般没有改变的可能，因此变压器本体的TA没有必要将分接头均引至本体箱中，只需将使用的分接头引下即可。每相TA（含零序）只使用一根控制电缆
	5	对于不带旁路的变压器，应取消高压侧、中压侧三相套管的TA
非电量保护验收	1	本体瓦斯继电器的验收（跳闸和信号只使用一根控制电缆，信号正电源与跳闸线不得相邻）
	2	调压瓦斯继电器的验收（跳闸和信号只使用一根控制电缆，信号正电源与跳闸线不得相邻）。调压瓦斯继电器动作后可能带保持，需要手动复归
	3	压力释放回路的验收（跳闸和信号只使用一根控制电缆，信号正电源与跳闸线不得相邻）
	4	变压器测温和温度高报警回路的验收（测温和信号各使用一根控制电缆）

七、电容器组验收重点

电容器组验收重点见表1-23。

表1-23　电容器组验收重点

内容	序号	验收要点
电容器组验收	1	继电保护主要使用电容器组的差压回路，所以一定要注意放电线圈的极性和接地点
	2	如果采用分相差压接线方式，在两个放电线圈的连接点接地，其他接线方式接地点设在端子箱中。端子排应采用普通端子，不宜采用试验端子
	3	差压回路中不应加空气开关

八、开关柜验收重点

开关柜验收重点见表 1-24。

表 1-24　　开 关 柜 验 收 重 点

内容	序号	验　收　要　点
开关柜验收	1	收集开关柜的技术说明书和出厂二次图纸
	2	开关柜 TA 的验收
	3	用于变压器主开关的 TA 极性，保护回路以母线为极性引出，测量、计量回路以变压器为极性引出
	4	断路器的防跳回路宜使用断路器本体的防跳回路
	5	测量断路器跳、合闸线圈的直流电阻，并与保护操作箱的跳、合闸电流进行对比，应该匹配
	6	二次回路接线正确性检查。特别要注意短连线的检查，尽可能使用连接片
	7	断路器跳、合的传动（此项目要在传动保护前进行一次）
	8	断路器的各种信号传动（此项目可以与监控系统联合传动）

九、220kV 线路和断路器保护验收重点

220kV 线路和断路器保护验收重点见表 1-25。

表 1-25　　220kV 线路和断路器保护验收重点

内容	序号	验　收　要　点
基本要求	1	两套线路保护装置和远方就地判别装置的供电电源符合配置要求，而且该保护相关的通信接口电源与此相对应
	2	断路器接口屏上的两组操作电源符合配置要求
	3	双套配置的短引线保护装置的电源符合配置要求
	4	按照设计图纸核对各保护屏的接线，应与图纸一致
线路保护	1	交流电流、电压输入回路（注意极性）；开入回路
	2	与操作箱的配合，跳闸回路的对应关系，线路保护一对应跳闸线圈一，线路保护二对应跳闸线圈二
	3	与重合闸和失灵保护的配合关系；与远方就地判别装置的配合关系；与通信的配合以及通道的传输时间
	4	保护投入运行时进行向量检查

十、远方就地判别装置验收重点

远方就地判别装置验收重点见表 1-26。

表 1-26　　远方就地判别装置验收重点

内容	序号	验　收　要　点
就地判别装置验收	1	交流电流、电压输入回路（注意极性）
	2	通道方式和通道类型：“一取一”“二取二”
	3	与操作箱的配合，跳闸回路的对应关系，就地判别装置一对应跳闸线圈一，就地判别装置二对应跳闸线圈二

续表

内容	序号	验收要点
就地判别装置验收	4	与重合闸和失灵保护的配合关系
	5	与线路保护装置的配合关系

十一、3/2接线断路器保护验收重点

3/2接线断路器保护验收重点见表1-27。

表1-27　3/2接线断路器保护验收重点

内容	序号	验收要点
断路器保护验收	1	与两套主保护及就地判别装置的配合
	2	开入输入回路；沟通三跳回路
	3	边断路器失灵启动母差保护回路
	4	中断路器失灵跳边断路器回路
	5	操作箱与断路器操作机构控制回路的配合

十二、3/2接线短引线保护验收重点

3/2接线短引线保护验收重点见表1-28。

表1-28　3/2接线短引线保护验收重点

内容	序号	验收要点
短引线保护验收	1	交流电流、电压输入回路（注意极性）
	2	开入输入回路
	3	与断路器保护的配合关系
	4	与操作箱的配合，跳闸回路的对应关系，短引线保护一对应跳闸线圈一，短引线保护二对应跳闸线圈二
	5	短引线保护必须具有投入压板
	6	保护投入运行时进行向量检查

十三、220kV线路保护验收重点

220kV线路保护验收重点见表1-29。

表1-29　220kV线路保护验收重点

内容	序号	验收要点
基本要求	1	两套线路保护装置的供电电源符合配置要求，而且该保护相关的通信接口电源与此相对应
	2	如果有独立辅助屏，则辅助屏上的两组操作电源符合配置要求，非全相及启动失灵保护装置的电源取自保护电源二
	3	如采用一个电压切换箱，则电压切换的电源取自保护电源二；如两套线路保护各用一个电压切换箱，则电压切换的电源与保护电源相对应
	4	按照设计图纸核对各保护屏的接线，应与图纸一致

续表

内容	序号	验　收　要　点
线路保护	1	交流电流、电压输入回路（注意极性）
	2	开入输入回路
	3	与操作箱的配合，跳闸回路的对应关系，线路保护一对应跳闸线圈一，线路保护二对应跳闸线圈二
	4	与重合闸和失灵保护的配合关系
	5	沟通三跳回路
	6	与通信的配合及通道的传输时间
	7	保护投入运行时进行向量检查
纵联电流差动保护	1	交流电流、电压输入回路（注意极性）
	2	线路两侧 TA 的电流比，尽可能一致
	3	开入输入回路
	4	注意保护装置的“时钟”整定，优先选用“内时钟”方式
	5	与操作箱的配合，跳闸回路的对应关系，线路保护一对应跳闸线圈一，线路保护二对应跳闸线圈二
	6	与重合闸和失灵保护的配合关系
	7	沟通三跳回路
	8	与通信的配合及通道的传输时间
	9	保护投入运行时进行向量检查
辅助保护屏	1	交流电流输入回路（注意极性）
	2	与两套主保护的配合
	3	非全相及启动失灵保护的开出回路
	4	非全相保护使用断路器机构箱中的保护，非全相保护动作时不启动失灵保护
	5	与重合闸和失灵保护的配合关系
	6	操作箱与断路器机构控制回路的配合

十四、110kV 线路保护验收重点

110kV 线路保护验收重点见表 1-30。

表 1-30　　110kV 线路保护验收重点

内容	序号	验　收　要　点
线路保护	1	线路保护装置的供电电源与操作回路的电源符合规定
	2	按照设计图纸核对各保护屏的接线，应与图纸一致
	3	交流电流、电压输入回路（注意极性）
	4	开入输入回路
	5	与操作箱的配合，跳闸回路的对应关系
	6	保护投入运行时进行向量检查

十五、35kV（10kV）线路、电容器、所用电保护验收重点

35kV（10kV）线路、电容器、所用电保护验收重点见表 1-31。

表 1-31　　35kV（10kV）线路、电容器、所用电保护验收重点

内容	序号	验 收 要 点
线路、电容器、所用电保护	1	保护装置的供电电源与操作回路的电源符合规定
	2	按照设计图纸核对各保护屏的接线，应与图纸一致
	3	交流电流、电压输入回路（注意极性）
	4	开入输入回路（主要用于接断路器的信号）
	5	与操作箱的配合，跳闸回路的对应关系
	6	不平衡保护的交流电流（电压）输入回路（注意极性）
	7	如果所用变压器、接地变压器保护没有零序保护和瓦斯保护，建议采用线路保护装置作为所用变压器、接地变压器保护
	8	如果采用专用的所用变压器、接地变压器保护，瓦斯保护需要设置投退压板

十六、500kV 变压器保护验收重点

500kV 变压器保护验收重点见表 1-32。

表 1-32　　500kV 变压器保护验收重点

内容	序号	验 收 要 点
基本要求	1	两套保护装置的供电电源符合配置要求
	2	220kV 操作箱的两组操作电源符合配置要求，电压切换的电源取自保护电源二
	3	35kV 侧的操作电源取自控制一
	4	按照设计图纸核对各保护屏的接线，应与图纸一致
主保护	1	交流电流、电压输入回路（各侧电流独立输入，注意极性）
	2	开入回路
	3	与 500kV 操作箱的配合，跳闸回路的对应关系，变压器保护一对应两个断路器的跳闸线圈一，变压器保护二对应两个断路器的跳闸线圈二
	4	与断路器保护失灵保护的配合关系，当变压器断路器失灵时，应跳变压器各侧断路器
	5	与 220kV 操作箱的配合，跳闸回路的对应关系，变压器保护一对应断路器的跳闸线圈一（三跳），变压器保护二对应断路器的跳闸线圈二（三跳）
	6	与 220kV 失灵保护的配合关系，当变压器 220kV 侧断路器失灵时，应解除失灵保护的复合电压闭锁，启动 220kV 失灵保护
	7	变压器投入运行时必须经过向量检查、差流检查。在进行向量检查时，应使变压器带有足够大的负荷，以确保差流测量的准确性
非电量保护	1	启动跳闸的非电量保护应有投入压板
	2	按照《电力变压器运行规程》（DL/T 572—2010）规定：本体瓦斯保护接信号和跳闸，有载分接开关瓦斯保护接跳闸
	3	压力释放宜动作于信号
	4	温度过高建议也动作于信号

续表

内容	序号	验 收 要 点
非电量保护	5	非电量保护动作跳变压器总出口，并跳500kV两个断路器的两个线圈和220kV断路器的两个线圈
	6	非电量保护跳闸不启动失灵保护
其他	1	500kV断路器保护和短引线保护验收重点同3/2接线断路器保护和3/2接线短引线保护
	2	与220kV失灵保护的配合
	3	操作箱与断路器机构控制回路的配合
	4	用旁路断路器代路220kV侧断路器时，代路操作前应退出差动保护，切换电流过程中TA不得开路，代路完成后检查保护装置无异常后，重新投入差动保护；代路期间后备保护不能失去交流电压

十七、220kV变压器保护验收重点

220kV变压器保护验收重点见表1-33。

表1-33　　220kV变压器保护验收重点

内容	序号	验 收 要 点
基本要求	1	两套保护装置的供电电源符合配置要求
	2	220kV操作箱的两组操作电源符合配置要求
	3	如采用一个电压切换箱，则电压切换的电源取自保护电源二；如两套线路保护各用一个电压切换箱，则电压切换的电源与保护电源相对应
	4	110kV操作箱和切换箱的电源取自控制一
	5	35kV（10kV）侧的操作箱和切换箱的电源取自控制一
	6	按照设计图纸核对各保护屏的接线，应与图纸一致
主保护	1	交流电流、电压输入回路（各侧电流独立输入，注意极性）
	2	各侧TA均接为Y，Y/△变换在保护装置内部实现，均以母线为极性引入差动保护
	3	如果各侧TA没有电气联系，则各侧TA的接地点设在端子箱中
	4	变压器的接线方式控制字要正确
	5	开入回路
	6	三侧复压相互闭锁
	7	与220kV操作箱的配合，跳闸回路的对应关系，保护一对应断路器的跳闸线圈一（三跳），保护二对应断路器的跳闸线圈二（三跳）
	8	与220kV失灵保护的配合关系，当变压器220kV侧断路器失灵时，应解除失灵保护的复合电压闭锁，启动220kV失灵保护，同时跳开变压器各侧开关
	9	变压器投入运行时必须经过向量检查、差流检查。在进行向量检查时应使变压器带有足够大的负荷，以确保差流测量的准确性
非电量保护	1	启动跳闸的非电量保护应有投入压板
	2	按照《电力变压器运行规程》（DL/T 572—2010）规定：本体瓦斯保护接信号和跳闸，有载分接开关瓦斯接跳闸
	3	压力释放宜动作于信号

续表

内容	序号	验收要点
非电量保护	4	温度过高建议也动作于信号
	5	非电量保护动作跳变压器总出口，并跳220kV断路器的两个线圈
	6	非电量保护跳闸不启动失灵保护
其他	1	与220kV失灵保护的配合
	2	操作箱与断路器机构控制回路的配合
	3	用旁路断路器代路220kV（110kV）侧断路器时，代路操作前应退出差动保护，切换电流过程中TA不得开路，代路完成后检查保护装置无异常后，重新投入差动保护；代路期间后备保护不能失去交流电压

十八、110kV变压器保护验收重点

110kV变压器保护验收重点见表1-34。

表1-34　110kV变压器保护验收重点

内容	序号	验收要点
基本要求	1	保护装置的供电电源符合配置要求（一般取自保护一）
	2	操作箱和切换箱的电源符合配置要求（一般取自控制一）
	3	按照设计图纸核对各保护屏的接线，应与图纸一致
差动后备保护	1	交流电流、电压输入回路（桥断路器的电流独立输入）
	2	各侧TA均接为Y，Y/△变换在保护装置内部实现，均以母线为极性引入差动保护
	3	如果各侧TA没有电气联系，则各侧TA的接地点设在端子箱中
	4	变压器的接线方式控制字要正确
	5	三侧复压闭锁
	6	变压器投入运行时必须经过向量检查、差流检查。在进行向量检查时应使变压器带有足够大的负荷，以确保差流测量的准确性
非电量保护	1	启动跳闸的非电量保护应有投入压板
	2	按照《电力变压器运行规程》（DL/T 572—2010）规定：本体瓦斯保护接信号和跳闸，有载分接开关瓦斯接跳闸
	3	压力释放宜动作于信号
	4	温度过高建议也动作于信号
	5	非电量保护动作跳变压器总出口
其他	1	操作箱与断路器机构控制回路的配合
	2	用旁路断路器代路110kV侧断路器时，代路操作前应退出差动保护，切换电流过程中TA不得开路，代路完成后检查保护装置无异常后，重新投入差动保护；代路期间后备保护不能失去交流电压

十九、电网安全自动装置验收重点

电网安全自动装置验收重点见表1-35。

表 1-35　　电网安全自动装置验收重点

内容	序号	验　收　要　点
电网安全自动装置	1	核对装置程序版本符合要求
	2	对于接入多路电流、电压的自动装置，认真核对电压和电流回路的对应性，防止由于交叉错接影响相位、功率、功角、阻抗的正确测量
	3	对于作用于多个元件跳闸的自动装置，应正确核对装置出口的对应性
	4	对于特殊编制的程序逻辑（由不同的电网控制策略决定），应详细模拟各种电网运行方式，对相应的逻辑进行严谨的测试
	5	双侧通道连接的装置，检测两侧装置动作逻辑的配合关系

二十、备用电源自投装置验收重点

备用电源自投装置验收重点见表 1-36。

表 1-36　　备用电源自投装置验收重点

内容	序号	验　收　要　点
备用电源自投装置	1	核对装置程序版本符合要求
	2	按照设计图纸核对各保护屏的接线，应与图纸一致
	3	交流电流、电压输入回路
	4	各 TA 的接地点设在端子箱中
	5	输入装置的母线电压、进线电流和进线开关位置、跳闸回路必须一一对应
	6	对于母联和分段自投，分段开关的位置必须正确
	7	电流闭锁必须可靠，确保在 TV 断线时，自投装置不能误动作
	8	自投装置投入运行时，必须带开关进行实际传动

二十一、故障录波装置验收重点

故障录波装置验收重点见表 1-37。

表 1-37　　故障录波装置验收重点

内容	序号	验　收　要　点
故障录波装置	1	故障录波器装置的供电电源符合配置要求（一般取自保护母线一）
	2	按照设计图纸核对各保护屏的接线，应与图纸一致
	3	交流电流、电压输入回路
	4	各 TA 的接地点设在端子箱中
	5	输入装置的母线电压、线路电流必须在设置中相对应，以保证故障测距的准确性
	6	开关量输入应符合设计

二十二、500kV 母线保护验收重点

500kV 母线保护验收重点见表 1-38。

表 1-38　　500kV 母线保护验收重点

内容	序号	验　收　要　点
基本要求	1	两套保护装置的供电电源符合配置要求
	2	按照设计图纸核对各保护屏的接线，应与图纸一致
母差保护	1	交流电流、电压输入回路（各元件电流独立输入，注意极性）
	2	开入回路
	3	电流输入回路和跳闸回路相对应（一致）检查
	4	与 500kV 操作箱的配合，跳闸回路的对应关系，母线保护一对应两个断路器的跳闸线圈一，母线保护二对应两个断路器的跳闸线圈二
	5	失灵保护跳母差保护回路检查，符合反措要求，双开入、大功率继电器
	6	暂时不用的回路也必须按照运行设备进行试验，因为在今后的扩建过程中，不可能每次都对母差保护进行全面检查
	7	母差保护投入运行时必须经过向量检查、差流检查。在进行向量检查时应带有足够大的负荷，以确保差流测量的准确性

二十三、220kV、110kV 母线保护验收重点

220kV、110kV 母线保护验收重点见表 1-39。

表 1-39　　220kV、110kV 母线保护验收重点

内容	序号	验　收　要　点
基本要求	1	两套保护装置的供电电源符合配置要求
	2	按照设计图纸核对各保护屏的接线，应与图纸一致
母差保护	1	交流电流、电压输入回路（各元件电流独立输入，注意极性，特别是母联 TA 的极性）
	2	电流输入、隔离开关开入和跳闸回路相对应（一致）检查
	3	母线电压对应关系检查和母线电压切换回路检查
	4	隔离开关对应关系开入检查。自Ⅰ、Ⅱ母线刀闸辅助接点处进行检查
	5	与 220kV 操作箱的配合，跳闸回路的对应关系，母线保护一对应断路器的跳闸线圈一，母线保护二对应断路器的跳闸线圈二
	6	母线故障跳闸对应关系检查。Ⅰ母线故障跳Ⅰ母线，Ⅱ母线故障跳Ⅱ母线
	7	死区保护功能检查
	8	失灵保护开入回路检查
	9	变压器失灵解除失灵保护复压闭锁回路检查
	10	暂时不用的回路也必须按照运行设备进行试验，因为在今后的扩建过程中，不可能每次都对母差保护进行全面检查
	11	母差保护投入运行时必须经过向量检查、差流检查。在进行向量检查时应带有足够大的负荷，以确保差流测量的准确性

二十四、220kV 失灵保护验收重点

220kV 失灵保护验收重点见表 1-40。

表 1-40　　220kV 失灵保护验收重点

内容	序号	验　收　要　点
基本要求	1	两套保护装置的供电电源符合配置要求
	2	按照设计图纸核对各保护屏的接线，应与图纸一致
失灵保护	1	交流电流、电压输入回路
	2	母线电压对应关系检查和母线电压切换回路检查
	3	与 220kV 操作箱的配合，跳闸回路的对应关系
	4	失灵保护开入回路检查
	5	Ⅰ、Ⅱ母线失灵跳闸对应关系检查。Ⅰ母线失灵跳Ⅰ母线，Ⅱ母线失灵跳Ⅱ母线
	6	变压器失灵解除失灵保护复压闭锁回路检查
	7	失灵保护的两对跳闸接点应分别对应于断路器的两个跳闸线圈
	8	失灵保护跳母差保护回路检查，符合反措要求
	9	暂时不用的回路也必须按照运行设备进行试验

二十五、公用部分验收注意事项

公用部分验收注意事项见表 1-41。

表 1-41　　公用部分验收注意事项

内容	序号	注　意　事　项
公用部分	1	验收设备前，应收集所有保护装置的说明书、调试报告、厂家组屏设计图纸、设计院施工设计图纸
	2	断路器、变压器、隔离开关等有关二次回路说明书、图纸
	3	认真检查施工单位的试验报告或者试验记录，制定验收试验大纲和方案
	4	所有回路的接线必须符合正确的设计
	5	保护装置的程序版本必须符合规定标准
	6	室内外所有设备、控制电缆、元器件等均应有标志、标识，并符合规定的标准，各元器件均需设置标签
	7	传动一些非跳闸的信号时，应尽量模拟实际运行情况（如合上所对应间隔的开关）进行传动，防止运行中因寄生回路或错接线而造成开关跳闸
	8	继电保护屏端子排无论是否接线，端子排螺钉必须上满。端子排接线、拆线后，必须把排螺钉恢复，不能留空洞
	9	二次回路的抗干扰措施必须符合规定：电缆夹层的铜地网设置必须符合“目”字形规定，使用 4 根 $50mm^2$ 多股铜导线与主地网连接点。每个保护屏上的 $100mm^2$ 铜排均与此铜地网相连接。（参考标准化设计）
	10	控制电缆的屏蔽层在电缆两端用 $2.5mm^2$ 的软导线分别接到 $100mm^2$ 的接地铜排上
	11	二次电缆沟内应设置与保护室铜地网相连的 $100mm^2$ 铜排，端子箱内应设置保护专用的 $100mm^2$ 接地铜排，并通过 $50mm^2$ 铜导线与电缆沟中的 $100mm^2$ 铜排相连接
	12	$50mm^2$ 或 $100mm^2$ 铜导线均应采用带护套的多股铜导线
	13	建议在保护室电缆夹层和保护小室的电缆沟内设置通信电缆、光缆专用金属走线槽，用于网络线、光纤尾缆的专用敷设

注　以上试验项目只是工作的重点，而不是全部项目，具体试验项目按照规定进行。

第三节　继电保护改造

一、保护改造注意事项及安全措施

保护改造注意事项及安全措施见表1-42。

表1-42　　保护改造注意事项及安全措施

内容	序号	注意事项
保护改造及安全措施	1	按照改造计划和变电站的实际屏位情况，合理制定新保护屏的组屏方案，组屏方案一定要考虑改造过程中遇到的问题，把问题减少到最低程度，首选异地改造方案
	2	改造工作需要制定详细的改造方案和安全过渡措施
	3	拆除与运行设备的连线，如跳母联、旁路、变压器等断路器的连线
	4	拆除与母差保护和失灵保护的连线
	5	拆除与自动装置之间的连线
	6	交流电压（小母线）的过渡，被拆保护屏与运行设备有相连的TV电压（小母线）时，需要完成临时过渡措施，以保证运行设备不失去TV电压。拆除中绝对禁止短路、接地。特别要防止与直流回路短路
	7	直流（包括电源、信号等）电压（小母线）的过渡，被拆保护屏与运行设备有相连的直流电压（小母线）时，需要完成临时过渡措施，以保证运行设备不失去直流电压。拆除中绝对禁止短路、接地。特别要防止与TV回路短路
	8	拆除继电保护所用电缆或线芯时，无论保护屏是否停电，必须测量所拆线芯是否带电，判断是否正常后，再进行拆除工作。拆除后再复核线芯的正确性

二、二次电缆的拆除安全措施

二次电缆的拆除安全措施见表1-43。

表1-43　　二次电缆的拆除安全措施

内容	序号	安全措施
二次电缆的拆除	1	拆除电缆前应认真核对图纸资料，弄清拆除电缆的用途、两端的接线具体位置
	2	拆除电缆时应在两端同时拆除，严禁电缆芯单端拆除。先拆除带电的一端，然后测量另一端没有电压后方可拆除
	3	用导通法核对电缆线芯时，必须将电缆两侧从端子排脱离，用适当的电压表确认无压后，方可对线
	4	拆除电缆时，一定要一根芯一根芯地剪，不要同时剪2根及以上的芯，每根电缆内的各个电缆芯在剪的过程中应采取“阶梯”剪断方式，使剪断的每个电缆芯都没有相互碰触的机会
	5	一根电缆两侧的所有电缆芯全部剪断后，应将电缆从根部将刨开部分剪断，以表示该电缆已经处理过，可以安全撤除。“拆除一根剪断一根”，不要等到全部拆除后再一起剪断，这样容易造成混乱
	6	对于实在无法判断其用途和去向的电缆，只能测量其有无直流和交流电压，如果没有电压，则可以先行拆除，但在拆除后必须将该电缆的对侧找到，并予以拆除，如果不拆除则有可能经过一定操作会使此电缆带电，造成短路或接地。如果测量时有电压，则必须先查清电缆的去向，找到对端位置，先行拆除对端带电部分，才可以拆除本端电缆

三、二次电缆的拆除顺序

二次电缆的拆除顺序见表 1-44。

表 1-44　　二次电缆的拆除顺序

内容	序号	拆　除　顺　序
二次电缆的拆除	1	失灵保护屏至线路保护屏的电缆
	2	线路保护屏至母差保护屏的电缆
	3	旁路保护屏（控制屏）至线路保护屏的电缆
	4	母联保护屏（控制屏）至线路保护屏的电缆
	5	分段保护屏（控制屏）至线路保护屏的电缆
	6	线路保护屏至 TA 回路的电缆
	7	线路保护屏至端子箱（开关柜）的电缆
	8	测控屏至 TA 回路的电缆
	9	测控屏至线路保护屏的控制和信号回路电缆
	10	测控屏（保护屏）的遥控电缆
	11	录波器屏至线路保护屏的电缆
	12	测控屏至线路保护屏的遥信电缆
	13	测控屏（保护屏）的 TV 电缆

四、保护屏（控制屏）上 TV 电缆的拆除注意事项

保护屏（控制屏）上 TV 电缆的拆除注意事项见表 1-45。

表 1-45　　保护屏（控制屏）上 TV 电缆的拆除注意事项

内容	序号	注　意　事　项
TV 电缆的拆除	1	此电缆拆除时需要首先拆除对端的电缆，变电站内电压回路接线比较复杂，所以在做此工作时需要认真查找电缆的对侧位置，先测量本侧电压应该为运行电压，然后拆除对侧电缆，再测量本侧电压应该没有电压，确认无误后方可拆除
	2	一般情况下，双母线 TV 电压的接线方式：由电压接口屏（中央信号继电器屏）→电压切换回路→切换后电压→保护屏（控制屏）
	3	一般情况下，单母线 TV 电压的接线方式：由电压接口屏（中央信号继电器屏）→控制屏→保护屏，或者为由电压接口屏（中央信号继电器屏）→保护屏→控制屏

五、小母线的拆除注意事项

小母线的拆除注意事项见表 1-46。

表 1-46　　小母线的拆除注意事项

内容	序号	注　意　事　项
小母线的拆除	1	拆除小母线的工作非常危险，需要由具有一定工作经验的人员完成，而且需要配备较好的工具。拆除小母线前必须对与此小母线相关设备的供电回路做好过渡措施，千万不可使运行设备失去交流电压及直流电压
	2	在拆除小母线时，往往需要剪断带电小母线，所以一定要做好绝缘措施，一方面防止短路、接地、交直流混电，另一方面防止人身触电。剪断的小母线一定要固定好

续表

内容	序号	注　意　事　项
小母线的拆除	3	改造完成后一定要将过渡措施恢复到正常运行方式下。这项工作也非常重要，往往会因为工作结束忽视该项工作的安全性，恢复措施与完成措施具有同样的危险性，应该和做安全措施时同样对待

六、旧设备的拆除注意事项

旧设备的拆除注意事项见表1-47。

表1-47　　旧设备的拆除注意事项

内容	序号	注　意　事　项
旧设备的拆除	1	母差保护改造，因涉及回路多，应在短期内集中完成，不宜拖延过长时间
	2	母差保护传动开关，可以采用分布传动的方式，即新母差保护传动时，可以先传动到各间隔端子排，待间隔停电时，再由各端子处传动开关
	3	二次设备的更换包括保护屏、控制屏、安全自动装置等的更换，设备拆除前应严格按照要求做好相应的安全措施，确保被拆设备的退出不影响其他设备的正常运行
	4	断开被拆设备各来电侧交、直流电源小空气开关（熔断器），确保设备在拆除过程中不影响上、下级电源回路的正常运行
	5	完成与运行设备有关的交流、直流电压回路的过渡（如公用二次小母线、断路器操作电源等），确保被拆二次设备的退出不影响其他设备的安全运行
	6	如电流回路中串接有运行设备，应做好与运行设备有关的电流回路隔离措施，防止造成运行设备误动或异常
	7	被拆设备与运行设备有关的联跳回路应在运行设备侧拆除，并可靠隔离
	8	在拆除设备作业过程中仔细慎重，避免振动或撞击相邻设备，采取措施防止相邻设备误动，必要时停用由于振动可能会误动的相邻二次设备。拆除相邻屏间固定螺栓，防止被拆屏移动时造成运行设备倾倒

七、新设备的安装注意事项

新设备的安装注意事项见表1-48。

表1-48　　新设备的安装注意事项

内容	序号	注　意　事　项
新设备的安装	1	新设备安装应注意相邻设备的安全运行，防止误碰造成保护装置误动，必要时申请停用相关保护
	2	端子箱、保护屏等设备安装就位后，必须立即进行固定，并紧固相应安装螺钉，严禁浮放，防止新建设备倾倒造成人员伤亡或设备损坏事故

第四节　继电保护缺陷的处理

一、继电保护缺陷处理

继电保护缺陷处理见表1-49。

表 1-49 继电保护缺陷处理

内容	序号	注意事项
继电保护缺陷处理	1	处理缺陷时，必须将跳所有运行断路器的压板（线）断开，包括连跳回路和对侧保护，断开压板、拆除接线必须做好记录，作为恢复运行时的依据。因为此时一次设备还在运行，二次设备又有缺陷，所以不能用正确的逻辑来判断保护装置的动作行为。这时的保护装置已经故障，它的逻辑有可能已经混乱，所以它很有可能不按照正确的逻辑动作，造成误动作，因此在处理缺陷的过程中一定要将跳闸压板断开
	2	处理缺陷的及时性。保护装置故障后，不代表它不会误动，虽然当时没有误动也不代表永远不误动，当时没有误动可能是没有外部条件，一旦外部条件成熟（如区外故障），就可能造成保护误动，所以在保护装置发生故障时，首先要申请退出该保护装置的跳闸出口压板，然后进行处理，安排缺陷处理一定要及时、迅速

二、纵联距离（方向）保护通道缺陷处理

纵联距离（方向）保护通道缺陷处理见表 1-50。

表 1-50 纵联距离（方向）保护通道缺陷处理

内容	序号	工作要求
工作票	1	无论多么紧急的抢修，都要有工作票和监护人
故障现象	1	发信接点粘连发生的通道常发，容易烧毁元器件
	2	通道不通或 3dB 告警，保护拒动
工作条件	1	两侧纵联保护压板必须在退出位置，且所有出口压板在退出位置。必须保证出口压板在退出位置，才允许对装置进行处理
	2	现场工作前记录保护压板、手把、定值及定值区
处理过程	1	装置插拔插件时，关断电源
	2	检查结合滤波器时，要认真核对故障通道，严禁将完好的其他通道断开
	3	在结合滤波器、耦合电容器工作时，注意高压带电设备，防止出现人身触电事故
	4	更换时结合滤波器一定要确认接地开关闭合，并且做临时地线可靠接地，防止接地隔离开关没有可靠接地，造成人身触电事故
	5	更换的插件要和原插件内部跳线一致
	6	更换插件后要重新测量收、发电平
恢复过程	1	将处理过程中临时改动的恢复到原来状态
	2	先投入主保护再投入压板
	3	通道对试，检查通道是否正常
	4	必须先用高内阻电压表确认跳合闸回路确实良好，出口压板没有误跳的电位后，再投入出口压板

三、保护装置电源故障缺陷处理

保护装置电源故障缺陷处理见表 1-51。

表 1-51 保护装置电源故障缺陷处理

内容	序号	工作要求
工作票	1	无论多么紧急的抢修，都要有工作票和监护人
故障现象	1	电源灯灭

续表

内容	序号	工 作 要 求
故障现象	2	电源灯不稳定
工作条件	1	两侧保护或装置压板必须在退出位置，且所有出口压板在退出位置。必须保证出口压板在退出位置，才允许对装置进行处理
	2	不得对螺旋型熔断器进行拉合直流操作，防止电弧干扰引起设备误动
处理过程	1	关断电源后再插拔插件
	2	更换好插件后，检查开入是否正常，装置显示是否正常，打印定值进行核对
恢复过程	1	将处理过程中临时改动的恢复到原来状态
	2	先投入主保护再投入压板
	3	必须先用高内阻电压表确认跳合闸回路确实良好，出口压板无使断路器误跳合的电压后，再投入出口压板

四、电压回路缺陷处理

电压回路缺陷处理见表 1-52。

表 1-52　电 压 回 路 缺 陷 处 理

内容	序号	工 作 要 求
工作票	1	无论多么紧急的抢修，都要有工作票和监护人
故障现象	1	TV 回路失电压
	2	TV 回路电压线虚接
工作条件	1	将与电压有关的保护退出，如纵联距离、方向和后备保护、过电压保护等
	2	纵联保护两侧压板必须在退出位置，且所有出口压板在退出位置。必须保证出口压板在退出位置，才允许对装置进行处理
	3	现场工作前记录保护压板、手把、定值及定值区
处理过程	1	防止带电的 TV 回路短路，采取好措施
	2	防止误碰跳、合闸回路，采取好措施
	3	检查 N600 可靠接地后，方可拆动电压回路接线
	4	更换插件注意关断电源
	5	更换的插件要和原插件一致
恢复过程	1	检查 N600 可靠接地后，方可恢复电压回路接线
	2	更换插件后查看装置的采样值
	3	先投入主保护再投入压板
	4	必须先用高内阻电压表确认跳合闸回路确实良好，出口压板没有误跳的电位后，再投入出口压板

五、电流回路缺陷处理

电流回路缺陷处理见表 1-53。

表 1-53　　　　电流回路缺陷处理

内容	序号	工　作　要　求
工作票	1	无论多么紧急的抢修，都要有工作票和监护人
故障现象	1	TA 回路断线，装置采样不正常，装置闭锁
工作条件	1	纵联保护两侧压板必须在退出位置，且所有出口压板在退出位置。必须保证出口压板在退出位置，才允许对装置进行处理
	2	现场工作前记录保护压板、手把、定值及定值区
处理过程	1	用钳形相位表测量电流，判断故障发生在 TA 回路还是装置内部
	2	封 TA 回路，查看 TA 接地点
	3	用钳形相位表测量电流，同时查看装置是否有电流。在保证无电流且 TA 回路接地的情况下，将所封 TA 回路断开
	4	更换插件注意关断电源
	5	更换的插件要和原插件一致
	6	更换保护 CPU 插件要重新测量光功率，核对定值、程序版本
	7	查看交流采样是否正确
恢复过程	1	先将电流回路 N 接入装置，再接 A、B、C 相，检查装置内部是否有少许电流，方可恢复电压回路接线
	2	更换插件后查看装置的采样值
	3	先投入主保护再投入压板
	4	必须先用高内阻电压表确认跳合闸回路确实良好，出口压板没有误跳的电位后，再投入出口压板

六、保护开入、开出、CPU 故障缺陷处理

保护开入、开出、CPU 故障缺陷处理见表 1-54。

表 1-54　　　　保护开入、开出、CPU 故障缺陷处理

内容	序号	工　作　要　求
工作票	1	无论多么紧急的抢修，都要有工作票和监护人
故障现象	1	液晶显示屏显示保护开入异常
	2	液晶显示屏显示保护开出异常、出口三极管长期导通
	3	CPU 故障，装置闭锁
工作条件	1	出现上述情况时，值班人员不要按装置的任何按钮和键盘，因为 CPU 程序已异常，按钮和键盘已经出现紊乱，防止误出口跳闸
	2	两侧保护压板必须在退出位置，且所有出口压板在退出位置。必须保证出口压板在退出位置，才允许对装置进行处理
	3	现场工作前记录保护压板、手把、定值及定值区
处理过程	1	关断电源
	2	对跳闸、合闸、启动失灵、远跳、启动母差回路及压板用绝缘胶布做好措施
	3	更换插件要和原插件一致，特别注意内部跳线和光纤电流差动保护 CPU 是 2M 还是 64K
	4	检查新插件工作是否正常，开入、开出是否正常

续表

内容	序号	工 作 要 求
恢复过程	1	恢复原来状态
	2	保护装置断电或复位起动
	3	先投入主保护投入压板
	4	检查通道是否正常，无误码，通道延时正确
	5	检查开入、开出是否正常
	6	必须先用高内阻电压表确认跳合闸回路确实良好，出口压板没有误跳的电位后，再投入出口压板

七、重合闸压力闭锁故障缺陷处理

重合闸压力闭锁故障缺陷处理见表1-55。

表1-55　　重合闸压力闭锁故障缺陷处理

内容	序号	工 作 要 求
工作票	1	无论多么紧急的抢修，都要有工作票和监护人
故障现象	1	重合闸压力闭锁，重合闸灯灭
工作条件	1	对跳闸、合闸回路、启动失灵和母差回路做好措施
	2	申请将重合闸退出，出口退出
	3	现场工作前记录保护压板、手把、定值及定值区
	4	对汇控箱断路器非全相回路、防跳回路采取措施
处理过程	1	如果是保护插件的原因，带电更换时，要防止插件触碰其他插件
	2	插件插针要对准位置，防止短路和接地
	3	如果是断路器压力的问题，在专业人员处理过程中，要防止压力进一步降低，出现闭锁合闸和分闸现象
恢复过程	1	检查新插件开入、开出是否正常
	2	投入重合闸手把，检查重合闸装置是否充电

八、光纤差动类保护通道缺陷处理

光纤差动类保护通道缺陷处理见表1-56。

表1-56　　光纤差动类保护通道缺陷处理

内容	序号	工 作 要 求
工作票	1	无论多么紧急的抢修，都要有工作票和监护人
故障现象	1	因为在通道故障持续一定时间时，保护装置才会判断是通道故障，闭锁差动保护装置。当通道重复出现故障—恢复—故障—恢复现象的时候，如果区外故障使装置启动，而保护装置还没有出现通道故障，这时候容易误动。需要将两端差动保护退出
工作条件	1	两侧电流差动保护压板必须在退出位置，且所有出口压板在退出位置。必须保证出口压板在退出位置，才允许对装置进行处理
	2	现场工作前记录保护压板、手把、定值及定值区

续表

内容	序号	工　作　要　求
处理过程	1	尾纤插拔后要进行清洁
	2	注意通道是否和其他设备共用，特别是 2M 通道是否共用，不允许在通信室进行自环，需把其他保护同时退出后，方可进行自环
	3	进行自环时确认是故障通道
	4	更换的插件要和原插件一致
	5	更换保护 CPU 插件要重新测量光功率，核对定值、程序版本
恢复过程	1	定值恢复原来状态
	2	保护装置断电或复位启动
	3	先投入主保护再投入压板
	4	检查通道是否正常、无误码、通道延时正确
	5	必须先用高内阻电压表确认跳合闸回路确实良好，出口压板没有误跳的电位后，再投入出口压板

九、装置误动或拒动缺陷处理

装置误动或拒动缺陷处理见表 1-57。

表 1-57　装置误动或拒动缺陷处理

内容	序号	工　作　要　求
缺陷情况	1	装置异常现象
	2	异常发生时天气情况
	3	异常发生时是否有操作
	4	异常发生时是否有其他班组工作
	5	异常发生时对侧情况
安全措施	1	记录工作前保护压板、手把、定值及定值区、屏后电源开关初始状态
	2	做好相关安全措施，并详细记录
装置外观检查	1	现场检查装置面板灯及各插件显示灯是否正常，详细记录各灯的异常现象
	2	检查装置面板液晶显示是否正常、是否有故障或异常报文，详细记录面板液晶异常现象、故障或异常报文
	3	检查装置面板各旋钮、拨轮、小开关、按钮、手把是否在正常位置
	4	检查装置面板及各插件是否有明显发热、烧焦、损坏现象
	5	检查保护压板、手把、定值及定值区、屏后电源开关投退位置是否正确
装置内部检查	1	检查及打印装置内部跳闸、异常、开关变位、开入/开出等报文
	2	测量装置电源插件输入、输出电位是否正常
	3	检查装置采样是否正常
	4	检查装置开入、开出量是否正确
	5	检查装置定值整定是否与最新定值单一致
	6	整组试验，检查装置是否正常

续表

内容	序号	工　作　要　求
传动检查	1	模拟实际故障，传动开关，检查回路是否正确
二次回路检查	1	检查相关二次回路接线、螺钉、滑块、连接片是否有松动现象
	2	检查相关二次回路电缆绝缘、阻值是否正确
恢复安全措施	1	按照现场安全措施票正确恢复检查过程中所做的措施

十、控制回路断线缺陷处理

控制回路断线缺陷处理见表1-58。

表1-58　　控制回路断线缺陷处理

内容	序号	工　作　要　求
缺陷情况	1	装置异常现象
	2	异常发生时天气情况
	3	异常发生时是否有操作
	4	异常发生时是否有其他班组工作
安全措施	1	记录工作前保护压板、手把、定值及定值区、屏后电源开关初始状态
	2	做好相关安全措施，并详细记录
装置外观检查	1	现场检查装置面板灯及各插件显示灯是否正常，详细记录各灯的异常现象
	2	检查装置面板液晶显示是否正常、是否有故障或异常报文，详细记录面板液晶异常现象、故障或异常报文
	3	检查装置面板各旋钮、拨轮、小开关、按钮、手把是否在正常位置
	4	检查装置面板及各插件是否有明显发热、烧焦、损坏现象
控制回路检查	1	检查相关二次回路接线是否正确
	2	检查相关二次回路接线、螺钉、滑块、连接片是否有松动现象
	3	检查相关二次回路电缆绝缘、阻值是否正确
恢复安全措施	1	按照现场安全措施票正确恢复检查过程中所做的措施

第二章　新设备验收

第一节　500kV断路器二次回路和保护装置验收

一、500kV断路器二次回路验收

1. 验收需要的资料

（1）设计、施工图纸。

（2）断路器和隔离开关的控制回路原理图、接线图、说明书、出厂试验报告。

（3）施工单位安装、调试报告。

（4）调试、验收规程。

2. TA验收

（1）建立TA台账：包括TA电流比范围、二次线圈数量及抽头、准确度级别。

（2）接线柱、线号牌、电缆标牌等应打印，且清晰、正确。

（3）TA二次线圈布置：TA二次线圈选7个线圈，从母线至线路侧依次为线路保护一、线路保护二、录波器、母差保护一、母差保护二、测量、计量。图2-1为TA二次线圈布置图，线路保护与母差保护用线圈必须交叉，以消除TA本身故障时的死区。

（4）TA极性：所有TA均以母线侧为极性引出，TA由一次侧向二次侧点极性，每组二次线圈点一次，当S接通时，毫安表正起，说明L1与S1为同极性端。图2-2为TA极性试验接线图。

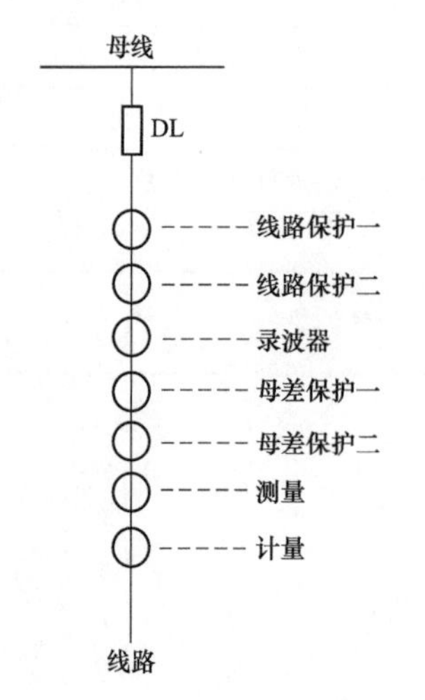

图2-1　TA二次线圈布置图

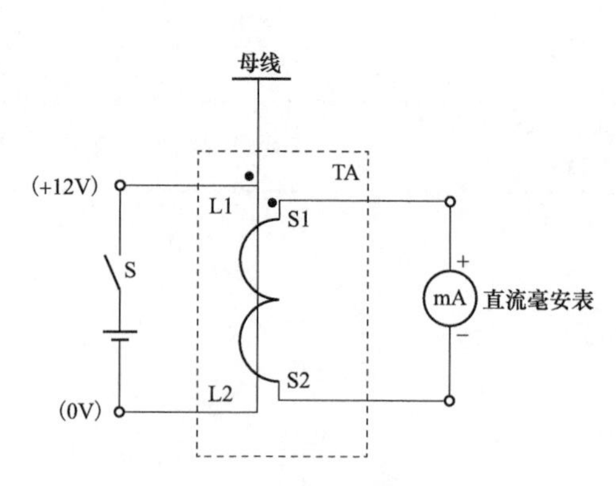

图2-2　TA极性试验接线图

（5）TA电流比：保护、测量、计量电流比均符合定值通知单，TA由一次侧通入大电流，测量每个二次线圈的二次电流，测量某一二次线圈时，其他二次线圈均需短路。图2-3为TA电流比试验接线图，不建议使用电子式仪器进行电流比试验，推荐使用大电流发生器。

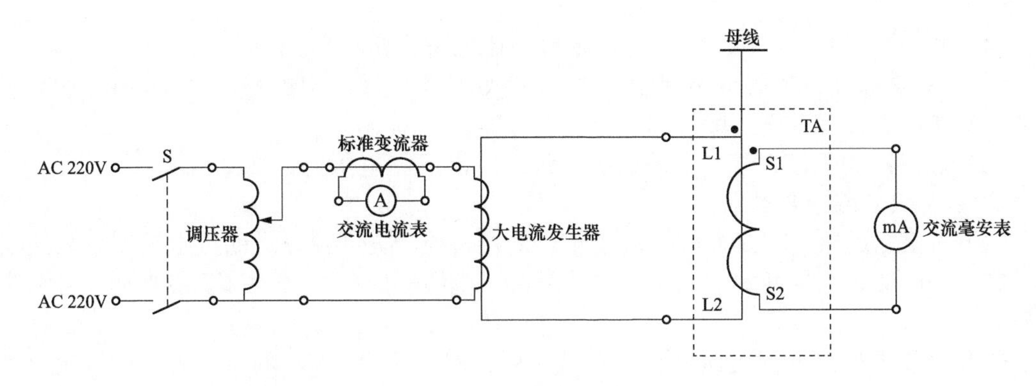

图 2-3　TA 电流比试验接线图

（6）TA 伏安特性：对每组二次线圈进行伏安特性试验，确保计量回路使用 0.2S 级，测量回路使用 0.2 级，保护使用 3 级、10P 级或 TPY 级。试验时电流只能单方向逐渐增大，不允许减小后再增大。

（7）TA 二次负载试验：对每组二次线圈进行二次负载试验，确保满足 10%误差。

图 2-4 为 TA 伏安特性、二次负载试验图。

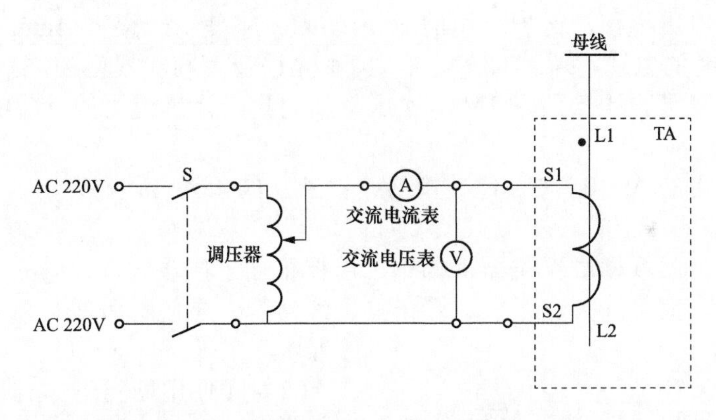

图 2-4　TA 伏安特性、二次负载试验接线图

（8）TA 本体处二次线圈不接地，TA 本体处二次电缆应穿钢管，并留有 1m 的余量，以备更换 TA 或二次电缆损坏时用。

（9）建议：关于 TA 电流比的选择，每组二次线圈变比为 2500/1，并在 50%处设抽头。

3. 线路 TV 验收

（1）建立 TV 台账：包括电压比范围、二次线圈数量、准确度级别。

（2）接线柱、线号牌、电缆标牌等应打印，且清晰、正确。

（3）TV 极性：TV 以母线侧为极性引出，TV 由二次侧向一次侧点极性，每组二次线圈点一次。当 S 接通时，毫安表正起（毫安表指针正偏），说明 A 与 a1 为同极性端。图 2-5 为 TV 极性试验接线图。

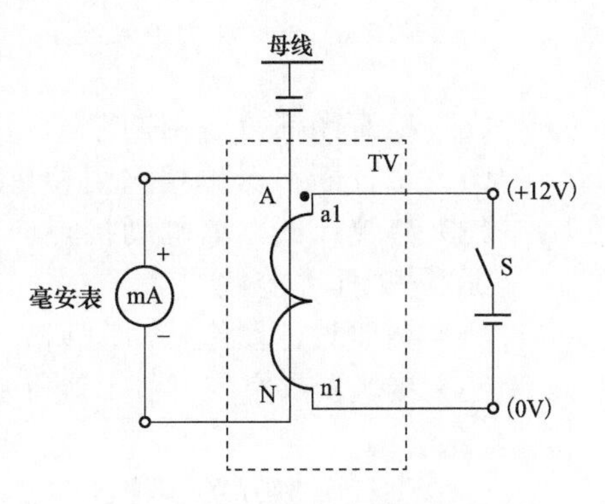

图 2-5　TV 极性试验接线图

（4）TV 电压比：保护、测量、计量电流比均符合定值通知单。

（5）TV 本体处二次线圈不接地，TV 本体处二次电缆应穿钢管，并留有 1m 的余量，以备更换 TV 或二次电缆损坏时用。

（6）建议：关于 TV 电压比的选择，每组二次线圈电压比为 220/0.1。

4. 线路 TV 端子箱验收

（1）防雨、通风、密封良好；端子箱中的接地点应与 100mm^2 的接地铜网可靠连接。

（2）继电器、空气开关、端子排、线号牌、电缆标牌等标志、标识应打印，且清晰、正确。

（3）按照设计图纸核对端子箱中接线，以及端子箱至 TV、隔离开关、电压接口屏、保护屏等接线，可以采取对线、加入试验电压、传动等方法进行。当采用对线方法时，必须断开相关回路。

（4）隔离开关、接地隔离开关的分、合闸线必须与控制正电源、信号正电源隔开。

（5）TV 二次线圈 A、B、C、L 在端子箱中应设带报警的小空气开关，并经过隔离开关辅助接点控制。

（6）每组 TV 的中性线 N600 均不允许经过小空气开关及隔离开关辅助接点控制，且不允许在端子箱中直接接地，但应通过氧化锌避雷器接地，以防 TV 回路多点接地。

（7）为防止电压位移，保护一用的 A、B、C、N 使用一根 4×4mm^2 电缆，L、N 使用另一根 4×4mm^2 的电缆，A、B、C、L、N 不允许合用同一根电缆。

（8）为减小测量、计量回路 TV 二次压降，测量、计量使用的 A、B、C、N 每相使用一根 4×4mm^2 电缆。

（9）保护二用的 A、B、C、N 使用另一根独立的 4×4mm^2 电缆。

5. 断路器验收

（1）按照设计图纸核对断路器机构箱、汇控箱端子排接线。

（2）继电器、空气开关、压板、端子排、线号牌、电缆标牌等标志、标识应打印，且清晰、正确。

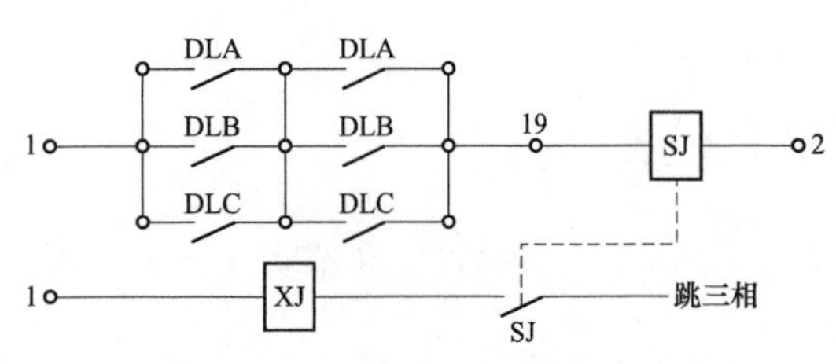

图 2-6　非全相保护接线图

（3）应使用断路器本体的非全相保护和防跳回路。图 2-6 为非全相保护接线图。

（4）测量跳、合闸线圈的电阻，应与说明书提供的跳、合闸电流及防跳闭锁继电器电流相匹配。

（5）非全相保护必须有投退压板，非全相保护动作后，其信号应自保持。

（6）检查闭锁重合闸回路，当压力下降到闭锁重合闸时，应闭锁重合闸。

（7）进行断路器单相跳闸和单相合闸试验。

（8）建议：断路器辅助接点应直接接入故障录波装置，以便于事故分析。

6. 隔离开关验收

（1）按照设计图纸核对隔离开关、接地隔离开关机构箱接线。

（2）接触器、空气开关、端子排、线号牌、电缆标牌等标志、标识应打印，且清晰、正确。

（3）进行隔离开关、接地隔离开关单相跳闸和单相合闸试验。

（4）进行电压切换、母差保护传动。

（5）按照五防闭锁逻辑进行相应试验，应满足不发生误操作的要求。

（6）建议：断路器、隔离开关、接地隔离开关采用电气闭锁+机械闭锁方式，不主张采用编码锁+机械闭锁方式。

7. 断路器端子箱验收

（1）防雨、通风、密封良好；端子箱中的接地点应与 $100mm^2$ 的接地铜网可靠连接。

（2）继电器、空气开关、端子排、线号牌、电缆标牌等标志、标识应打印，且清晰、正确。

（3）按照设计图纸核对端子箱中接线，以及端子箱至 TA、断路器、汇控箱、保护屏、测控屏等接线，可以采取对线、加入试验电流、传动等方法进行。当采用对线方法时，必须断开相关回路。

（4）TA 在端子箱中所有二次线圈的尾端连在一起后接地（和电流除外），以方便今后继电保护人员对测量、计量回路进行绝缘监督。

（5）建议：500kV 端子箱设 2 个，型号为 ZXW-2/4。TA 使用第 1 个端子箱的 A 面；断路器控制回路、信号回路使用第 1 个端子箱的 B 面。隔离开关、接地隔离开关的控制回路、信号回路使用第 2 个端子箱的 A 面；五防闭锁、照明、加热等各类电源使用第 2 个端子箱的 B 面。

二、500kV 断路器继电保护、测控装置验收

1. 验收需要的资料

（1）设计、施工图纸。

（2）继电保护装置、测控装置、安全自动装置、故障录波装置、测距装置及其他相关设备的原理图、接线图、技术说明书、调试大纲、出厂试验报告。

（3）施工单位安装、调试报告。

（4）调度部门整定计算通知单、微机保护和微机测控装置版本通知单。

（5）调试、验收规程。

2. 保护装置、测控装置验收

（1）检查保护装置、测控装置的额定参数，包括交流电流（AC 1A）、交流电压（AC 100V）、直流电源（±220V）等。记录保护屏、测控屏出厂日期。

（2）通电前，检查保护装置、测控装置的外观，插件、芯片、继电器等应无松动、完好。

（3）保护屏、测控屏接地铜排应与 $100mm^2$ 接地网可靠连接。

（4）按照设计图纸核对保护屏、测控屏接线，以及至端子箱、母差屏、故障录波装置、电压接口屏、直流分配屏等屏间连线。可以采取对线、加入试验电压、传动等方法进行。当采用对线方法时，必须断开相关回路。

（5）保护电源和控制电源必须一一对应，即保护屏一接保护电源一，保护屏二接保护电源二；操作箱一接控制电源一，操作箱二接控制电源二。

（6）断路器压力降低至闭锁重合闸时，应启动操作箱中的闭锁重合闸继电器，闭锁重合闸。

（7）保护屏、测控屏上的压板、空气开关、切换开关、继电器、端子排、线号牌、电缆标牌的标志、标识应打印，且清晰、正确。

（8）保护压板颜色：保护功能投退压板用“黄色”，跳合闸出口压板用“红色”，启动失灵保护用“蓝色”。

（9）保护装置试验。

1）记录保护装置的版本号，应与版本通知单一致。

2）零漂检查：在端子排上将装置的电流输入回路、电压输入回路分别短接后，记录各模拟量通道的显示值。

3）精度、线性度检查：在端子排上分别加入 $0.1I_e$、$0.5I_e$、I_e、$2I_e$、$5I_e$、$10I_e$（I_e为额定电流），$0.05U_e$、$0.1U_e$、$0.2U_e$、$0.5U_e$、U_e、$1.2U_e$（U_e为额定电压），记录各模拟量通道的显示值。

4）开入回路检查：必须以实际动作情况检查每个开入量，不建议用短接开入端子的方法进行。

5）按照定值通知单输入保护定值，输完定值后打印一份，并与定值通知单认真核对。

6）保护定值试验：模拟各种故障，检查各项定值在 0.9 倍和 1.1 倍下的动作情况。

7）保护动作时间测量：模拟各种故障，测量每段保护动作时间，包括 0s 出口的保护动作时间。

8）保护动作、告警信号传动：模拟各种故障，记录监控系统中的动作信号，应与保护动作情况一致。

9）失灵、母差保护联调：中断路器失灵跳两个边断路器，边断路器失灵启动母差保护一、保护二，跳开此母线上所有断路器。

10）录波检查：断路器保护的 TA、TB、TC、TS、CH 均应接入故障录波装置。

（10）操作箱检查。

1）应使用断路器本体的非全相保护和防跳回路，将操作箱中的防跳回路短接。图 2-7 为防跳回路短接示意图。

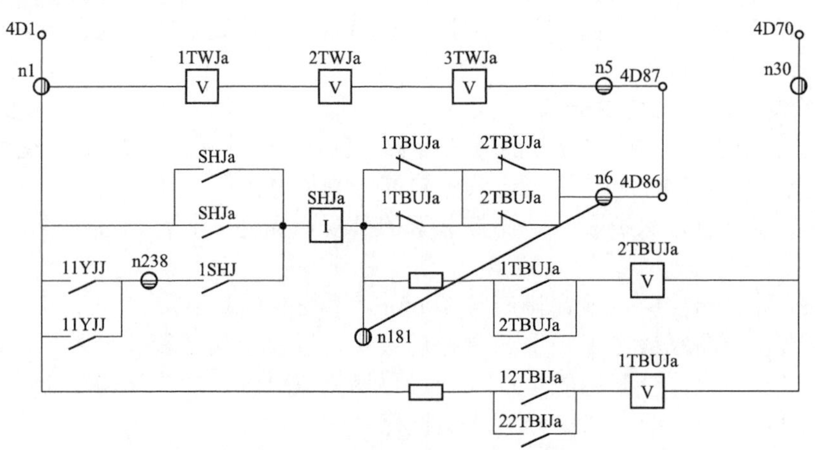

图 2-7　防跳回路短接示意图

2）操作箱跳闸继电器、重合闸继电器保持电流应与断路器跳合闸电流相匹配。

3）对跳、合闸位置继电器，手跳、手合继电器，跳闸继电器，重合闸继电器，闭锁重合闸继电器，电压切换继电器等进行检查。

4）操作箱手跳、手合带开关实际传动。

5）防跳回路检查：将控制开关置于合闸位置，然后短接保护跳闸接点，断路器不应跳跃。

6）操作箱至监控系统信号传动。

（11）测控装置试验。

1）记录测控装置的版本号，应与版本通知单一致。

2）按照定值通知单变比定值，整定变比系数，监控系统完成变比系数和序位设置。

3）零漂检查：在端子排上将装置的电流输入回路、电压输入回路分别短接后，记录各模拟量通道的显示值。

4）精度、线性度检查：在端子排上分别加入 $0.1I_e$、$0.5I_e$、I_e、$1.2I_e$，$0.1U_e$、$0.5U_e$、U_e、$1.2U_e$，记录各模拟量通道的显示值。

5）远方数据的准确性检查：在端子排上分别加入 $0.5I_e$、I_e，$0.5U_e$、U_e，记录测控系统的 I、U、P（有功功率）、Q（无功功率）显示值，以检查变比系数和遥测序位的准确性。

6）开入回路检查：必须以实际动作情况检查每个开入量，不建议用短接开入端子的方法进行。

7）遥控回路试验：进行断路器、隔离开关、隔离接地开关的实际传动，同时检查压板对应关系的唯一性。

（12）带断路器传动：传动时尽量减少断路器实际动作次数，在开关场安排人员监视断路器动作情况。

1）分别模拟 A、B、C 单相瞬时故障，断路器应单相跳闸、单相重合。

2）分别模拟 A、B、C 单相永久性故障，检查保护出口应正确，最后一次带断路器传动，断路器应单相跳闸、单相重合再三相跳闸。

3）分别模拟 AB、BC、CA 两相故障及三相故障，检查保护出口应正确，最后一次带断路器传动，断路器应三相跳闸、不重合。

（13）电流回路直流电阻测量：在端子箱处测量所有电流回路直流电阻，不应有开路现象，而且每组电流回路 A、B、C 三相应平衡。

（14）绝缘检查：使用 1000V 兆欧表对以下回流进行绝缘检查。

1）交流电流回路对地。

2）交流电压回路对地。

3）直流控制回路对地。

4）直流信号回路对地。

5）交流电流回路对直流控制回路。

6）交流电流回路对直流信号回路。

（15）保护投入运行前的向量检查。

1）在线路带负荷前，应退出相关的带方向保护，向量检查正确后，带方向的保护才允许投入跳闸。

2）同时检查所有电流回路、电压回路的采样值应正确。

三、编写现场运行规程、填写继电保护运行日志

（1）现场运行规程内容包括保护装置和测控装置功能，各压板、小开关、切换开关的使用方法，运行方式变化引起保护的投退，保护装置和测控装置异常告警处理方法，保护动作跳闸处理方法，运行注意事项等。

（2）继电保护运行日志填写内容包括保护定值执行情况、已处理或未处理的缺陷、能否投入运行、运行注意事项等。

第二节　500kV 进出线继电保护装置、测控装置验收

一、验收需要的资料

（1）设计、施工图纸。

（2）继电保护装置、测控装置、安全自动装置、故障录波装置、测距装置及其他相关设备的原理图、接线图、技术说明书、调试大纲、出厂试验报告。

（3）施工单位安装、调试报告。

（4）调度部门整定计算通知单、微机保护和微机测控装置版本通知单。

（5）调试、验收规程。

二、保护屏、测控屏验收

（1）每面保护屏应含光纤接口、过电压保护、远方就地判别、纵联电流差动保护装置（含完整的后备保护）。

（2）两面保护屏应属于不同厂家产品，但其屏面布置、端子排接线应完全相同。

（3）检查保护装置、测控装置的额定参数，包括交流电流（AC 1A）、交流电压（AC 100V）、直流电源（±220V）等。记录保护屏、测控屏出厂日期。

（4）通电前，检查保护装置、测控装置的外观，插件、芯片、继电器等应无松动、完好。

（5）保护屏、测控屏接地铜排应与 $100mm^2$ 接地网可靠连接。

（6）按照设计图纸核对保护屏、测控屏接线，以及至端子箱、通信室、母差屏、故障录波装置、电压接口屏、直流分配屏等屏间连线。可以采取对线、加入试验电压、传动等方法进行。当采用对线方法时，必须断开相关回路。

（7）保护电源和控制电源必须一一对应，即保护屏一接保护电源一，保护屏二接保护电源二；操作箱一接控制电源一，操作箱二接控制电源二。

（8）保护一、保护二光纤接口装置的通信电源必须一一对应。

（9）断路器压力降低至闭锁重合闸时，应同时启动操作箱中的闭锁重合闸继电器，闭锁两套重合闸。

（10）保护屏、测控屏上的压板、空气开关、切换开关、继电器、端子排、线号牌、电缆标牌的标志、标识应打印，且清晰、正确。

（11）保护压板颜色：保护功能投退压板用“黄色”，跳合闸出口压板用“红色”，启动失灵保护用“蓝色”。

（12）纵联电流差动保护、过电压保护装置试验。

1）记录保护装置的版本号，应与版本通知单一致。

2）零漂检查：在端子排上将装置的电流输入回路、电压输入回路分别短接后，记录各模拟量通道的显示值。

3）精度、线性度检查：在端子排上分别加入 $0.1I_e$、$0.5I_e$、I_e、$2I_e$、$5I_e$、$10I_e$，$0.05U_e$、$0.1U_e$、$0.2U_e$、$0.5U_e$、U_e、$1.2U_e$，记录各模拟量通道的显示值。

4）开入回路检查：必须以实际动作情况检查每个开入量，不建议用短接开入端子的方法进行。

5）按照定值通知单输入保护定值，没有用的定值应整定为与相临段一致，或过量定值整定为最大值，欠量定值整定为最小值，但其控制字必须置于退出位置。输完定值

后打印一份，并与定值通知单认真核对。

6）保护特性试验。

①纵联电流差动保护区内、区外故障试验。

②阻抗保护阻抗特性试验。

③方向元件动作区试验。

7）保护定值试验：模拟各种故障，检查各项定值在 0.9 倍和 1.1 倍下的动作情况。

8）保护动作时间测量：模拟各种故障，测量每段保护动作时间，包括 0s 出口的保护动作时间。

9）保护动作、告警信号传动：模拟各种故障，记录监控系统中的动作信号，应与保护动作情况一致。

10）与失灵、母差保护联调：保护一、保护二动作启动失灵保护和母差跳本断路器传动。

11）录波检查：保护一、保护二的 TA、TB、TC、TS、CH 均应接入故障录波装置。

（13）远方就地判别装置验收。远方就地判别装置应选择“一取一+就地判别”方式，模拟收到对侧远跳命令、加上就地判据，使本侧断路器跳闸。

（14）测控装置试验。

1）记录测控装置的版本号，应与版本通知单一致。

2）按照定值通知单变比定值，整定变比系数，监控系统完成变比系数和序位设置。

3）零漂检查：在端子排上将装置的电流输入回路、电压输入回路分别短接后，记录各模拟量通道的显示值。

4）精度、线性度检查：在端子排上分别加入 $0.1I_e$、$0.5I_e$、I_e、$1.2I_e$，$0.1U_e$、$0.5U_e$、U_e、$1.2U_e$，记录各模拟量通道的显示值。

5）远方数据的准确性检查：在端子排上分别加入 $0.5I_e$、I_e，$0.5U_e$、U_e，记录测控系统的 I、U、P、Q 显示值，以检查变比系数和遥测序位的准确性。

6）开入回路检查：必须以实际动作情况检查每个开入量，不建议用短接开入端子的方法进行。

（15）带断路器传动，传动时尽量减少断路器实际动作次数，在开关场安排人员监视断路器动作情况，两套保护分别进行模拟各种试验。

1）分别模拟 A、B、C 单相瞬时故障，断路器应单相跳闸、单相重合。

2）分别模拟 A、B、C 单相永久性故障，检查保护出口应正确，最后一次带断路器传动，断路器应单相跳闸、单相重合，再三相跳闸。

3）分别模拟 AB、BC、CA 两相故障及三相故障，检查保护出口应正确，最后一次带断路器传动，断路器应三相跳闸、不重合。

（16）两侧保护联调试验。

1）测量光纤保护的发信功率、收信功率及通道误码率。

2）测量通道传输时间，其应不大于 15ms。

①将 ZJ1 并联于发信继电器接点，当 ZJ1 闭合时启动发信。

②ZJ2 接于毫秒计起表端子，ZJ2 闭合时起表。

③将收信接点连线打开，收信接点接于毫秒计停表端子，当收信继电器动作时停表。

④对侧收信接点连线断开，收信接点于发信接点并联，当收到信号时启动发信。

⑤毫秒计测量到的时间即为 2 倍的通道传输时间。图 2-8 为通道传输时间试验接线图。

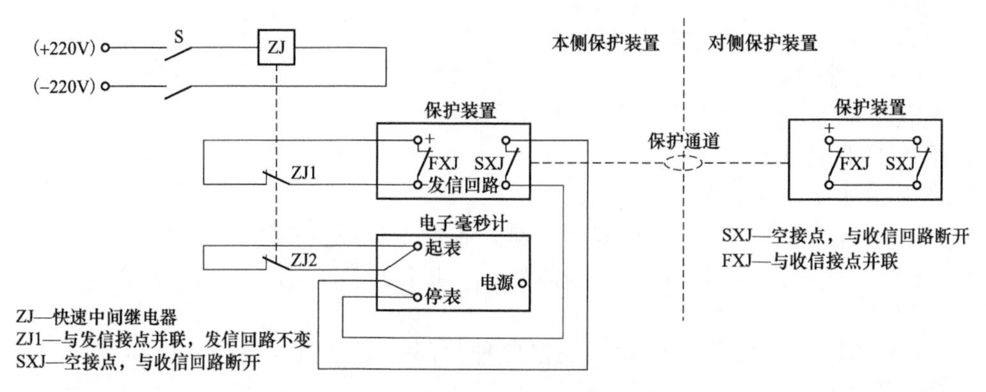

图 2-8 通道传输时间试验接线图

3）区内故障模拟试验：线路两侧保护装置同时模拟区内故障，保护装置应正确出口跳闸。

4）区外故障模拟试验：线路一侧保护装置模拟区内故障、另一侧保护装置模拟区外故障保护装置应不出口。

（17）电流回路直流电阻测量。在端子箱处测量所有电流回路直流电阻，不应有开路现象，而且每组电流回路 A、B、C 三相应平衡。

（18）绝缘检查：使用 1000V 兆欧表对以下回路进行绝缘检查。

1）交流电流回路对地。

2）交流电压回路对地。

3）直流控制回路对地。

4）直流信号回路对地。

5）交流电流回路对直流控制回路。

6）交流电流回路对直流信号回路。

（19）保护投入运行前的向量检查。

1）在线路带负荷前，应退出纵联电流差动保护和带方向保护，向量检查正确后，纵联电流差动保护和带方向的保护才允许投入跳闸。

2）同时检查所有电流回路、电压回路的采样值应正确。

3）带负荷后测量通道误码率。

三、编写现场运行规程、填写继电保护运行日志

（1）现场运行规程内容包括保护装置和测控装置功能，各压板、小开关、切换开关的使用方法，运行方式变化引起保护的投退，保护装置和测控装置异常告警处理方法，保护动作跳闸处理方法，运行注意事项等。

（2）继电保护运行日志填写内容包括保护定值执行情况、已处理或未处理的缺陷、能否投入运行、运行注意事项等。

四、500kV 线路保护配置建议

（1）500kV 线路保护应配置两套不同厂家的纵联电流差动保护，每套保护具有完整的后备保护，并能适用于弱（无）电源侧。

（2）装置使用的 TV 电压取自电压接口屏；打印机电源建议使用交流小母线。

（3）500kV 线路断路器应配备两个独立的跳闸线圈、两个独立的合闸线圈；闭锁重合闸能够输出两对独立的接点；具备防跳闭锁和非全相保护功能，非全相保护动作后跳三相、不启动失灵保护，发出信号并自保持。

第三节 500kV 变压器二次回路验收

一、验收需要的资料

（1）设计、施工图纸。

（2）TA 和变压器的说明书、出厂试验报告。

（3）断路器和隔离开关的控制回路原理图、接线图、说明书、出厂试验报告。

（4）施工单位安装、调试报告。

（5）调试、验收规程。

二、高压侧 TA 验收

同断路器保护。

三、高压侧断路器验收

同断路器保护。

四、高压侧隔离开关验收

同断路器保护。

五、中压侧 TA 验收

（1）建立 TA 台账：包括 TA 电流比范围、二次线圈数量及抽头、准确度级别。

（2）接线柱、线号牌、电缆标牌等应打印，且清晰、正确。

（3）中压侧 TA 电流比选择：每组二次线圈电流比为 2500/1，并在 50%处设抽头。TA 二次线圈选 7 个线圈：从母线侧依次为差动保护一、差动保护二、录波器、母差保护一、母差保护二、测量、计量。图 2-9 为 TA 二次线圈布置图，变压器差动保护与母差保护用线圈必须交叉，以消除 TA 本身故障时的死区。

（4）TA 极性：差动保护和后备保护宜共用一组 TA，保护用 TA 均以母线为极性引出，测量、计量用 TA 均以变压器为极性引出。TA 由一次侧向二次侧点极性，每组二次线圈点一次，当 S 接通时，毫安表正起，说明 L1 与 S1 为同极性端。图 2-10 为 TA 极性试验接线图。

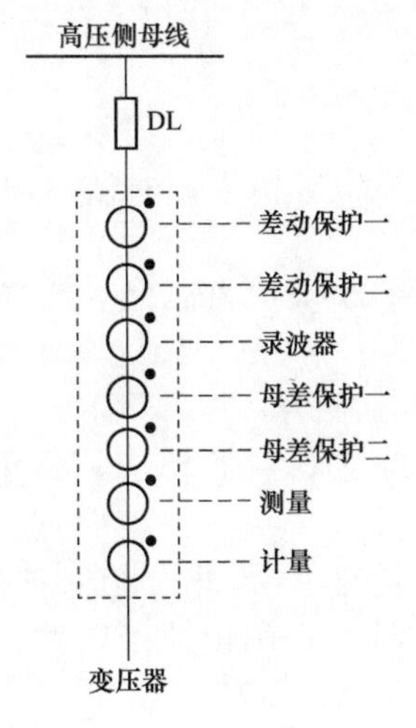

图 2-9 TA 二次线圈布置图

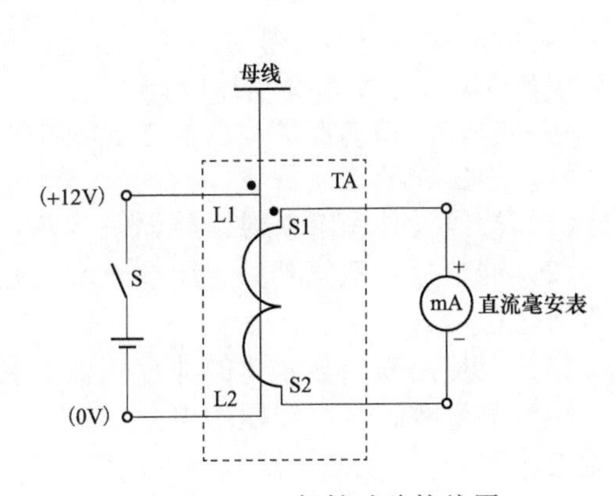

图 2-10 TA 极性试验接线图

（5）TA 电流比：保护、测量、计量电流比均符合定值通知单。TA 由一次侧通入大电流，测量每个二次线圈的二次电流，测量某一二次线圈时，其他二次线圈均需短路。图 2-11 为 TA 电流比试验接线图，不建议使用电子式仪器进行电流比试验，推荐使用大电流发生器。

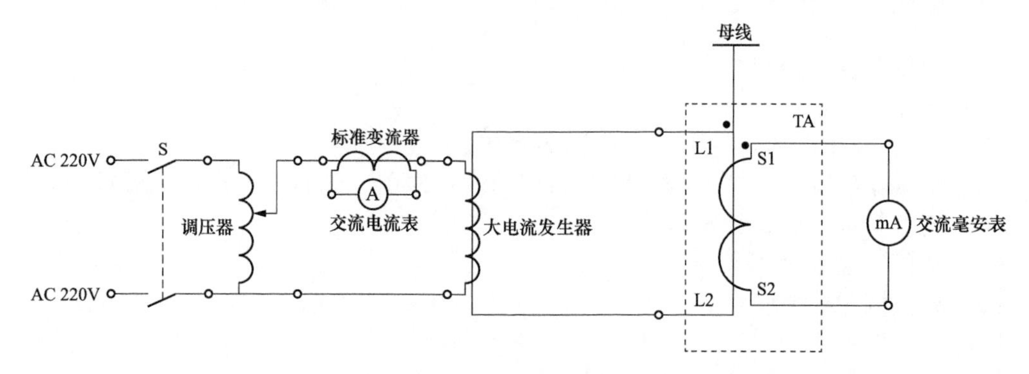

图 2-11　TA 电流比试验接线图

（6）TA 伏安特性：对每组二次线圈进行伏安特性试验，确保计量回路使用 0.2S 级，测量回路使用 0.2 级，保护使用 3 级、10P 级或 TPY 级。试验时电流只能单方向逐渐增大，不允许减小后再增大。

（7）TA 二次负载试验：对每组二次线圈进行二次负载试验，确保满足 10%误差。

图 2-12 为 TA 伏安特性、二次负载试验图。

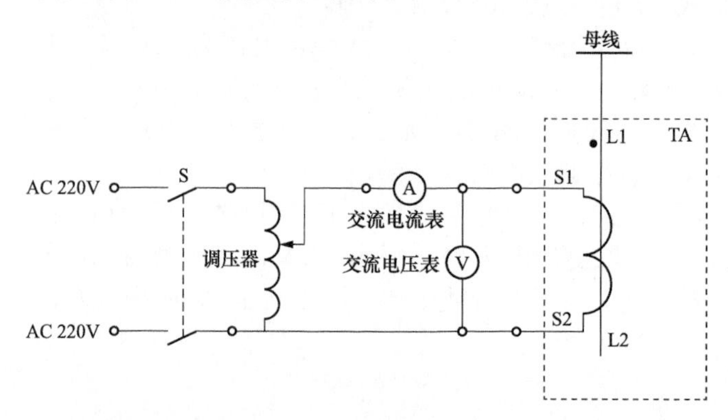

图 2-12　TA 伏安特性、二次负载试验图

（8）TA 本体处二次线圈不接地，TA 本体处二次电缆应穿钢管，并留有 1m 的余量，以备更换 TA 或二次电缆损坏时用。

（9）建议：差动保护高压侧 TA 采用 Y 接线，采用差动保护内部 Y/△变换。

六、中压侧断路器验收

（1）按照设计图纸核对断路器机构箱、汇控箱端子排接线。

（2）继电器、空气开关、压板、端子排、线号牌、电缆标牌等标志、标识应打印，且清晰、正确。

（3）应使用断路器本体的非全相保护和防跳回路。图 2-13 为非全相保护接线图。

（4）测量跳、合闸线圈的电阻，应与说明书提供的跳、合闸电流及防跳闭锁继电器电流相匹配。

（5）非全相保护必须有投退压板，非全相保护动作后，其信号应自保持。

（6）建议：断路器辅助接点应直接接入故障录波装置，以便于事故分析。断路器选择三相联动操作的断路器，不用单项操作断路器。

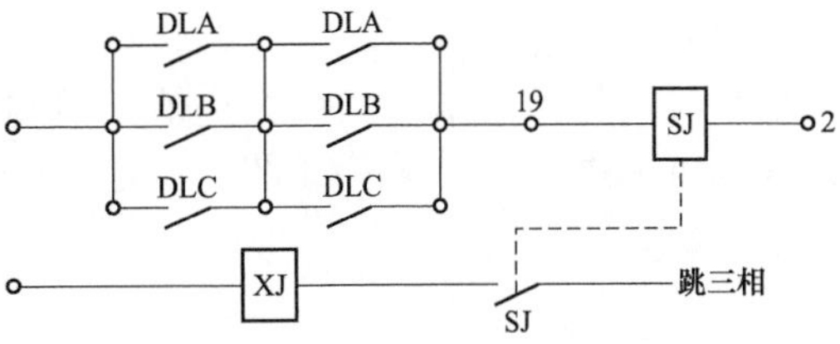

图 2-13　非全相保护接线图

七、中压侧隔离开关验收

（1）按照设计图纸核对隔离开关、接地隔离开关机构箱接线。

（2）接触器、空气开关、端子排、线号牌、电缆标牌等标志、标识应打印，且清晰、正确。

（3）进行隔离开关、接地隔离开关单相跳闸和单相合闸试验。

（4）进行电压切换、母差保护传动。

（5）按照五防闭锁逻辑进行相应试验，应满足不发生误操作的要求。

（6）建议：断路器、隔离开关、接地隔离开关采用电气闭锁+机械闭锁方式，不主张采用编码锁+机械闭锁方式。

八、中压侧端子箱验收

（1）防雨、通风、密封良好；端子箱中的接地点应与 100mm^2 的接地铜网可靠连接。

（2）继电器、空气开关、端子排、线号牌、电缆标牌等标志、标识应打印，且清晰、正确。

（3）按照设计图纸核对端子箱中接线，以及端子箱至 TA、断路器、保护屏、测控屏等接线，可以采取对线、加入试验电流、传动等方法进行。当采用对线方法时，必须断开相关回路。

（4）TA 在端子箱中所有二次线圈的尾端连在一起后接地，以方便今后继电保护人员对测量、计量回路进行绝缘监督。

（5）断路器的跳、合闸线及非全相跳闸线必须与控制正电源、信号正电源隔开。

（6）隔离开关、接地隔离开关的分、合闸线必须与控制正电源、信号正电源隔开。

（7）建议：中压侧差动保护 TA 采用 Y 接线，采用差动保护内部 Y/△变换。220kV 端子箱设 2 个，型号为 ZXW-2/4。TA 使用第 1 个端子箱的 A 面；断路器控制回路、信号回路使用第 1 个端子箱的 B 面。隔离开关、接地隔离开关的控制回路、信号回路使用第 2 个端子箱的 A 面；五防闭锁，照明、加热等各类电源使用第 2 个端子箱的 B 面。

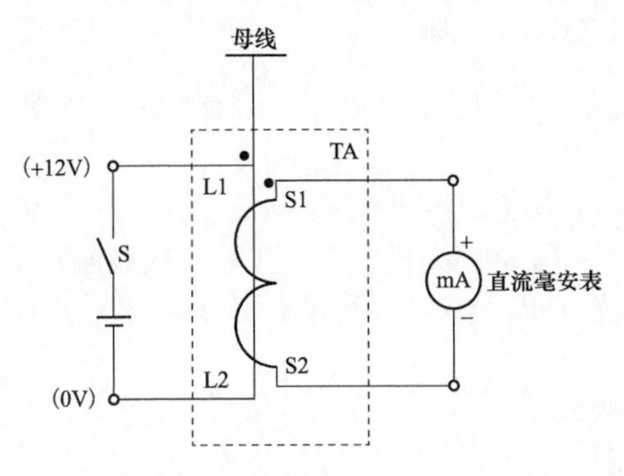

图 2-14　TA 极性试验接线图

九、低压侧 TA 验收

（1）建立 TA 台账：包括 TA 电流比范围、二次线圈数量及抽头、准确度级别。

（2）接线柱、线号牌、电缆标牌等应打印，且清晰、正确。

（3）TA 极性：差动保护和后备保护宜共用一组 TA，保护用 TA 以母线为极性引出，测量、计量用 TA 以变压器为极性引出。TA 由一次侧向二次侧点极性，每组二次线圈点一次，当 S 接通时，毫安表正起，说明 L1 与 S1 为同极性端。图 2-14 为 TA 极性试验接线图。

（4）TA 电流比：保护、测量、计量电流比均符合定值通知单。TA 由一次侧通入大电流，测量每个二次线圈二次电流，测量某一二次线圈时，其他二次线圈均需短路。图 2-15 为 TA 电流比试验接线图，不建议使用电子式仪器进行电流比试验，推荐使用大电流发生器。

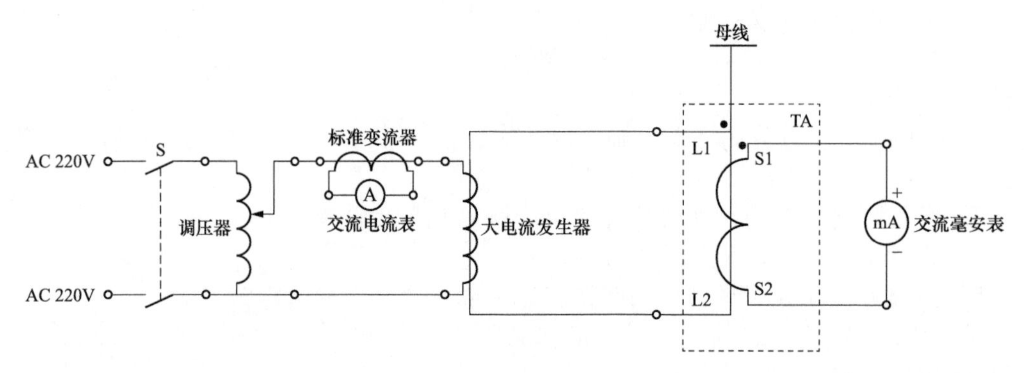

图 2-15　TA 电流比试验接线图

（5）TA 伏安特性：对每组二次线圈进行伏安特性试验，确保计量回路使用 0.2S 级，测量回路使用 0.2 级，保护使用 3 级、10P 级或 TPY 级。试验时电流只能单方向逐渐增大，不允许减小后再增大。

（6）TA 二次负载试验：对每组二次线圈进行二次负载试验，确保满足 10%误差。

图 2-16 为 TA 伏安特性、二次负载试验图。

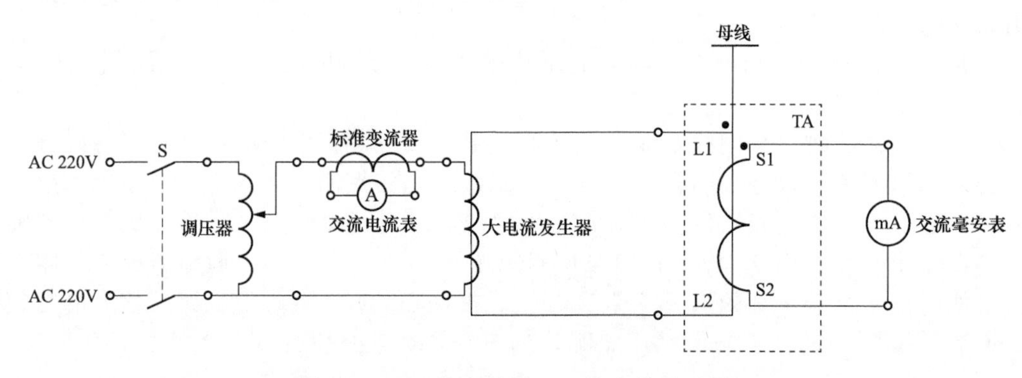

图 2-16　TA 伏安特性、二次负载试验图

（7）TA 本体处二次线圈不接地。TA 本体处二次电缆应穿钢管，并留有 1m 的余量，以备更换 TA 或二次电缆损坏时用。

（8）建议：低压侧差动保护 TA 采用 Y 接线，采用差动保护内部 Y/△变换。低压侧 TA 电流比选择：每组二次线圈电流比为 4000/1，并在 50%处设抽头。TA 二次线圈选 6 个线圈：从母线侧依次为保护一、保护二、录波器、母差保护、测量、计量。

十、低压侧断路器验收

（1）按照设计图纸核对断路器机构箱端子排接线。

（2）继电器、空气开关、端子排、线号牌、电缆标牌等标志、标识应打印，且清晰、正确。应使用断路器本体的防跳回路。

（3）测量跳、合闸线圈的电阻，应与说明书提供的跳、合闸电流及防跳闭锁继电器电流相匹配。

（4）进行断路器三相跳闸和三相合闸试验。

（5）建议：断路器辅助接点应直接接入故障录波装置，以便于事故分析。

十一、低压侧隔离开关验收

（1）按照设计图纸核对隔离开关、接地隔离开关机构箱接线。

（2）接触器、空气开关、端子排、线号牌、电缆标牌等标志、标识应打印，且清晰、正确。

（3）进行隔离开关、接地隔离开关三相跳闸和三相合闸试验。

（4）进行电压切换、母差保护传动。

（5）按照五防闭锁逻辑进行相应试验，应满足不发生误操作的要求。

（6）建议：断路器、隔离开关、接地隔离开关采用电气闭锁+机械闭锁方式，不主张采用编码锁+机械闭锁方式。

十二、低压侧端子箱验收

（1）防雨、通风、密封良好；端子箱中的接地点应与 100mm^2 的接地铜网可靠连接。

（2）继电器、空气开关、端子排、线号牌、电缆标牌等标志、标识应打印，且清晰、正确。

（3）按照设计图纸核对端子箱中接线，以及端子箱至 TA、断路器、保护屏、测控屏等接线，可以采取对线、加入试验电流、传动等方法进行。当采用对线方法时，必须断开相关回路。

（4）TA 在端子箱中所有二次线圈的尾端连在一起后接地，以方便今后继电保护人员对测量、计量回路进行绝缘监督。

十三、变压器本体 TA 验收

（1）建立 TA 台账：包括 TA 电流比范围、二次线圈数量及抽头、准确度级别。

（2）接线柱、线号牌、电缆标牌等应打印，且清晰、正确。

（3）零序保护与间隙保护应各自使用独立的 TA，不共用。

（4）TA 极性：高压侧、中压侧零序保护用 TA 以变压器中性点为极性引出。TA 由一次侧向二次侧点极性，每组二次线圈点一次，当 S 接通时，毫安表正起，说明 L1 与 S1 为同极性端。图 2-17 为 TA 极性试验接线图。

（5）TA 电流比：电流比应符合定值通知单。TA 由一次侧通入大电流，测量每个二次线圈二次电流，测量某一二次线圈时，其他二次线圈均需短路。图 2-18 为 TA 电流比试验接线图，不建议使用电子式仪器进行电流比试验，推荐使用大电流发生器。

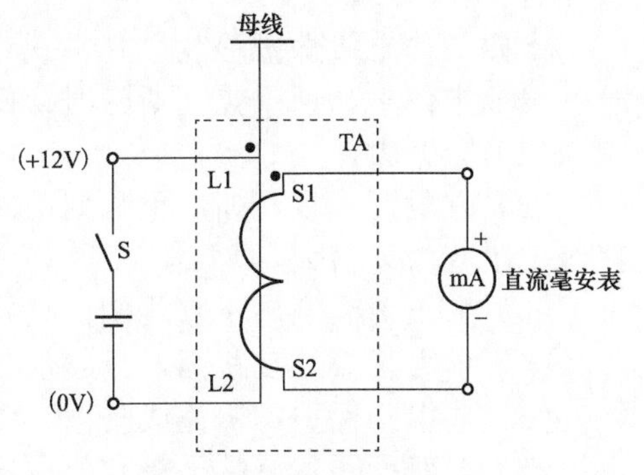

图 2-17　TA 极性试验接线图

（6）TA 伏安特性：对每组二次线圈进行伏安特性试验，确保计量回路使用 0.2S 级，测量回路使用 0.2 级，保护使用 3 级、10P 级或 TPY 级。试验时电流只能单方向逐渐增大，不允许减小后再增大。

（7）TA 二次负载试验：对每组二次线圈进行二次负载试验，确保满足 10%误差。

图 2-19 为 TA 伏安特性、二次负载试验图。

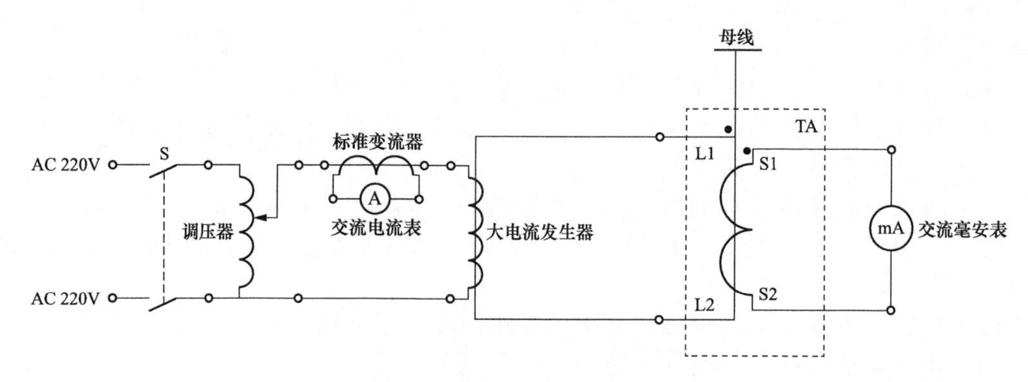

图 2-18 TA 电流比试验接线图

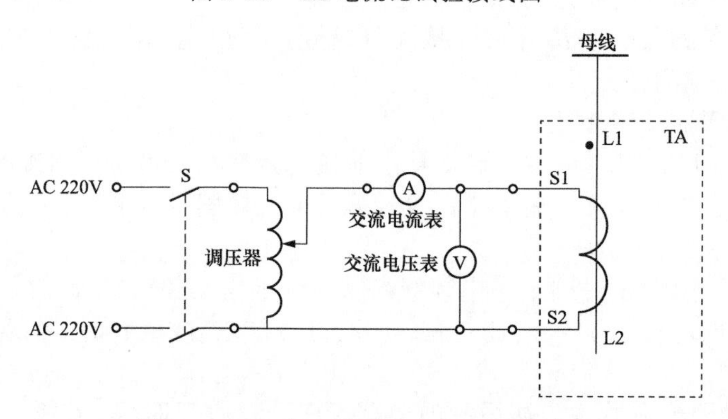

图 2-19 TA 伏安特性、二次负载试验图

（8）TA 本体处二次线圈不接地，TA 本体处二次电缆应穿钢管，并留有 1m 的余量，以备更换 TA 或二次电缆损坏时用。

（9）建议：目前变电站一次主接线一般不带旁路母线，所以建议高压侧和中压侧套管都不装 TA，只在零序套管中装 TA，用于零序保护，间隙 TA 应独立外辅。如果带旁路母线，建议高压侧和中压侧差动保护用断路器 TA，后备保护、测量、计量用变压器套管 TA，极性要求不变。

十四、非电量保护验收

（1）本体重瓦斯：重瓦斯两对跳闸接点应串联使用，轻瓦斯应发信号，接点间绝缘电阻应为无穷大。

（2）有载调压重瓦斯：重瓦斯两对跳闸接点应串联使用，轻瓦斯宜发信号，接点间绝缘电阻应为无穷大。

（3）变压器温度高不宜跳闸，只发信号即可，建议整定为 80℃。

（4）压力释放不宜跳闸，只发信号即可，定值按照变压器出厂规定整定。

（5）非电量保护均需完成防雨、雪措施。

十五、变压器本体端子箱和变压器端子箱验收

（1）防雨、通风、密封良好；端子箱中的接地点应与 100mm^2 的接地铜网可靠连接。

（2）继电器、空气开关、端子排、线号牌、电缆标牌等标志、标识应打印，且清晰、正确。

（3）按照设计图纸核对端子箱中接线，以及端子箱至变压器、保护屏等接线，可以采取对线、传动等方法进行。当采用对线方法时，必须断开相关回路。

（4）端子箱中重瓦斯跳闸线与跳闸正电源、信号正电源应隔开。

（5）TA 在端子箱中所有二次线圈的尾端连在一起后接地，以方便今后继电保护人员进行绝缘监督。

第四节　500kV 变压器保护、测控装置验收

一、验收需要的资料

（1）设计、施工图纸。

（2）继电保护装置、测控装置、故障录波装置及其他相关设备的原理图、接线图、技术说明书、调试大纲、出厂试验报告。

（3）施工单位安装、调试报告。

（4）调度部门整定计算通知单、微机保护和微机测控装置版本通知单。

（5）调试、验收规程。

二、保护屏、测控屏验收

（1）两面主保护屏应为不同厂家产品，但其屏面布置、端子排接线应完全相同。

（2）公共绕组差动保护和非电量保护组在一面屏上。中压侧操作箱（2 个）、切换箱和低压侧操作箱、切换箱组在一面屏上。

（3）检查保护装置、测控装置的额定参数，包括交流电流（AC 1A）、交流电压（AC 100V）、直流电源（±220V）等。记录保护屏、测控屏出厂日期。

（4）通电前，检查保护装置、测控装置的外观，插件、芯片、继电器等应无松动、完好。

（5）保护屏、测控屏接地铜排应与 $100mm^2$ 接地网可靠连接。

（6）按照设计图纸核对保护屏、测控屏接线，以及至端子箱、母差屏、故障录波装置、电压接口屏、直流分配屏等屏间连线。可以采取对线、加入试验电压、传动等方法进行。当采用对线方法时，必须断开相关回路。

（7）保护电源和控制电源必须一一对应，即保护屏一接保护电源一，保护屏二接保护电源二；操作箱控制电压分别接控制电源一、控制电源二。

（8）保护一启动中压侧母差一中的失灵保护，中压侧母差一接操作箱的 1TJR，启动断路器跳闸线圈一跳闸。

（9）保护二启动中压侧母差二中的失灵保护，中压侧母差二接操作箱二的 2TJR，启动断路器跳闸线圈二跳闸。两套保护之间没有任何联系。

（10）保护屏、测控屏上的压板、空气开关、切换开关、继电器、端子排、线号牌、电缆标牌的标志、标识应打印，且清晰、正确。

（11）保护压板颜色：保护功能投退压板用“黄色”，跳合闸出口压板用“红色”，启动失灵保护用“蓝色”。

（12）保护装置试验。

1）记录保护装置的版本号，应与版本通知单一致。

2）零漂检查：在端子排上将装置的电流输入回路、电压输入回路分别短接后，记录各模拟量通道的显示值。

3）精度、线性度检查：在端子排上分别加入 $0.1I_e$、$0.5I_e$、I_e、$2I_e$、$5I_e$、$10I_e$，$0.05U_e$、$0.1U_e$、$0.2U_e$、$0.5U_e$、U_e、$1.2U_e$，记录各模拟量通道的显示值。

4）开入回路检查：必须以实际动作情况检查每个开入量，不建议用短接开入端子的方法进行。

5）按照定值通知单输入保护定值，没有用的定值应整定为与相临段一致，或过量定值整定为最大值，欠量定值整定为最小值，但其控制字必须置于退出位置。输完定值后打印一份，并与定值通知单认真核对。

6）保护特性试验：

①差动保护制动特性试验。

②阻抗保护阻抗特性试验。

③复合电压闭锁过电流方向元件动作区试验。

④零序电流方向元件动作区试验。

7）差动保护定值试验。

①南瑞 RCS-978 系列保护。

Y 侧电流：$I'_A = I_A - I_0$，$I'_B = I_B - I_0$，$I'_C = I_C - I_0$。

△侧电流：$I'_a = (I_a - I_c)/\sqrt{3}$，$I'_b = (I_b - I_a)/\sqrt{3}$，$I'_c = (I_c - I_b)/\sqrt{3}$。

其中，I_A、I_B、I_C，I_a、I_b、I_c 为转换前的电流，I'_A、I'_B、I'_C，I'_a、I'_b、I'_c为转换后的电流。

Y 侧加入至保护动作时的电流为 $1.5I_e$，△侧加入至保护动作时的电流为 $\sqrt{3}I_e$。也就是说，试验时，高压侧、中压侧加入 $1.5I_e$，差动保护应动作；低压侧加入 $\sqrt{3}I_e$，差动保护应动作。

②国电南自 PST-1200 系列保护和四方 CST 系列保护。

Y 侧电流：$I'_A = (I_A - I_B)/\sqrt{3}$，$I'_B = (I_B - I_C)/\sqrt{3}$，$I'_C = (I_C - I_A)/\sqrt{3}$。

△侧电流：$I'_a=I_a$，$I'_b=I_b$，$I'_c=I_c$。

其中，I_A、I_B、I_C，I_a、I_b、I_c 为转换前的电流，I'_A、I'_B、I'_C，I'_a、I'_b、I'_c为转换后的电流。

Y 侧加入至保护动作时的电流为 $\sqrt{3}I_e$，△侧加入至保护动作时的电流为 I_e。也就是说，试验时，高压侧、中压侧加入 $\sqrt{3}I_e$，差动保护应动作；低压侧加入 I_e，差动保护应动作。

8）复合电压定值试验。

①低电压：将复合电压闭锁过电流整定为不带方向、0s，加入单相电流大于定值，加入三相正序电压 100V，然后缓慢降低电压时保护动作，动作时的电压即为低电压动作值。

②负序电压：将复合电压闭锁过电流整定为不带方向、0s，低电压整定为 0V，加入单相电流大于定值，加入三相负序电压，然后缓慢升高电压至保护动作，动作时的电压即为负序电压动作值。

9）其他保护定值试验。模拟各种故障，检查各项定值在 0.9 倍和 1.1 倍下的动作情况。

10）保护动作时间测量。模拟各种故障，测量每段保护动作时间，包括 0s 出口的保护动作时间。

11）保护动作、告警信号传动。模拟各种故障，记录监控系统中的动作信号，应与保护动作情况一致。

12）与失灵、母差保护联调：保护一、保护二动作启动失灵保护和母差跳本断路器传动。

13）录波检查：保护一、保护二的 TJ 均应接入故障录波装置。

（13）操作箱检查。

1）应使用断路器本体的非全相保护和防跳回路，将操作箱中的防跳回路短接。图 2-20 为防跳回路短接示意图。

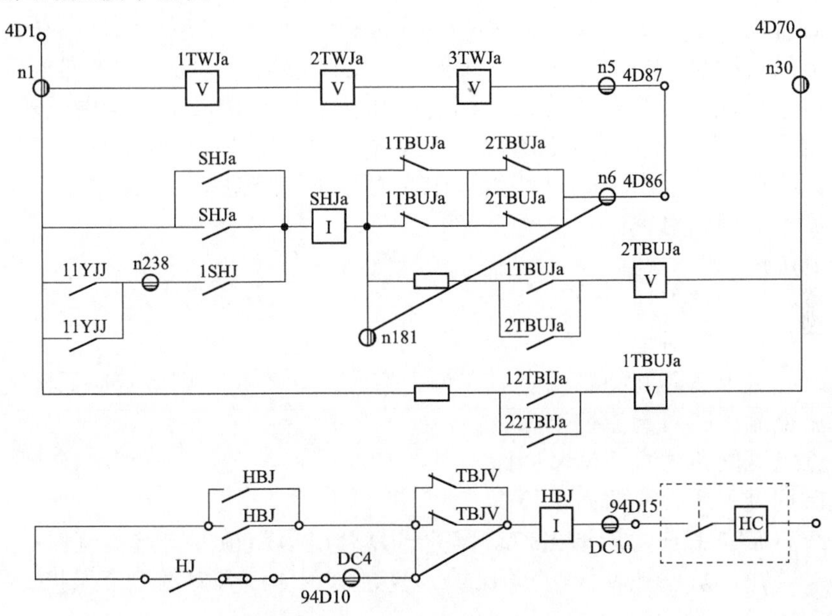

图 2-20　防跳回路短接示意图

2）操作箱跳闸继电器、合闸继电器保持电流应与断路器跳合闸电流相匹配。

3）对跳、合闸位置继电器，手跳、手合继电器，跳闸继电器，电压切换继电器等进行检查。

4）电压切换回路检查：母线对应关系应正确，切换回路隔离开关控制接点建议使用单接点，切换继电器不带自保持。

5）操作箱一手跳、手合带开关实际传动，操作箱二不用手跳、手合功能。

6）防跳回路检查：将控制开关置于合闸位置，然后短接保护跳闸接点，断路器不应跳跃。

7）操作箱至监控系统信号传动。

（14）测控装置试验。

1）记录测控装置的版本号，应与版本通知单一致。

2）按照定值通知单变比定值，整定变比系数，监控系统完成变比系数和序位设置。

3）零漂检查：在端子排上将装置的电流输入回路、电压输入回路分别短接后，记录各模拟量通道的显示值。

4）精度、线性度检查：在端子排上分别加入 $0.1I_e$、$0.5I_e$、I_e、$1.2I_e$，$0.1U_e$、$0.5U_e$、U_e、$1.2U_e$，记录各模拟量通道的显示值。

5）远方数据的准确性检查：在端子排上分别加入 $0.5I_e$、I_e，$0.5U_e$、U_e，记录测控

系统的 I、U、P、Q 显示值，以检查变比系数和遥测序位的准确性。

6）开入回路检查：必须以实际动作情况检查每个开入量，不建议用短接开入端子的方法进行。

7）遥控回路试验：进行断路器、隔离开关、隔离接地开关的实际传动，同时检查压板对应关系的唯一性。遥控跳、合断路器只接入操作箱一。

（15）带断路器传动：传动时尽量减少断路器实际动作次数，在开关场安排人员监视断路器动作情况。两套保护分别进行模拟各种试验。

1）当后备保护段分 2 个及以上时限跳不同断路器的保护应带断路器传动。

2）对于只启动总出口的保护，各保护应传动至总出口，最后一次带断路器传动。

（16）电流回路直流电阻测量。分别在高压侧、中压侧、低压侧端子箱处测量所有电流回路的直流电阻，不应有开路现象，而且每组电流回路 A、B、C 三相应平衡。

（17）绝缘检查：使用 1000V 绝缘电阻表对以下回路进行绝缘检查。

1）交流电流回路对地。

2）交流电压回路对地。

3）直流控制回路对地。

4）直流信号回路对地。

5）瓦斯回路电缆芯间绝缘电阻（应为无穷大，如不是，则应查明原因）。

6）交流电流回路对直流控制回路。

7）交流电流回路对直流信号回路。

（18）保护投入运行前的向量检查。

1）在线路带负荷前，应退出差动保护、复合电压闭锁方向过电流保护、零序方向过电流保护，向量检查正确后，差动保护、复合电压闭锁方向过电流保护、零序方向过电流保护才允许投入跳闸。

2）当差动保护高压侧、中压侧、低压侧 TA 均采用 Y 接线，采用差动保护内部 Y/△变换时，中压侧电流与高压侧电流相差 180°，低压侧电流落后高压侧电流 150°，而且差流很小，说明差动保护接线正确。

3）复合电压闭锁方向过电流保护、零序方向过电流保护应按照定值通知单要求的方向进行整定，向量检查时要特别注意方向的正确性。

三、编写现场运行规程、填写继电保护运行日志

（1）现场运行规程内容包括保护装置和测控装置功能，各压板、小开关、切换开关的使用方法，运行方式变化引起保护的投退，保护装置和测控装置异常告警处理方法，保护动作跳闸处理方法，运行注意事项等。

（2）继电保护运行日志填写内容包括保护定值执行情况、已处理或未处理的缺陷、能否投入运行、运行注意事项等。

四、500kV 变压器保护配置建议

（1）变压器保护应配置两套不同厂家的保护，每套保护含有完整的后备保护，后备保护和差动保护共用一组 TA。

（2）差动保护高压侧、中压侧、低压侧 TA 均采用 Y 接线。

（3）TA 断线闭锁差动保护。

（4）装置使用的高压侧、中压侧、低压侧 TV 电压取自电压接口屏。

（5）打印机电源建议使用小母线。

第五节　220kV 进出线二次回路和保护装置验收

一、220kV 进出线二次回路验收

1. 验收需要的资料

（1）设计、施工图纸。

（2）TA 和线路 TV 说明书、出厂试验报告。

（3）断路器和隔离开关的控制回路原理图、接线图、说明书、出厂试验报告。

（4）施工单位安装、调试报告。

（5）调试、验收规程。

2. TA 验收

（1）建立 TA 台账：包括 TA 电流比范围、二次线圈数量及抽头、准确度级别。

（2）接线柱、线号牌、电缆标牌等应打印，且清晰、正确。

（3）TA 二次线圈选 7 个线圈：从母线侧依次为线路保护一、线路保护二、母差保护一、母差保护二、录波器、测量、计量。图 2-21 为 TA 二次线圈布置图，线路保护与母差保护用线圈必须交叉，以消除 TA 本身故障时的死区。

（4）TA 极性：保护用 TA 以母线侧为极性引出，测量、计量以电源侧为极性引出。电流互感器由一次侧向二次侧点极性，每组二次线圈点一次。当 S 接通时，毫安表正起，说明 L1 与 S1 为同极性端。图 2-22 为 TA 极性试验接线图。

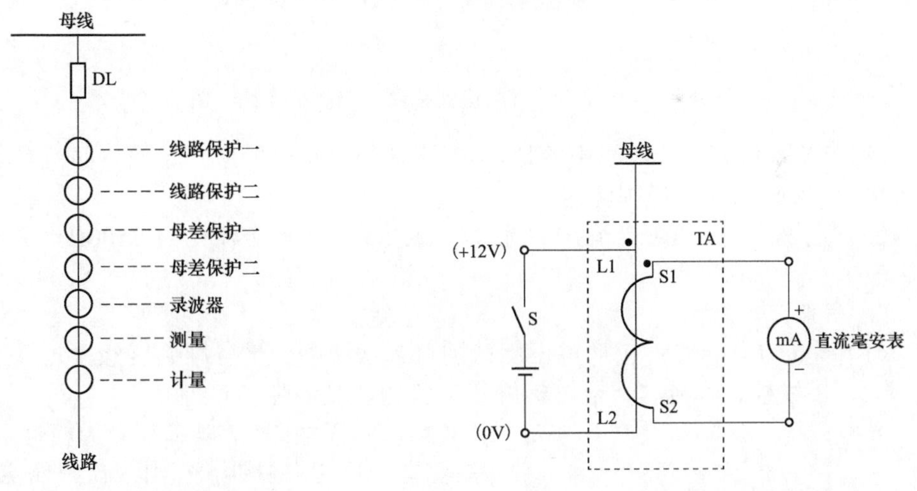

图 2-21　TA 二次线圈布置图　　　图 2-22　TA 极性试验接线图

（5）TA 电流比：保护、测量、计量电流比均符合定值通知单。TA 由一次侧通入大电流，测量每个二次线圈二次电流，测量某一二次线圈时，其他二次线圈均需短路。图 2-23 为 TA 电流比试验接线图，不建议使用电子式仪器进行电流比试验，推荐使用大电流发生器。

（6）TA 伏安特性：对每组二次线圈进行伏安特性试验，确保计量回路使用 0.2S 级，测量回路使用 0.2 级，保护使用 3 级、10P 级或 TPY 级。试验时电流只能单方向逐渐增大，不允许减小后再增大。

（7）TA 二次负载试验：对每组二次线圈进行二次负载试验，确保满足 10%误差。

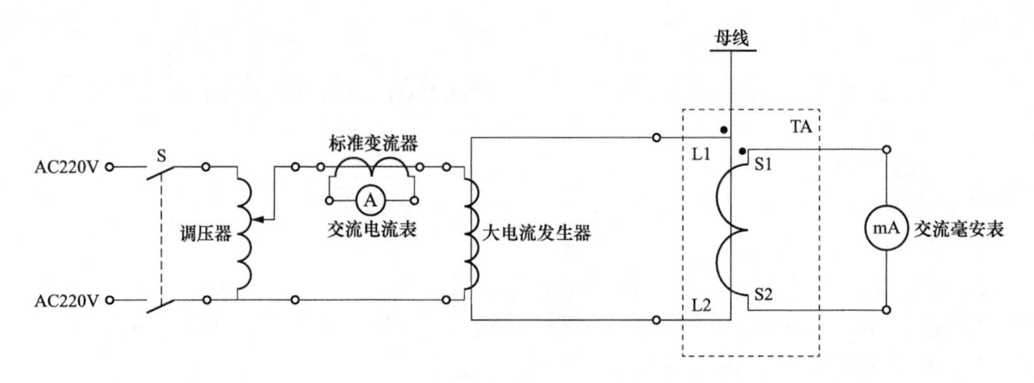

图 2-23　TA 电流比试验接线图

图 2-24 为 TA 伏安特性、二次负载试验图。

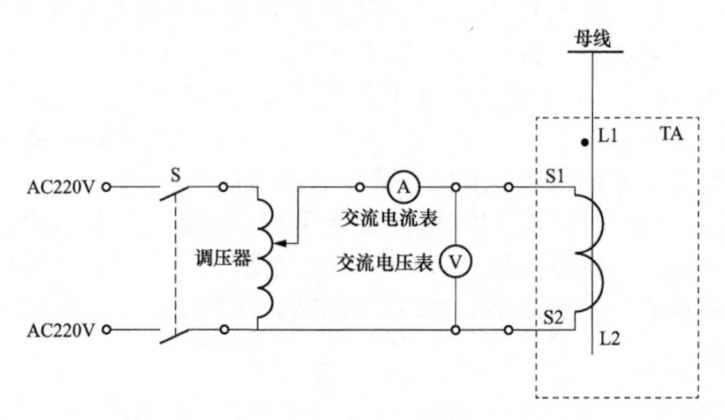

图 2-24　TA 伏安特性、二次负载试验图

（8）TA 本体处二次线圈不接地，TA 本体处二次电缆应穿钢管，并留有 1m 的余量，以备更换 TA 或二次电缆损坏时用。

（9）建议：关于 TA 电流比的选择，每组二次线圈电流比为 2500/1，并在 50%处设抽头。

3. 线路 TV 验收

（1）建立 TV 台账：包括电压比范围、二次线圈数量、准确度级别。

（2）接线柱、线号牌、电缆标牌等应打印，且清晰、正确。

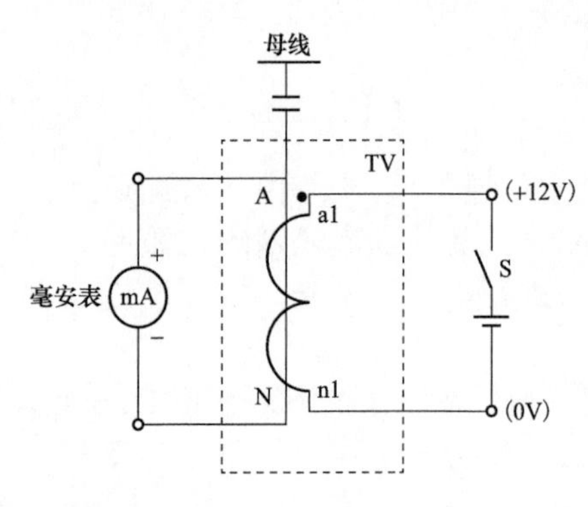

图 2-25　TV 极性试验接线图

（3）TV 极性：TV 以母线侧为极性引出，TA 由二次侧向一次侧点极性，每组二次线圈点一次。当 S 接通时，毫安表正起，说明 A 与 a1 为同极性端。图 2-25 为 TV 极性试验接线图。

（4）TV 电压比：保护、测量、计量电压比均符合定值通知单。

（5）TV 本体处二次线圈不准接地，TV 本体处二次电缆应穿钢管，并留有 1m 的余量，以备更换 TV 或二次电缆损坏时用。

（6）建议：关于 TV 电压比的选择，每组二次线圈电压比为 220/0.1。

4. 断路器验收

（1）按照设计图纸核对断路器机构箱、汇控箱端子排接线。

（2）继电器、空气开关、压板、端子排、线号牌、电缆标牌等标志、标识应打印，且清晰、正确。

（3）应使用断路器本体的非全相保护和防跳回路。图 2-26 为非全相保护接线图。

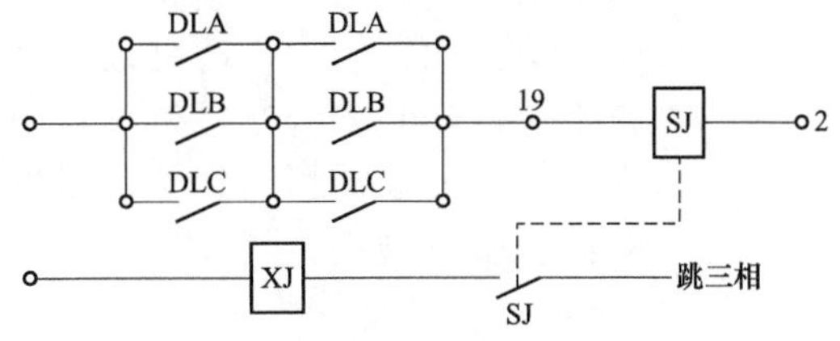

图 2-26　非全相保护接线图

（4）测量跳、合闸线圈的电阻，应与说明书提供的跳、合闸电流及防跳闭锁继电器电流相匹配。

（5）非全相保护必须有投退压板，非全相保护动作后，其信号应自保持。

（6）检查闭锁重合闸回路，当压力下降到闭锁重合闸时，应闭锁重合闸。

（7）进行断路器单相跳闸和单相合闸试验。

（8）建议：断路器辅助接点应直接接入故障录波装置，以便于事故分析。

5. 隔离开关验收

（1）按照设计图纸核对隔离开关、接地隔离开关机构箱接线。

（2）接触器、空气开关、端子排、线号牌、电缆标牌等标志、标识应打印，且清晰、正确。

（3）进行隔离开关、接地隔离开关单相跳闸和单相合闸试验。

（4）进行电压切换、母差保护传动。

（5）按照五防闭锁逻辑进行相应试验，应满足不发生误操作的要求。

（6）建议：断路器、隔离开关、接地隔离开关采用电气闭锁+机械闭锁方式，不主张采用编码锁+机械闭锁方式。

6. 端子箱验收

（1）防雨、通风、密封良好；端子箱中的接地点应与 100mm^2 的接地铜网可靠连接。

（2）继电器、空气开关、端子排、线号牌、电缆标牌等标志、标识应打印，且清晰、正确。

（3）按照设计图纸核对端子箱中接线，以及端子箱至 TA、TV、断路器、保护屏、测控屏等接线，可以采取对线、加入试验电流、试验电压、传动等方法进行。当采用对线方法时，必须断开相关回路。

（4）TA 在端子箱中所有二次线圈的尾端连在一起后接地，以方便今后继电保护人员对测量、计量回路进行绝缘监督。

（5）TV 二次在端子箱中应设带报警的小开关，N600 不准经过小开关控制，但应通过氧化锌避雷器接地，以防 TV 回路多点接地。

（6）断路器的跳、合闸线及非全相跳闸线必须与控制正电源、信号正电源隔开。

（7）隔离开关、接地隔离开关的分、合闸线必须与控制正电源、信号正电源隔开。

（8）建议：220kV 端子箱设 2 个，型号为 ZXW-2/4。TA、TV 使用第 1 个端子箱的 A 面，断路器控制回路、信号回路使用第 1 个端子箱的 B 面；隔离开关、接地隔离开关的控制回路、信号回路使用第 2 个端子箱的 A 面，五防闭锁，照明、加热等各类电源使用第 2 个端子箱的 B 面。

二、220kV 进出线继电保护装置、测控装置验收

1. 验收需要的资料

（1）设计、施工图纸。

（2）继电保护装置、测控装置、安全自动装置、故障录波、测距装置及其他相关设备的原理图、接线图、技术说明书、调试大纲、出厂试验报告。

（3）施工单位安装、调试报告。

（4）调度部门整定计算通知单、微机保护和微机测控装置版本通知单。

（5）调试、验收规程。

2. 保护屏、测控屏验收

（1）两面保护屏应为不同厂家产品，但其屏面布置、端子排接线应完全相同。

（2）检查保护装置、测控装置的额定参数，包括交流电流（AC 1A）、交流电压（AC 100V）、直流电源（±220V）等。记录保护屏、测控屏出厂日期。

（3）通电前，检查保护装置、测控装置的外观，插件、芯片、继电器等应无松动、完好。

（4）保护屏、测控屏接地铜排应与 100mm^2 接地网可靠连接。

（5）按照设计图纸核对保护屏、测控屏接线，以及至端子箱、通信室、母差屏、故障录波装置、电压接口屏、直流分配屏等屏间连线。可以采取对线、加入试验电压、传动等方法进行。当采用对线方法时，必须断开相关回路。

（6）保护电源和控制电源必须一一对应，即保护屏一接保护电源一，保护屏二接保护电源二；操作箱一接控制电源一，操作箱二接控制电源二。

（7）保护一、保护二光纤接口装置的通信电源也必须一一对应。

（8）保护一启动母差一中的失灵保护，母差一接操作箱一的 TJR，启动断路器跳闸线圈一跳闸，保护一中的重合闸通过操作箱一的 HJ 启动断路器合闸线圈一。图 2-27 为跳合闸回路一示意图。

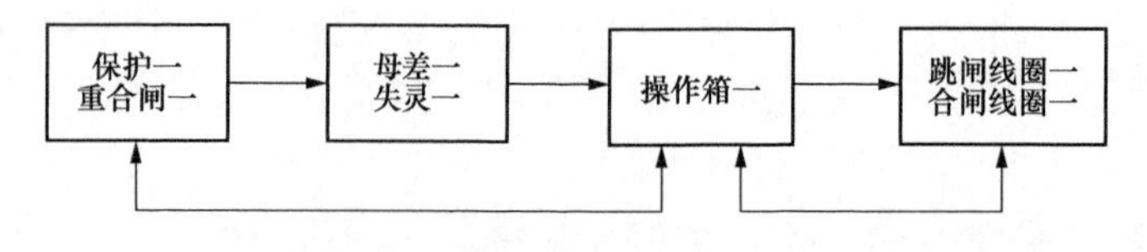

图 2-27　跳合闸回路一示意图

（9）保护二启动母差二中的失灵保护，母差二接操作箱二的 TJR，启动断路器跳闸线圈二跳闸，保护二中的重合闸通过操作箱二的 HJ 启动断路器合闸线圈二。两套保护之间没有任何联系。图 2-28 为跳合闸回路二示意图。

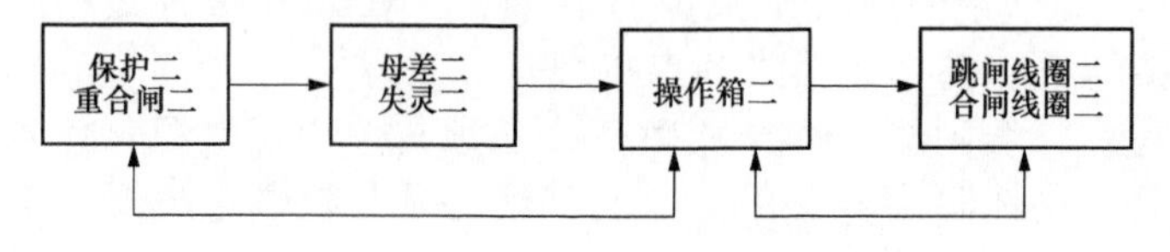

图 2-28　跳合闸回路一示意图

（10）断路器压力降低至闭锁重合闸时，应同时启动两个操作箱中的闭锁重合闸继电器，闭锁两套重合闸。

（11）保护屏、测控屏上的压板、空气开关、切换开关、继电器、端子排、线号牌、

电缆标牌的标志、标识应打印，且清晰、正确。

（12）保护压板颜色：保护功能投退压板用“黄色”，跳合闸出口压板用“红色”，启动失灵保护用“蓝色”。

（13）保护装置试验。

1）记录保护装置的版本号，应与版本通知单一致。

2）零漂检查：在端子排上将装置的电流输入回路、电压输入回路分别短接后，记录各模拟量通道的显示值。

3）精度、线性度检查：在端子排上分别加入 $0.1I_e$、$0.5I_e$、I_e、$2I_e$、$5I_e$、$10I_e$，$0.05U_e$、$0.1U_e$、$0.2U_e$、$0.5U_e$、U_e、$1.2U_e$，记录各模拟量通道的显示值。

4）开入回路检查：每个开入量必须以实际动作情况检查，不建议用短接开入端子的方法进行。

5）按照定值通知单输入保护定值，没有用的定值应整定为与相临段一致，或过量定值整定为最大值，欠量定值整定为最小值，但其控制字必须置于退出位置。输完定值后打印一份，并与定值通知单认真核对。

6）保护特性试验。

①纵联电流差动保护区内、区外故障试验。

②阻抗保护阻抗特性试验。

③方向元件动作区试验。

7）保护定值试验：模拟各种故障，检查各项定值在 0.9 倍和 1.1 倍下的动作情况。

8）保护动作时间测量：模拟各种故障，测量每段保护动作时间，包括 0s 出口的保护动作时间。

9）保护动作、告警信号传动：模拟各种故障，记录监控系统中的动作信号，应与保护动作情况一致。

10）与失灵、母差保护联调：保护一、保护二动作启动失灵保护和母差跳本断路器传动。

11）录波检查：保护一、保护二的 TA、TB、TC、TS、CH 均应接入故障录波装置。

（14）操作箱检查。

1）应使用断路器本体的非全相保护和防跳回路，将操作箱中的防跳回路短接。图 2-29 为防跳回路短接示意图。

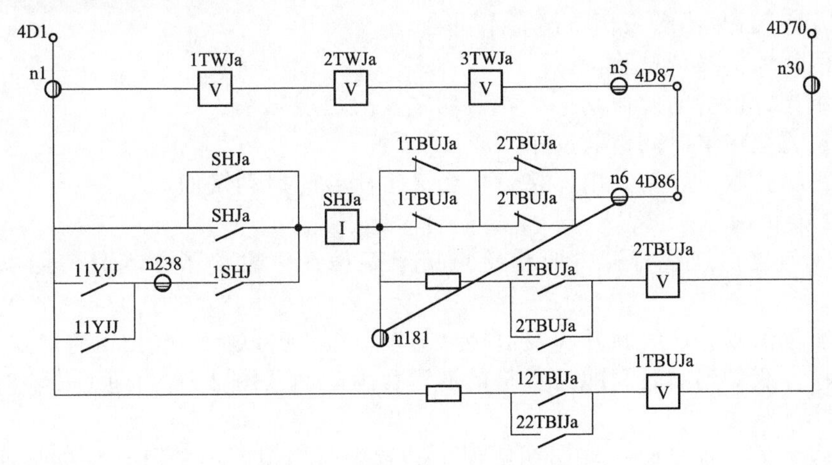

图 2-29　防跳回路短接示意图

2）操作箱跳闸继电器、重合闸继电器保持电流应与断路器跳合闸电流相匹配。

3）对跳、合闸位置继电器，手跳、手合继电器，跳闸继电器，重合闸继电器，闭锁重合闸继电器，电压切换继电器等进行检查。

4）电压切换回路检查：母线对应关系应正确，切换回路隔离开关控制接点建议使用单接点，切换继电器不带自保持。

5）操作箱一手跳、手合带开关实际传动，操作箱二不用手跳、手合功能。

6）防跳回路检查：将控制开关置于合闸位置，然后短接保护跳闸接点，断路器不应跳跃。

7）操作箱至监控系统信号传动。

（15）测控装置试验。

1）记录测控装置的版本号，应与版本通知单一致。

2）按照定值通知单变比定值，整定变比系数，监控系统完成变比系数和序位设置。

3）零漂检查：在端子排上将装置的电流输入回路、电压输入回路分别短接后，记录各模拟量通道的显示值。

4）精度、线性度检查：在端子排上分别加入 $0.1I_e$、$0.5I_e$、I_e、$1.2I_e$，$0.1U_e$、$0.5U_e$、U_e、$1.2U_e$，记录各模拟量通道的显示值。

5）远方数据的准确性检查：在端子排上分别加入 $0.5I_e$、I_e，$0.5U_e$、U_e，记录测控系统的 I、U、P、Q 显示值，以检查变比系数和遥测序位的准确性。

6）开入回路检查：必须以实际动作情况检查每个开入量，不建议用短接开入端子的方法进行。

7）遥控回路试验：进行断路器、隔离开关、隔离接地开关的实际传动，同时检查压板对应关系的唯一性。遥控跳、合断路器只接入操作箱一。

（16）带断路器传动：传动时尽量减少断路器实际动作次数，在开关场安排人员监视断路器动作情况。两套保护分别进行模拟各种试验。

1）分别模拟 A、B、C 单相瞬时故障，断路器应单相跳闸、单相重合。

2）分别模拟 A、B、C 单相永久性故障，检查保护出口应正确，最后一次带断路器传动，断路器应单相跳闸、单相重合，再三相跳闸。

3）分别模拟 AB、BC、CA 两相故障及三相故障，检查保护出口应正确，最后一次带断路器传动，断路器应三相跳闸、不重合。

（17）两侧保护联调试验。

1）测量光纤保护的发信功率、收信功率及通道误码率。

2）测量通道传输时间，其应不大于 15ms。

3）将 ZJ1 并联于发信继电器接点，当 ZJ1 闭合时启动发信。

4）ZJ2 接于毫秒计起表端子，ZJ2 闭合时起表。

5）将收信接点连线打开，收信接点接于毫秒计停表端子，当收信继电器动作时停表。

6）对侧收信接点连线断开，收信接点与发信接点并联，当收到信号时启动发信。

7）毫秒计测量到的时间即为 2 倍的通道传输时间。图 2-30 为通道传输时间试验接线图。

8）区内故障模拟试验：线路两侧保护装置同时模拟区内故障，保护装置应正确出口跳闸。

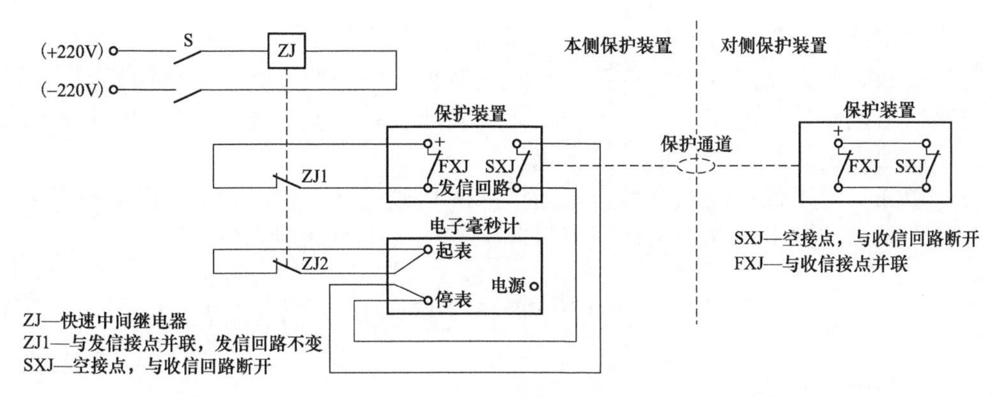

图 2-30　通道传输时间试验接线图

9）区外故障模拟试验：线路一侧保护装置模拟区内故障、另一侧保护装置模拟区外故障保护装置应不出口。

3. 电流回路直流电阻测量

在端子箱处测量所有电流回路直流电阻，不应有开路现象，而且每组电流回路 A、B、C 三相应平衡。

4. 绝缘检查

使用 1000V 兆欧表对以下回路进行绝缘检查。

（1）交流电流回路对地。

（2）交流电压回路对地。

（3）直流控制回路对地。

（4）直流信号回路对地。

（5）交流电流回路对直流控制回路。

（6）交流电流回路对直流信号回路。

5. 保护投入运行前的向量检查

（1）在线路带负荷前，应退出相关的带方向保护，向量检查正确后，带方向的保护才允许投入跳闸。

（2）同时检查所有电流回路、电压回路的采样值应正确。

（3）带负荷后测量通道误码率。

三、编写现场运行规程、填写继电保护运行日志

（1）现场运行规程内容包括保护装置和测控装置功能，各压板、小开关、切换开关的使用方法，运行方式变化引起保护的投退，保护装置和测控装置异常告警处理方法，保护动作跳闸处理方法，运行注意事项等。

（2）继电保护运行日志填写内容包括保护定值执行情况、已处理或未处理的缺陷、能否投入运行、运行注意事项等。

四、220kV 线路保护配置建议

（1）220kV 线路保护应配置两套不同厂家的纵联电流差动保护，每套保护具有完整的后备保护，并能适用于弱（无）电源侧。

（2）装置使用的 TV 电压、打印机电源建议使用小母线，以减少电压接口屏的电缆。屏与屏之间小母线的连接采用“软”连接，最好采用专用接插件。

（3）220kV 线路应配备两个独立的操作箱，其中操作箱一作为主操作箱，用以完成手跳、手合功能，操作箱二不用手跳、手合功能。

（4）220kV 线路断路器应配备两个独立的跳闸线圈、两个独立的合闸线圈；闭锁重合闸能够输出两对独立的接点；具备防跳闭锁和非全相保护功能，非全相保护动作后跳三相、不启动失灵保护，发出信号并自保持。

（5）220kV 母线保护应配置两套不同厂家的母线差动保护，每套保护含有完整的失灵保护。失灵保护的电流判别元件使用母差保护中的电流判别元件。

第六节　220kV 变压器二次回路验收

一、验收需要的资料

（1）设计、施工图纸。

（2）TA 和变压器说明书、出厂试验报告。

（3）断路器和隔离开关的控制回路原理图、接线图、说明书、出厂试验报告。

（4）施工单位安装、调试报告。

（5）调试、验收规程。

二、高压侧 TA 验收

（1）建立 TA 台账：包括 TA 电流比范围、二次线圈数量及抽头、准确度级别。

（2）接线柱、线号牌、电缆标牌等应打印，且清晰、正确。

（3）高压侧 TA 电流比选择：每组二次线圈电流比为 2500/1，并在 50%处设抽头。TA 二次线圈选 7 个线圈：从母线侧依次为差动保护一、差动保护二、母差保护一、母差保护二、录波器、测量、计量。图 2-31 为 TA 二次线圈布置图，差动保护与母差保护用线圈必须交叉，以消除 TA 本身故障时的死区。

（4）TA 极性：差动保护和后备保护宜共用一组 TA，保护、测量、计量用 TA 均以母线为极性引出。TA 由一次侧向二次侧点极性，每组二次线圈点一次。当 S 接通时，毫安表正起，说明 L1 与 S1 为同极性端。图 2-32 为 TA 极性试验接线图。

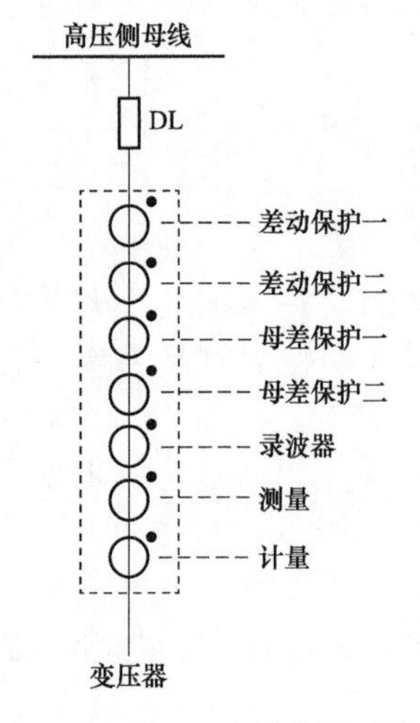

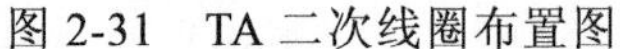
图 2-31　TA 二次线圈布置图

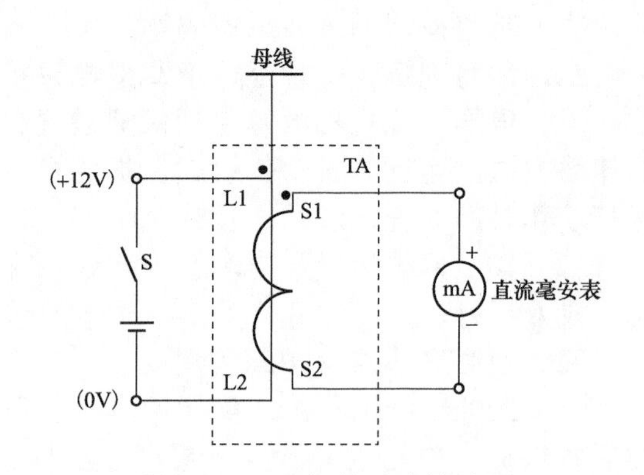

图 2-32　TA 极性试验接线图

（5）TA 电流比：保护、测量、计量电流比均符合定值通知单。TA 由一次侧通入大电流，测量每个二次线圈二次电流，测量某一二次线圈时，其他二次线圈均需短路。图

2-33 为 TA 电流比试验接线图，不建议使用电子式仪器进行电流比试验，推荐使用大电流发生器。

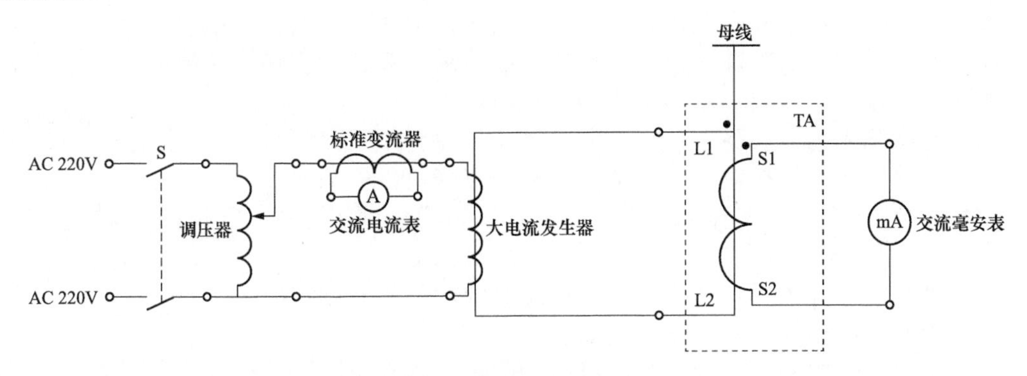

图 2-33　TA 电流比试验接线图

（6）TA 伏安特性：对每组二次线圈进行伏安特性试验，确保计量回路使用 0.2S 级，测量回路使用 0.2 级，保护使用 3 级、10P 级或 TPY 级。试验时电流只能单方向逐渐增大，不允许减小后再增大。

（7）TA 二次负载试验：对每组二次线圈进行二次负载试验，确保满足 10%误差。

图 2-34 为 TA 伏安特性、二次负载试验接线图。

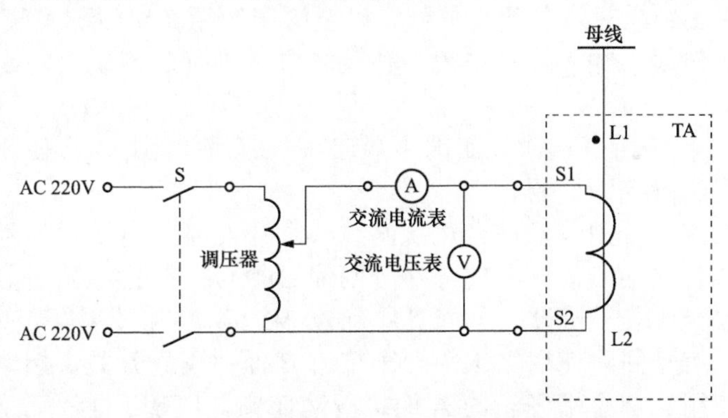

图 2-34　TA 伏安特性、二次负载试验接线图

（8）TA 本体处二次线圈不接地，TA 本体处二次电缆应穿钢管，并留有 1m 的余量，以备更换 TA 或二次电缆损坏时用。

（9）建议：差动保护高压侧 TA 采用 Y 接线，采用差动保护内部 Y/△变换。

三、高压侧断路器验收

（1）按照设计图纸核对断路器机构箱、汇控箱端子排接线。

（2）继电器、空气开关、压板、端子排、线号牌、电缆标牌等标志、标识应打印，且清晰、正确。

（3）应使用断路器本体的非全相保护和防跳回路。图 2-35 为非全相保护接线图。

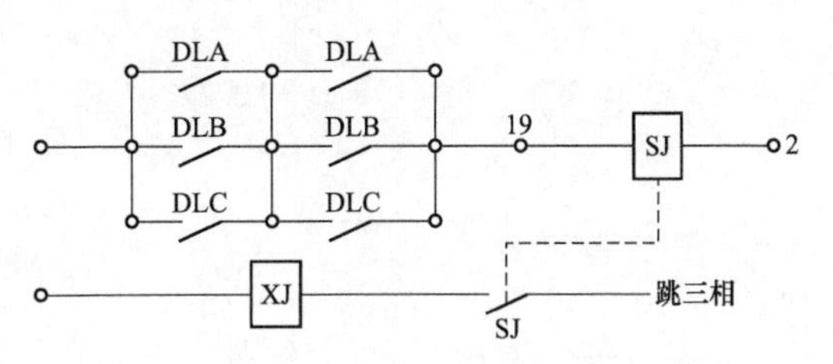

图 2-35　非全相保护接线图

（4）测量跳、合闸线圈的电阻，应与说明书提供的跳、合闸电流及防跳闭锁继电器电流相匹配。

（5）非全相保护必须有投退压板，非全相保护动作后，其信号应自保持。

（6）建议：断路器辅助接点应直接接入故障录波装置，以便于事故分析。断路器选择三相联动操作的断路器，不用单相操作断路器。

四、高压侧隔离开关验收

（1）按照设计图纸核对隔离开关、接地隔离开关机构箱接线。

（2）接触器、空气开关、端子排、线号牌、电缆标牌等标志、标识应打印，且清晰、正确。

（3）进行隔离开关、接地隔离开关单相跳闸和单相合闸试验。

（4）进行电压切换、母差保护传动。

（5）按照五防闭锁逻辑进行相应试验，应满足不发生误操作的要求。

（6）建议：断路器、隔离开关、接地隔离开关采用电气闭锁+机械闭锁方式，不主张采用编码锁+机械闭锁方式。

五、高压侧端子箱验收

（1）防雨、通风、密封良好；端子箱中的接地点应与100mm^{2}的接地铜网可靠连接。

（2）继电器、空气开关、端子排、线号牌、电缆标牌等标志、标识应打印，且清晰、正确。

（3）按照设计图纸核对端子箱中接线，以及端子箱至TA、断路器、保护屏、测控屏等接线，可以采取对线、加入试验电流、传动等方法进行。当采用对线方法时，必须断开相关回路。

（4）TA在端子箱中所有二次线圈的尾端连在一起后接地，以方便今后继电保护人员对测量、计量回路进行绝缘监督。

（5）断路器的跳、合闸线及非全相跳闸线必须与控制正电源、信号正电源隔开。

（6）隔离开关、接地隔离开关的分、合闸线必须与控制正电源、信号正电源隔开。

（7）建议：220kV端子箱设2个，型号为ZXW-2/4。TA使用第1个端子箱的A面，断路器控制回路、信号回路使用第1个端子箱的B面；隔离开关、接地隔离开关的控制回路、信号回路使用第2个端子箱的A面，五防闭锁，照明、加热等各类电源使用第2个端子箱的B面。

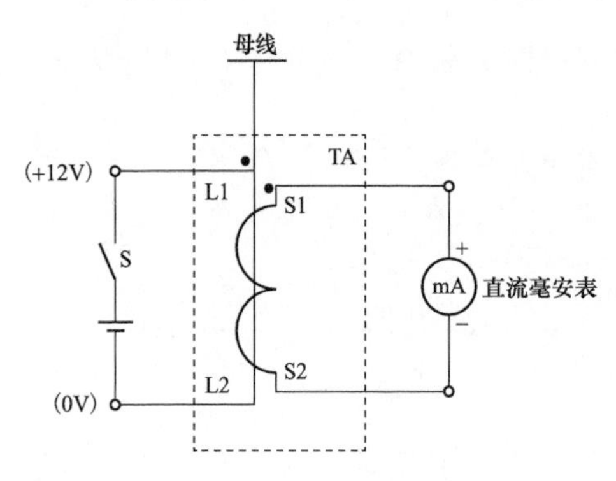

图2-36　TA极性试验接线图

六、中压侧TA验收

（1）建立TA台账：包括TA电流比范围、二次线圈数量及抽头、准确度级别。

（2）接线柱、线号牌、电缆标牌等应打印，且清晰、正确。

（3）TA极性：差动保护和后备保护宜共用一组TA，保护用TA以母线为极性引出，测量、计量用TA以变压器为极性引出。TA由一次侧向二次侧点极性，每组二次线圈点一次。当S接通时，毫安表正起，说明L1与S1为同极性端。图2-36为TA极性试验接线图。

（4）TA 电流比：保护、测量、计量电流比均符合定值通知单。TA 由一次侧通入大电流，测量每个二次线圈二次电流，测量某一二次线圈时，其他二次线圈均需短路。图 2-37 为 TA 电流比试验接线图，不建议使用电子式仪器进行电流比试验，推荐使用大电流发生器。

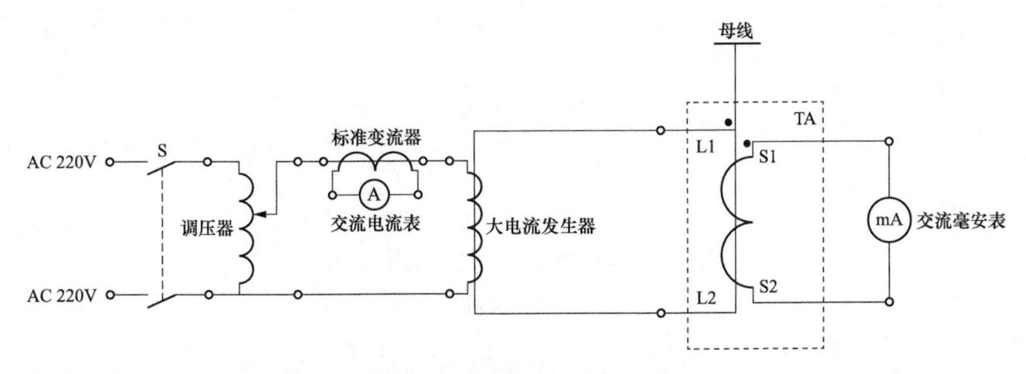

图 2-37　TA 电流比试验接线图

（5）TA 伏安特性：对每组二次线圈进行伏安特性试验，确保计量回路使用 0.2S 级，测量回路使用 0.2 级，保护使用 3 级、10P 级或 TPY 级。试验时电流只能单方向逐渐增大，不允许减小后再增大。

（6）TA 二次负载试验：对每组二次线圈进行二次负载试验，确保满足 10%误差。

图 2-38 为 TA 伏安特性、二次负载试验接线图。

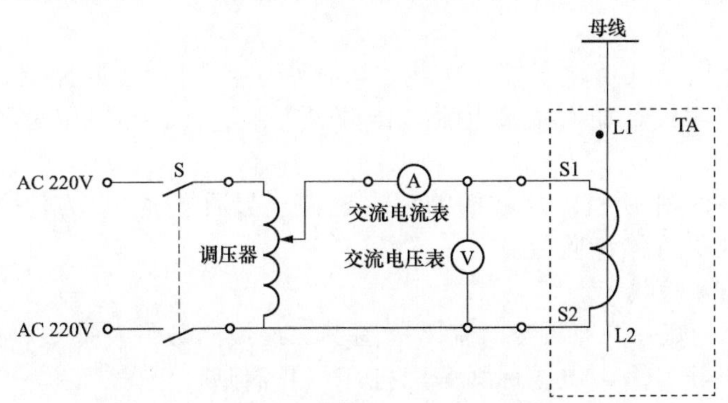

图 2-38　TA 伏安特性、二次负载试验接线图

（7）TA 二次线圈选 6 个线圈：从母线侧依次为差动保护一、差动保护二、录波器、母差保护、测量、计量。图 2-39 为 TA 二次线圈布置图。

（8）TA 本体处二次线圈不接地，TA 本体处二次电缆应穿钢管，并留有 1m 的余量，以备更换 TA 或二次电缆损坏时用。

（9）建议：中压侧差动保护 TA 采用 Y 接线，采用差动保护内部 Y/△变换。关于中压侧 TA 电流比的选择，每组二次线圈电流比为 1200/1，并在 50%处设抽头。

七、中压侧断路器验收

（1）按照设计图纸核对断路器机构箱端子排接线。

（2）继电器、空气开关、端子排、线号牌、电缆标牌等标志、标识应打印，且清晰、正确。

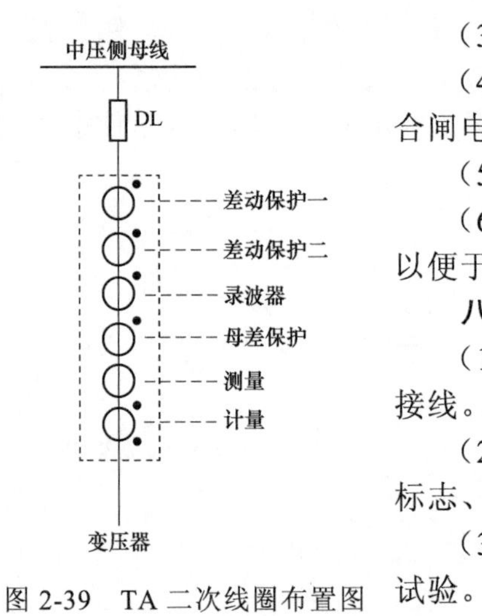

图 2-39　TA 二次线圈布置图

（3）应使用断路器本体的防跳回路。

（4）测量跳、合闸线圈的电阻，应与说明书提供的跳、合闸电流及防跳闭锁继电器电流相匹配。

（5）进行断路器三相跳闸和三相合闸试验。

（6）建议：断路器辅助接点应直接接入故障录波装置，以便于事故分析。

八、中压侧隔离开关验收

（1）按照设计图纸核对隔离开关、接地隔离开关机构箱接线。

（2）接触器、空气开关、端子排、线号牌、电缆标牌等标志、标识应打印，且清晰、正确。

（3）进行隔离开关、接地隔离开关三相跳闸和三相合闸试验。

（4）进行电压切换、母差保护传动。

（5）按照五防闭锁逻辑进行相应试验，应满足不发生误操作的要求。

（6）建议：断路器、隔离开关、接地隔离开关采用电气闭锁+机械闭锁方式，不主张采用编码锁+机械闭锁方式。

九、中压侧端子箱验收

（1）防雨、通风、密封良好；端子箱中的接地点应与 100mm^2 的接地铜网可靠连接。

（2）继电器、空气开关、端子排、线号牌、电缆标牌等标志、标识应打印，且清晰、正确。

（3）按照设计图纸核对端子箱中接线，以及端子箱至 TA、断路器、保护屏、测控屏等接线，可以采取对线、加入试验电流、传动等方法进行。当采用对线方法时，必须断开相关回路。

（4）TA 在端子箱中所有二次线圈的尾端连在一起后接地，以方便今后继电保护人员对测量、计量回路进行绝缘监督。

十、低压侧 TA 验收

（1）建立 TA 台账：包括 TA 电流比范围、二次线圈数量及抽头、准确度级别。

（2）接线柱、线号牌、电缆标牌等应打印，且清晰、正确。

（3）TA 极性：差动保护和后备保护宜共用一组 TA，保护用 TA 以母线为极性引出，测量、计量用 TA 以变压器为极性引出。TA 由一次侧向二次侧点极性，每组二次线圈点一次。当 S 接通时，毫安表正起，说明 L1 与 S1 为同极性端。图 2-40 为 TA 极性试验接线图。

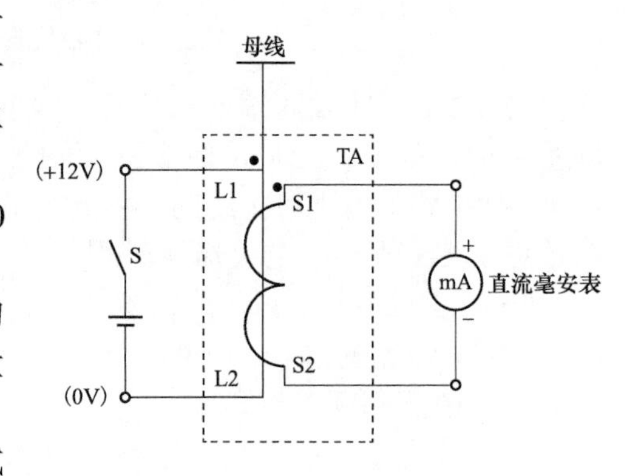

图 2-40　TA 极性试验接线图

（4）TA 电流比：保护、测量、计量电流比均符合定值通知单。TA 由一次侧通入大电流，测量每个二次线圈二次电流，测量某一二次线圈时，其他二次线圈均需短路。图 2-41 为 TA 电流比试验接线图，不建议使用电子式仪器进行电流比试验，推荐使用大电流发生器。

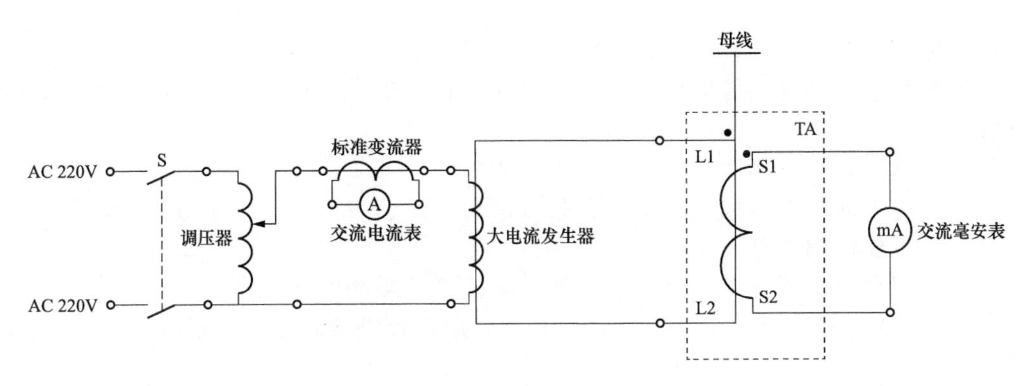

图 2-41　TA 电流比试验接线图

（5）TA 伏安特性：对每组二次线圈进行伏安特性试验，确保计量回路使用 0.2S 级，测量回路使用 0.2 级，保护使用 3 级、10P 级或 TPY 级。试验时电流只能单方向逐渐增大，不允许减小后再增大。

（6）TA 二次负载试验：对每组二次线圈进行二次负载试验，确保满足 10%误差。

图 2-42 为 TA 伏安特性、二次负载试验图。

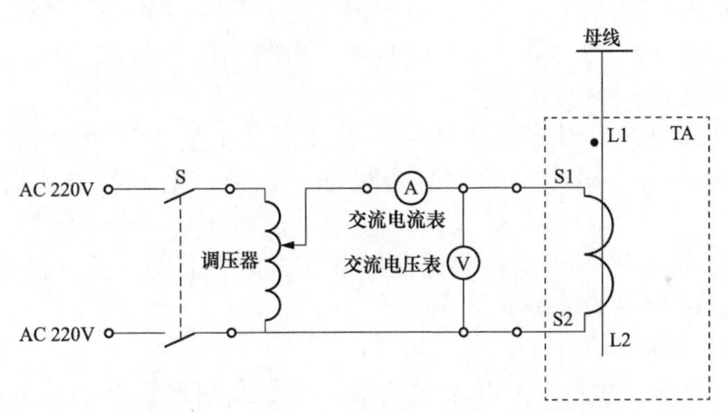

图 2-42　TA 伏安特性、二次负载试验图

（7）第一组 TA 二次线圈选 3 个线圈：从母线侧依次为差动保护一、母差保护、测量；

第二组 TA 二次线圈选 2 个线圈：从母线侧依次为差动保护二、计量。图 2-43 为 TA 二次线圈布置图。

（8）TA 本体处二次线圈不接地，TA 本体处二次电缆应穿钢管，并留有 1m 的余量，以备更换 TA 或二次电缆损坏时用。

（9）建议：低压侧差动保护 TA 采用 Y 接线，采用差动保护内部 Y/△变换。低压侧 TA 需 2 组 TA，电流比选择为每组二次线圈电流比为 1200/1，并在 50%处设抽头。

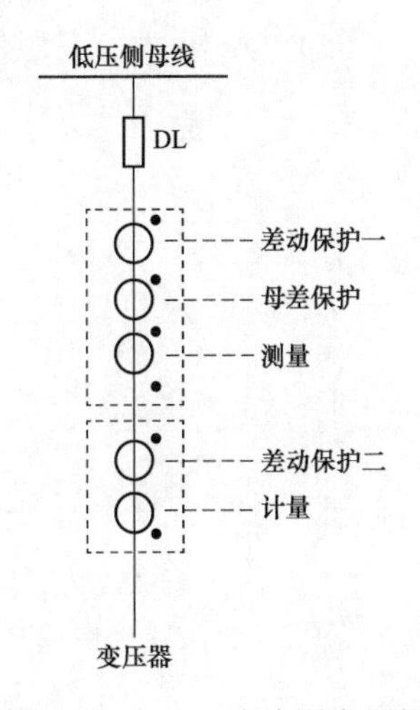

图 2-43　TA 二次线圈布置图

十一、低压侧断路器验收

（1）按照设计图纸核对断路器机构箱端子排接线。

（2）继电器、空气开关、端子排、线号牌、电缆标牌等标志、标识应打印，且清晰、正确。

（3）应使用断路器本体的防跳回路。

（4）测量跳、合闸线圈的电阻，应与说明书提供的跳、合闸电流及防跳闭锁继电器电流相匹配。

（5）进行断路器三相跳闸和三相合闸试验。

（6）建议：断路器辅助接点应直接接入故障录波装置，以便于事故分析。

十二、低压侧隔离开关验收

（1）按照设计图纸核对隔离开关、接地隔离开关机构箱接线。

（2）接触器、空气开关、端子排、线号牌、电缆标牌等标志、标识应打印，且清晰、正确。

（3）进行隔离开关、接地隔离开关三相跳闸和三相合闸试验。

（4）进行电压切换、母差保护传动。

（5）按照五防闭锁逻辑进行相应试验，应满足不发生误操作的要求。

（6）建议：断路器、隔离开关、接地隔离开关采用电气闭锁+机械闭锁方式，不主张采用编码锁+机械闭锁方式。

十三、端子箱验收

（1）防雨、通风、密封良好；端子箱中的接地点应与 $100mm^2$ 的接地铜网可靠连接。

（2）继电器、空气开关、端子排、线号牌、电缆标牌等标志、标识应打印，且清晰、正确。

（3）按照设计图纸核对端子箱中接线，以及端子箱至 TA、断路器、保护屏等接线，可以采取对线、加入试验电流、传动等方法进行。当采用对线方法时，必须断开相关回路。

（4）TA 在端子箱中所有二次线圈的尾端连在一起后接地，以方便今后继电保护人员对测量、计量回路进行绝缘监督。

十四、变压器本体 TA 验收

（1）建立 TA 台账：包括 TA 电流比范围、二次线圈数量及抽头、准确度级别。

（2）接线柱、线号牌、电缆标牌等应打印，且清晰、正确。

（3）零序保护与间隙保护应各自使用独立的 TA，不共用。

（4）TA 极性：高压侧、中压侧零序保护用 TA 以变压器中性点为极性引出。TA 由一次侧向二次侧点极性，每组二次线圈点一次。当 S 接通时，毫安表正起，说明 L1 与 S1 为同极性端。图 2-44 为 TA 极性试验接线图。

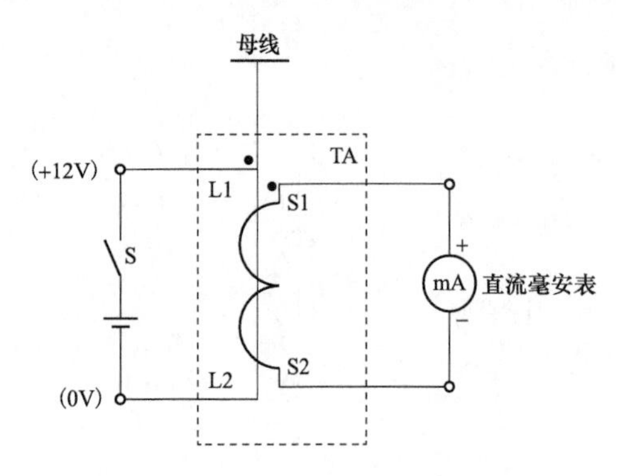

图 2-44 TA 极性试验接线图

（5）TA 电流比：电流比均符合定值通知单。TA 由一次侧通入大电流，测量每个二次线圈二次电流，测量某一二次线圈时，其他二次线圈均需短路。图 2-45 为 TA 电流比试验接线图，不建议使用电子式仪器进行电流比试验，推荐使用大电流发生器。

（6）TA 伏安特性：对每组二次线圈进行伏安特性试验，确保计量回路使用 0.2S 级，测量回路使用 0.2 级，保护使用 3 级、10P 级或 TPY 级。试验时电流只能单方向逐渐增大，不允许减小后再增大。

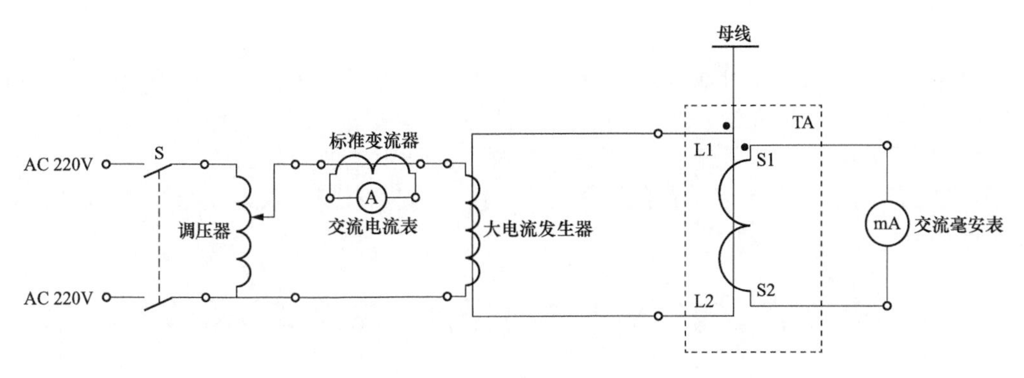

图 2-45　TA 电流比试验接线图

（7）TA 二次负载试验：对每组二次线圈进行二次负载试验，确保满足 10%误差。图 2-46 为 TA 伏安特性、二次负载试验图。

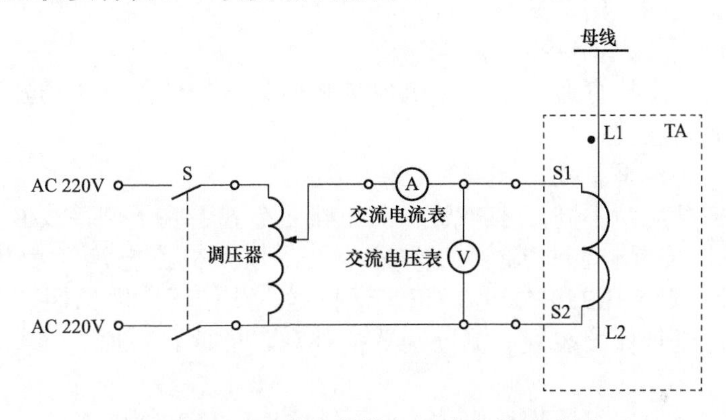

图 2-46　TA 伏安特性、二次负载试验图

（8）TA 本体处二次线圈不接地，TA 本体处二次电缆应穿钢管，并留有 1m 的余量，以备更换 TA 或二次电缆损坏时用。

（9）建议：目前变电站一次主接线一般不带旁路母线，所以建议高压侧和中压侧套管都不装 TA，只在零序套管中装 TA，用于零序保护，间隙 TA 应独立外辅。如果带旁路母线，建议高压侧和中压侧差动保护用断路器 TA，后备保护、测量、计量用变压器套管 TA，极性要求不变。

十五、非电量保护验收

（1）本体重瓦斯：重瓦斯两对跳闸接点应串联使用，轻瓦斯应发信号，接点间绝缘电阻应为无穷大。

（2）有载调压重瓦斯：重瓦斯两对跳闸接点应串联使用，轻瓦斯宜发信号，接点间绝缘电阻应为无穷大。

（3）变压器温度高不宜跳闸，只发信号即可，建议整定为 80℃。

（4）压力释放不宜跳闸，只发信号即可，定值按照变压器出厂规定整定。

（5）非电量保护均需完成防雨、雪措施。

十六、变压器本体端子箱和变压器端子箱验收

（1）防雨、通风、密封良好；端子箱中的接地点应与 $100mm^2$ 的接地铜网可靠连接。

（2）继电器、空气开关、端子排、线号牌、电缆标牌等标志、标识应打印，且清晰、正确。

（3）按照设计图纸核对端子箱中接线，以及端子箱至变压器、保护屏等接线，可以采取对线、传动等方法进行。当采用对线方法时，必须断开相关回路。

（4）端子箱中重瓦斯跳闸线与跳闸正电源、信号正电源应隔开。

（5）TA 在端子箱中所有二次线圈的尾端连在一起后接地，以方便今后继电保护人员进行绝缘监督。

第七节　220kV 变压器保护、测控装置验收

一、验收需要的资料

（1）设计、施工图纸。

（2）继电保护装置、测控装置、故障录波装置及其他相关设备的原理图、接线图、技术说明书、调试大纲、出厂试验报告。

（3）施工单位安装、调试报告。

（4）调度部门整定计算通知单、微机保护和微机测控装置版本通知单。

（5）调试、验收规程。

二、保护屏、测控屏验收

（1）两面保护屏应为不同厂家产品，但其屏面布置、端子排接线应完全相同。

（2）检查保护装置、测控装置的额定参数，包括交流电流（AC1A）、交流电压（AC100V）、直流电源（±220V）等。记录保护屏、测控屏出厂日期。

（3）通电前，检查保护装置、测控装置的外观，插件、芯片、继电器等应无松动、完好。

（4）保护屏、测控屏接地铜排应与 100mm^2 接地网可靠连接。

（5）按照设计图纸核对保护屏、测控屏接线，以及至端子箱、母差屏、故障录波装置、电压接口屏、直流分配屏等屏间连线，可以采取对线、加入试验电压、传动等方法进行。当采用对线方法时，必须断开相关回路。

（6）保护电源和控制电源必须一一对应，即保护屏一接保护电源一，保护屏二接保护电源二；操作箱控制电压分别接控制电源一、控制电源二。

（7）保护一启动母差一中的失灵保护，母差一接操作箱的 1TJR，启动断路器跳闸线圈一跳闸。图 2-47 为跳合闸回路一示意图。

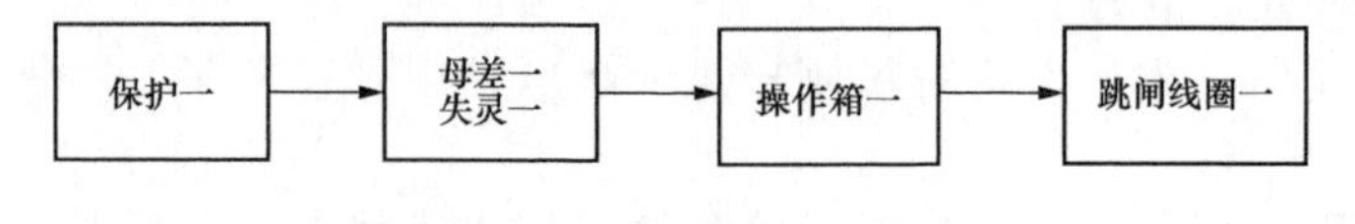

图 2-47　跳合闸回路一示意图

（8）保护二启动母差二中的失灵保护，母差二接操作箱二的 2TJR，启动断路器跳闸线圈二跳闸。两套保护之间没有任何联系。图 2-48 为跳合闸回路二示意图。

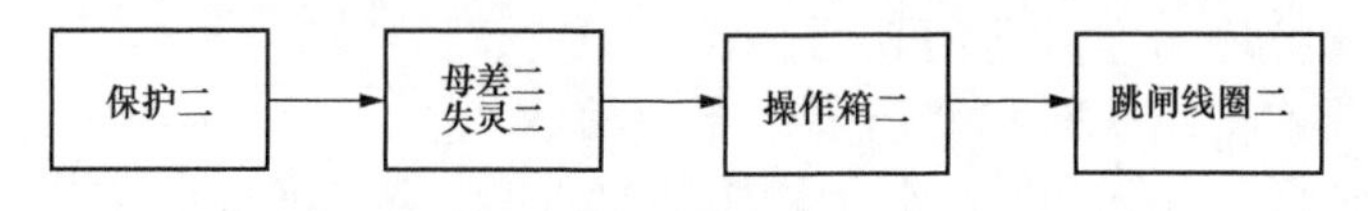

图 2-48　跳合闸回路二示意图

（9）保护屏、测控屏上的压板、空气开关、切换开关、继电器、端子排、线号牌、电缆标牌的标志、标识应打印，且清晰、正确。

（10）保护压板颜色：保护功能投退压板用“黄色”，跳合闸出口压板用“红色”，启动失灵保护用“蓝色”。

（11）保护装置试验。

1）记录保护装置的版本号，应与版本通知单一致。

2）零漂检查：在端子排上将装置的电流输入回路、电压输入回路分别短接后，记录各模拟量通道的显示值。

3）精度、线性度检查：在端子排上分别加入 $0.1I_e$、$0.5I_e$、I_e、$2I_e$、$5I_e$、$10I_e$，$0.05U_e$、$0.1U_e$、$0.2U_e$、$0.5U_e$、U_e、$1.2U_e$，记录各模拟量通道的显示值。

4）开入回路检查：必须以实际动作情况检查每个开入量，不建议用短接开入端子的方法进行。

5）按照定值通知单输入保护定值，没有用的定值应整定为与相临段一致，或过量定值整定为最大值，欠量定值整定为最小值，但其控制字必须置于退出位置。输完定值后打印一份，并与定值通知单认真核对。

6）保护特性试验。

①差动保护制动特性试验。

②阻抗保护阻抗特性试验。

③复合电压闭锁过电流方向元件动作区试验。

④零序电流方向元件动作区试验。

7）差动保护定值试验。

①南瑞 RCS-978 系列保护。

Y 侧电流：$I'_A = I_A - I_0$，$I'_B = I_B - I_0$，$I'_C = I_C - I_0$。

△侧电流：$I'_a = (I_a - I_c)/\sqrt{3}$，$I'_b = (I_b - I_a)/\sqrt{3}$，$I'_c = (I_c - I_b)/\sqrt{3}$。

其中，I_A、I_B、I_C，I_a、I_b、I_c 为转换前的电流，I'_A、I'_B、I'_C，I'_a、I'_b、I'_c 为转换后的电流。

Y 侧加入至保护动作时的电流为 $1.5I_e$，△侧加入至保护动作时的电流为 $\sqrt{3}I_e$。也就是说，试验时，高压侧、中压侧加入 $1.5I_e$，差动保护应动作；低压侧加入 $\sqrt{3}I_e$，差动保护应动作。

②国电南自 PST-1200 系列保护和四方 CST 系列保护。

Y 侧电流：$I'_A = (I_A - I_B)/\sqrt{3}$，$I'_B = (I_B - I_C)/\sqrt{3}$，$I'_C = (I_C - I_A)/\sqrt{3}$。

△侧电流：$I'_a = I_a$，$I'_b = I_b$，$I'_c = I_c$。

其中，I_A、I_B、I_C，I_a、I_b、I_c 为转换前的电流，I'_A、I'_B、I'_C，I'_a、I'_b、I'_c 为转换后的电流。

Y 侧加入至保护动作时的电流为 $\sqrt{3}I_e$，△侧加入至保护动作时的电流为 I_e。也就是说，试验时，高压侧、中压侧加入 $\sqrt{3}I_e$，差动保护应动作；低压侧加入 I_e，差动保护应动作。

8）复合电压定值试验。

①低电压：将复合电压闭锁过流整定为不带方向、0s，加入单相电流大于定值，加

入三相正序电压 100V，然后缓慢降低电压至保护动作，动作时的电压即为低电压动作值。

②负序电压：将复合电压闭锁过流整定为不带方向、0s，加入单相电流大于定值，加入三相负序电压，然后缓慢升高电压至保护动作，动作时的电压即为负序电压动作值。

9）其他保护定值试验。模拟各种故障，检查各项定值在 0.9 倍和 1.1 倍下的动作情况。

10）保护动作时间测量。模拟各种故障，测量每段保护动作时间，包括 0s 出口的保护动作时间。

11）保护动作、告警信号传动。模拟各种故障，记录监控系统中的动作信号，应与保护动作情况一致。

12）与失灵、母差保护联调。保护一、保护二动作启动失灵保护和母差跳本断路器传动。

13）录波检查。保护一、保护二的 TJ 均应接入故障录波装置。

（12）操作箱检查。

1）应使用断路器本体的非全相保护和防跳回路，将操作箱中的防跳回路短接。图 2-49 为防跳回路短接示意图。

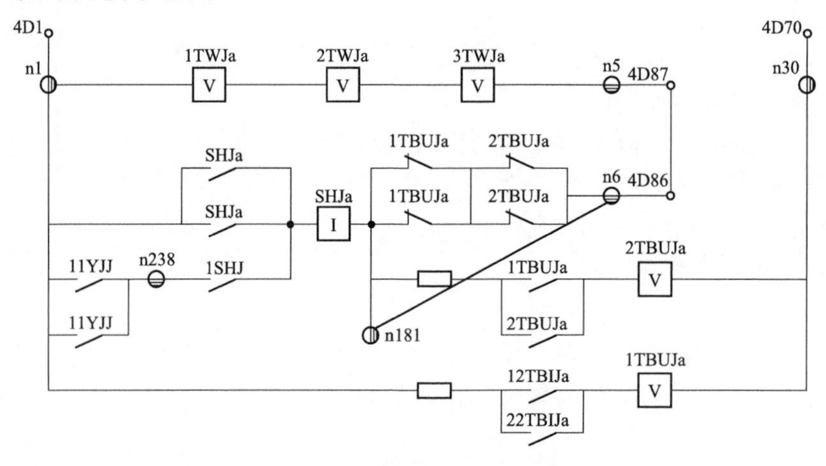

图 2-49　防跳回路短接示意图

2）操作箱跳闸继电器、合闸继电器保持电流应与断路器跳合闸电流相匹配。

3）对跳、合闸位置继电器，手跳、手合继电器，跳闸继电器，电压切换继电器等进行检查。

4）电压切换回路检查：母线对应关系应正确，切换回路隔离开关控制接点建议使用单接点，切换继电器不带自保持。

5）操作箱一手跳、手合带开关实际传动，操作箱二不用手跳、手合功能。

6）防跳回路检查：将控制开关置于合闸位置，然后短接保护跳闸接点，断路器不应跳跃。

7）操作箱至监控系统信号传动。

（13）测控装置试验。

1）记录测控装置的版本号，应与版本通知单一致。

2）按照定值通知单变比定值，整定变比系数，监控系统完成变比系数和序位设置。

3）零漂检查：在端子排上将装置的电流输入回路、电压输入回路分别短接后，记录各模拟量通道的显示值。

4）精度、线性度检查：在端子排上分别加入 $0.1I_e$、$0.5I_e$、I_e、$1.2I_e$，$0.1U_e$、$0.5U_e$、U_e、$1.2U_e$，记录各模拟量通道的显示值。

5）远方数据的准确性检查：在端子排上分别加入 $0.5I_e$、I_e，$0.5U_e$、U_e，记录测控系统的 I、U、P、Q 显示值，以检查变比系数和遥测序位的准确性。

6）开入回路检查：必须以实际动作情况检查每个开入量，不建议用短接开入端子的方法进行。

7）遥控回路试验：进行断路器、隔离开关、隔离接地开关的实际传动，同时检查压板对应关系的唯一性。遥控跳、合断路器只接入操作箱一。

（14）带断路器传动，传动时尽量减少断路器实际动作次数，在开关场安排人员监视断路器动作情况。两套保护分别进行模拟各种试验。

1）当后备保护段分 2 个及以上时限跳不同断路器的保护应带断路器传动。

2）对于只启动总出口的保护，各保护应传动至总出口，最后一次带断路器传动。

（15）电流回路直流电阻测量。分别在高压侧、中压侧、低压侧端子箱处测量所有电流回路直流电阻，不应有开路现象，而且每组电流回路 A、B、C 三相应平衡。

（16）绝缘检查：使用 1000V 绝缘电阻表对以下回路进行绝缘检查。

1）交流电流回路对地。

2）交流电压回路对地。

3）直流控制回路对地。

4）直流信号回路对地。

5）瓦斯回路电缆芯间绝缘电阻（应为无穷大，如不是，则应查明原因）。

6）交流电流回路对直流控制回路。

7）交流电流回路对直流信号回路。

（17）保护投入运行前的向量检查。

1）在线路带负荷前，应退出差动保护、复合电压闭锁方向过电流保护、零序方向过电流保护，向量检查正确后，差动保护、复合电压闭锁方向过电流保护、零序方向过电流保护才允许投入跳闸。

2）当差动保护高压侧、中压侧、低压侧 TA 均采用 Y 接线，采用差动保护内部 Y/△变换时，中压侧电流与高压侧电流相差 180°，低压侧电流落后高压侧电流 150°，而且差流很小，说明差动保护接线正确。

3）复合电压闭锁方向过电流保护、零序方向过电流保护应按照定值通知单要求的方向进行整定，向量检查时要特别注意方向的正确性。

三、编写现场运行规程、填写继电保护运行日志

（1）现场运行规程内容包括保护装置和测控装置功能，各压板、小开关、切换开关的使用方法，运行方式变化引起保护的投退，保护装置和测控装置异常告警处理方法，保护动作跳闸处理方法，运行注意事项等。

（2）继电保护运行日志填写内容包括保护定值执行情况、已处理或未处理的缺陷、能否投入运行、运行注意事项等。

四、220kV 变压器保护配置建议

（1）变压器保护应配置两套不同厂家的保护，每套保护含有完整的后备保护，后备保护和差动保护共用一组 TA。

（2）差动保护高压侧、中压侧、低压侧 TA 均采用 Y 接线。
（3）TA 断线闭锁差动保护。
（4）装置使用的高压侧、中压侧、低压侧 TV 电压取自电压接口屏。
（5）打印机电源建议使用小母线。

第八节　220kV 母联二次回路和保护装置验收

一、220kV 母联二次回路验收

1. 验收需要的资料
（1）设计、施工图纸。
（2）TA 说明书、出厂试验报告。
（3）断路器和隔离开关的控制回路原理图、接线图、说明书、出厂试验报告。
（4）施工单位安装、调试报告。
（5）调试、验收规程。
2. TA 验收
（1）建立 TA 台账：包括 TA 电流比范围、二次线圈数量及抽头、准确度级别。
（2）接线柱、线号牌、电缆标牌等应打印，且清晰、正确。

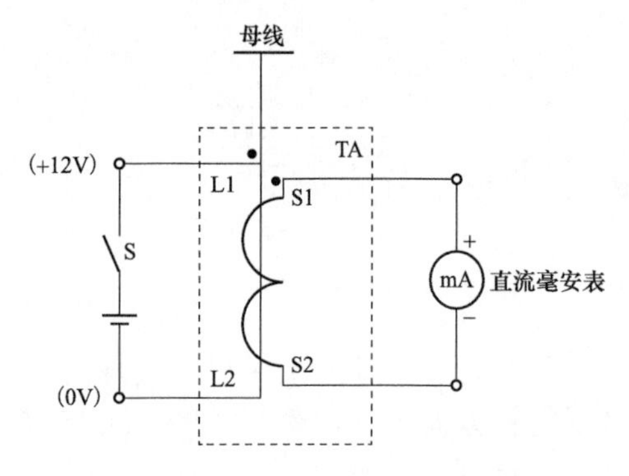

图 2-50　TA 极性试验接线图

（3）TA 极性：保护、测量、计量用 TA 以Ⅰ母线侧为极性引出，RCS 系母差保护以Ⅰ母线为极性引出，BP-2B 系保护以Ⅱ母线为极性引出。TA 由一次侧向二次侧点极性，每组二次线圈点一次。当 S 接通时，毫安表正起，说明 L1 与 S1 为同极性端。图 2-50 为 TA 极性试验接线图。

（4）TA 电流比：保护、测量、计量电流比均符合定值通知单。TA 由一次侧通入大电流，测量每个二次线圈二次电流，测量某一二次线圈时，其他二次线圈均需短路。图 2-51 为 TA 电流比试验接线图，不建议使用电子式仪器进行电流比试验，推荐使用大电流发生器。

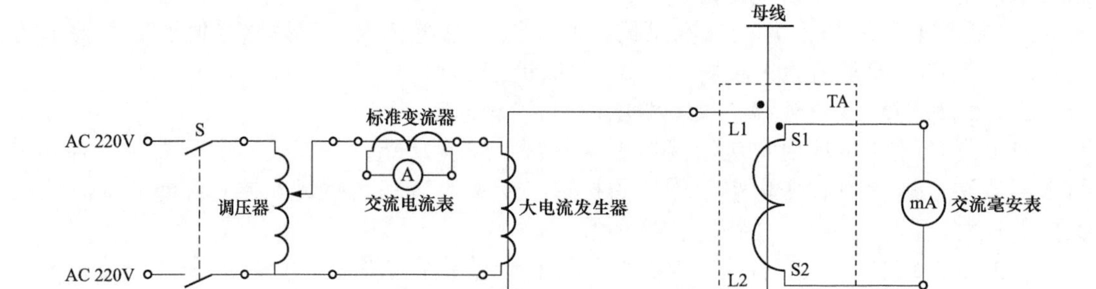

图 2-51　TA 电流比试验接线图

（5）TA 伏安特性：对每组二次线圈进行伏安特性试验，确保计量回路使用 0.2S 级，

测量回路使用 0.2 级，保护使用 3 级、10P 级或 TPY 级。试验时电流只能单方向逐渐增大，不允许减小后再增大。

（6）TA 二次负载试验：对每组二次线圈进行二次负载试验，确保满足 10%误差。

图 2-52 为 TA 伏安特性、二次负载试验图。

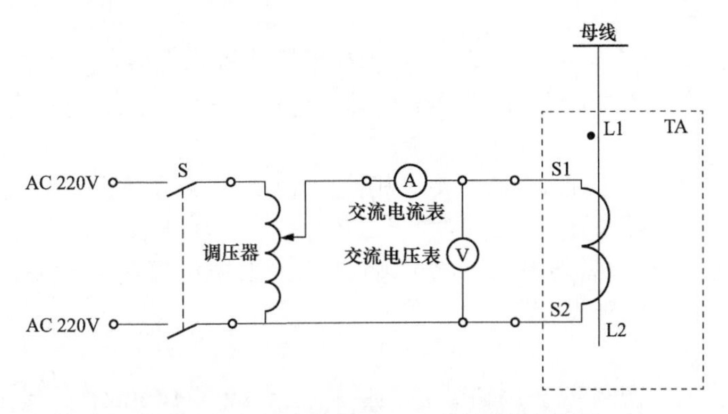

图 2-52　TA 伏安特性、二次负载试验图

（7）TA 二次线圈选 7 个线圈：从母线侧依次为充电保护、备用、录波器、母差保护一、母差保护二、测量、计量。图 2-53 为 TA 二次线圈布置图。

（8）TA 本体处二次线圈不接地，TA 本体处二次电缆应穿钢管，并留有 1m 的余量，以备更换 TA 或二次电缆损坏时用。

（9）建议：关于 TA 电流比的选择，每组二次线圈电流比为 2500/1，并在 50%处设抽头。

3. 断路器验收

（1）按照设计图纸核对断路器机构箱、汇控箱端子排接线。

（2）继电器、空气开关、压板、端子排、线号牌、电缆标牌等标志、标识应打印，且清晰、正确。

（3）应使用断路器本体的非全相保护和防跳回路。图 2-54 为非全相保护接线图。

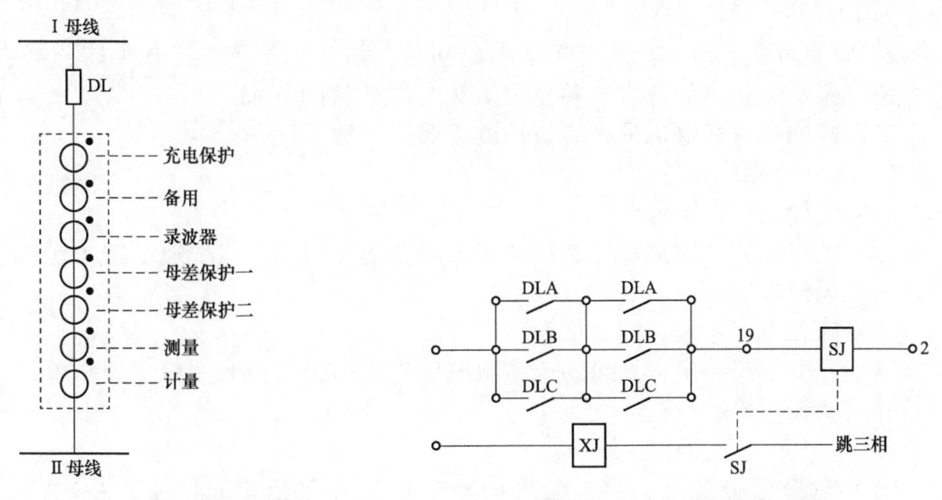

图 2-53　TA 二次线圈布置图

图 2-54　非全相保护接线图

（4）测量跳、合闸线圈的电阻，应与说明书提供的跳、合闸电流及防跳闭锁继电器电流相匹配。

（5）非全相保护必须有投退压板，非全相保护动作后，其信号应自保持。

（6）进行断路器单相跳闸和单相合闸试验。

（7）至母差保护的断路器辅助接点传动。

（8）建议：断路器辅助接点应直接接入故障录波装置，以便于事故分析。

4. 隔离开关验收

（1）按照设计图纸核对隔离开关、接地隔离开关机构箱接线。

（2）接触器、空气开关、端子排、线号牌、电缆标牌等标志、标识应打印，且清晰、正确。

（3）进行隔离开关、接地隔离开关单相跳闸和单相合闸试验。

（4）按照五防闭锁逻辑进行相应试验，应满足不发生误操作的要求。

（5）建议：断路器、隔离开关、接地隔离开关采用电气闭锁+机械闭锁方式，不主张采用编码锁+机械闭锁方式。

5. 端子箱验收

（1）防雨、通风、密封良好；端子箱中的接地点应与 100mm^2 的接地铜网可靠连接。

（2）继电器、空气开关、端子排、线号牌、电缆标牌等标志、标识应打印，且清晰、正确。

（3）按照设计图纸核对端子箱中接线，以及端子箱至 TA、断路器、保护屏、测控屏等接线，可以采取对线、加入试验电流、传动等方法进行。当采用对线方法时，必须断开相关回路。

（4）TA 在端子箱中所有二次线圈的尾端连在一起后接地，以方便今后继电保护人员对测量、计量回路进行绝缘监督。

（5）断路器的跳、合闸线及非全相跳闸线必须与控制正电源、信号正电源隔开。

（6）隔离开关、接地隔离开关的分、合闸线必须与控制正电源、信号正电源隔开。

（7）建议：220kV 端子箱设 2 个，型号为 ZXW-2/4，具体分配如下。

1）TA、TV 使用第 1 个端子箱的 A 面，断路器控制回路、信号回路使用第 1 个端子箱的 B 面。

2）隔离开关、接地隔离开关的控制回路、信号回路使用第 2 个端子箱的 A 面，五防闭锁，照明、加热等各类电源使用第 2 个端子箱的 B 面。

二、220kV 母联继电保护装置、测控装置验收

1. 验收需要的资料

（1）设计、施工图纸。

（2）保护装置、测控装置及其他相关设备的原理图、接线图、技术说明书、调试大纲、出厂试验报告。

（3）施工单位安装、调试报告。

（4）调度部门整定计算通知单、微机保护和微机测控装置版本通知单。

（5）调试、验收规程。

2. 保护屏、测控屏验收

（1）检查保护装置、测控装置的额定参数，包括交流电流（AC1A）、交流电压（AC100V）、直流电源（±220V）等。记录保护屏、测控屏出厂日期。

（2）通电前，检查保护装置、测控装置的外观，插件、芯片、继电器等应无松动、完好。

（3）保护屏、测控屏接地铜排应与 100mm^2 接地网可靠连接。

（4）按照设计图纸核对保护屏、测控屏接线，以及至端子箱、母差屏、故障录波装置、电压接口屏、直流分配屏等屏间连线。可以采取对线、加入试验电流、传动等方法进行。当采用对线方法时，必须断开相关回路。

（5）保护屏、测控屏上的压板、空气开关、切换开关、继电器、端子排、线号牌、电缆标牌的标志、标识应打印，且清晰、正确。

（6）保护压板颜色：保护功能投退压板用“黄色”，跳合闸出口压板用“红色”，启动失灵保护用“蓝色”。

（7）保护装置试验。

1）记录保护装置的版本号，应与版本通知单一致。

2）零漂检查：在端子排上将装置的电流输入回路、电压输入回路分别短接后，记录各模拟量通道的显示值。

3）精度、线性度检查：在端子排上分别加入 $0.1I_e$、$0.5I_e$、I_e、$2I_e$、$5I_e$、$10I_e$，记录各模拟量通道的显示值。

4）开入回路检查：必须以实际动作情况检查每个开入量，不建议用短接开入端子的方法进行。

5）按照定值通知单输入保护定值，没有用的定值应整定为与相临段一致，或过量定值整定为最大值，欠量定值整定为最小值，但其控制字必须置于退出位置。输完定值后打印一份，并与定值通知单认真核对。

6）保护定值试验：模拟故障，检查各项定值在 0.9 倍和 1.1 倍下的动作情况。

7）保护动作时间测量：模拟各种故障，测量每段保护动作时间，包括 0s 出口的保护动作时间。

8）保护动作、告警信号传动：模拟各种故障，记录监控系统中的动作信号，应与保护动作情况一致。

9）与失灵、母差保护联调：充电保护动作启动失灵保护和母差跳本断路器传动。录波检查：保护 TJ 应接入故障录波装置。

（8）操作箱检查。

1）应使用断路器本体的非全相保护和防跳回路，将操作箱中的防跳回路短接。图 2-55 为防跳回路短接示意图。

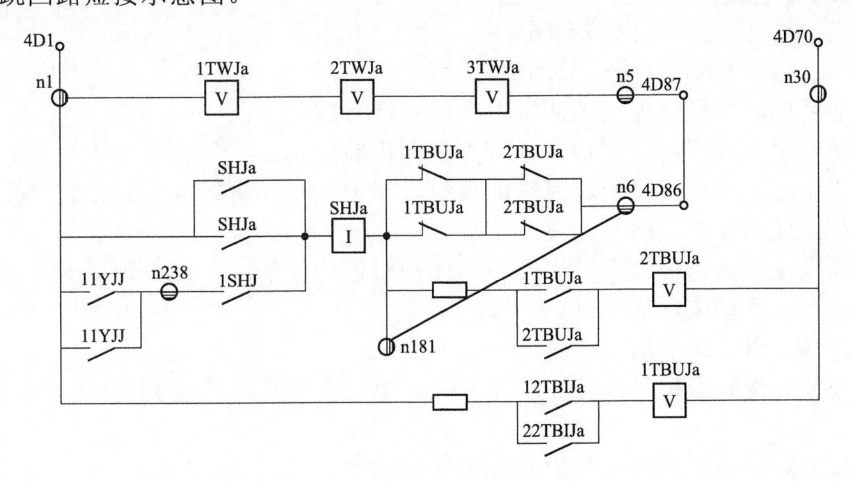

图 2-55　防跳回路短接示意图

2）操作箱跳闸继电器、合闸继电器保持电流应与断路器跳合闸电流相匹配。

3）对跳、合闸位置继电器，手跳、手合继电器，跳闸继电器等进行检查。

4）操作箱手跳、手合带开关实际传动。

5）防跳回路检查：将控制开关置于合闸位置，然后短接保护跳闸接点，断路器不应跳跃。

6）操作箱至监控系统信号传动。

（9）测控装置试验。

1）记录测控装置的版本号，应与版本通知单一致。

2）按照定值通知单变比定值，整定变比系数，监控系统完成变比系数和序位设置。

3）零漂检查：在端子排上将装置的电流输入回路、电压输入回路分别短接后，记录各模拟量通道的显示值。

4）精度、线性度检查：在端子排上分别加入 $0.1I_e$、$0.5I_e$、I_e、$1.2I_e$，$0.1U_e$、$0.5U_e$、U_e、$1.2U_e$，记录各模拟量通道的显示值。

5）远方数据的准确性检查：在端子排上分别加入 $0.5I_e$、I_e，$0.5U_e$、U_e，记录测控系统的 I、U、P、Q 显示值，以检查变比系数和遥测序位的准确性。

6）开入回路检查：必须以实际动作情况检查每个开入量，不建议用短接开入端子的方法进行。

7）遥控回路试验：进行断路器、隔离开关、隔离接地开关的实际传动，同时检查压板对应关系的唯一性。

（10）带断路器传动：传动时尽量减少断路器实际动作次数，在开关场安排人员监视断路器动作情况。

（11）电流回路直流电阻测量。在端子箱处测量所有电流回路直流电阻，不应有开路现象，而且每组电流回路 A、B、C 三相应平衡。

（12）绝缘检查：使用 1000V 绝缘电阻表对以下回路进行绝缘检查。

1）交流电流回路对地。

2）交流电压回路对地。

3）直流控制回路对地。

4）直流信号回路对地。

5）交流电流回路对直流控制回路。

6）交流电流回路对直流信号回路。

三、编写现场运行规程、填写继电保护运行日志

（1）现场运行规程内容包括保护装置和测控装置功能，各压板、小开关、切换开关的使用方法，运行方式变化引起保护的投退，保护装置和测控装置异常告警处理方法，保护动作跳闸处理方法，运行注意事项等。

（2）继电保护运行日志填写内容包括保护定值执行情况、已处理或未处理的缺陷、能否投入运行、运行注意事项等。

四、220kV 母联保护配置建议

（1）220kV 母联保护应配置充电保护，充电保护只在给母线充电时投入，其他情况必须退出。

（2）220kV 线路断路器本身应具备防跳闭锁和非全相保护功能，非全相保护动作后跳三相、不启动失灵保护，发出信号并自保持。

（3）220kV 母线保护应配置两套不同厂家的母线差动保护，每套保护含有完整的失灵保护。失灵保护的电流判别元件使用母差保护中的电流判别元件。

（4）母联电流接入母差保护的极性视不同厂家而不同，接线时一定注意。

第九节　110kV 进出线二次回路和保护装置验收

一、110kV 进出线二次回路验收

1．验收需要的资料

（1）设计、施工图纸。

（2）TA 和线路 TV 说明书、出厂试验报告。

（3）断路器和隔离开关的控制回路原理图、接线图、说明书、出厂试验报告。

（4）施工单位安装、调试报告。

（5）调试、验收规程。

2．TA 验收

（1）建立 TA 台账：包括 TA 电流比范围、二次线圈数量及抽头、准确度级别。

（2）接线柱、线号牌、电缆标牌等应打印，且清晰、正确。

（3）TA 二次线圈选 5 个线圈：从母线侧依次为线路保护、母差保护、录波器、测量、计量。图 2-56 为 TA 二次线圈布置图，线路保护与母差保护用线圈必须交叉，以消除 TA 本身故障时的死区。

（4）TA 极性：保护用 TA 以母线侧为极性引出，测量、计量以电源侧为极性引出，TA 由一次侧向二次侧点极性，每组二次线圈点一次。当 S 接通时，毫安表正起，说明 L1 与 S1 为同极性端。图 2-57 为 TA 极性试验接线图。

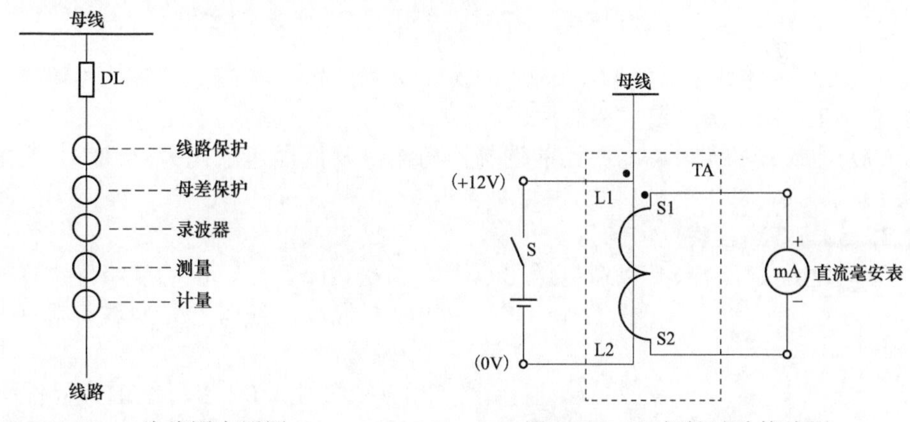

图 2-56　TA 二次线圈布置图　　　图 2-57　TA 极性试验接线图

（5）TA 电流比：保护、测量、计量电流比均符合定值通知单。TA 由一次侧通入大电流，测量每个二次线圈二次电流，测量某一二次线圈时，其他二次线圈均需短路。图 2-58 为 TA 电流比试验接线图，不建议使用电子式仪器进行电流比试验，推荐使用大电流发生器。

（6）TA 伏安特性：对每组二次线圈进行伏安特性试验，确保计量回路使用 0.2S 级，测量回路使用 0.2 级，保护使用 3 级、10P 级或 TPY 级。试验时电流只能单方向逐渐增大，不允许减小后再增大。

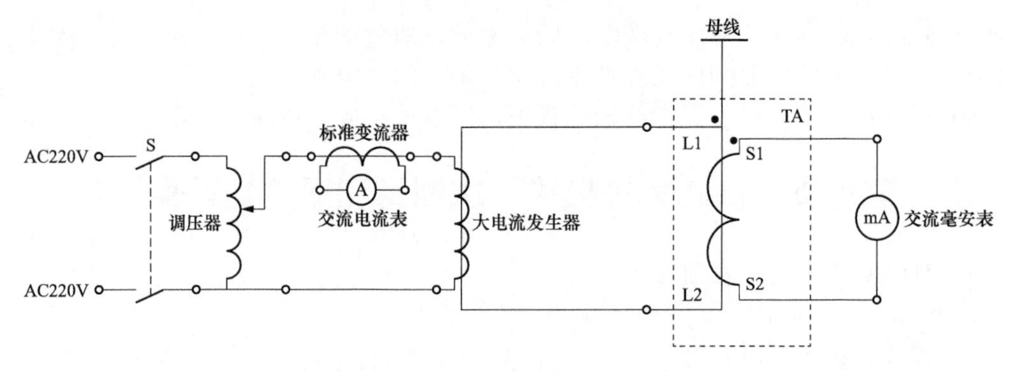

图 2-58　TA 电流比试验接线图

（7）TA 二次负载试验：对每组二次线圈进行二次负载试验，确保满足 10%误差。图 2-59 为 TA 伏安特性、二次负载试验图。

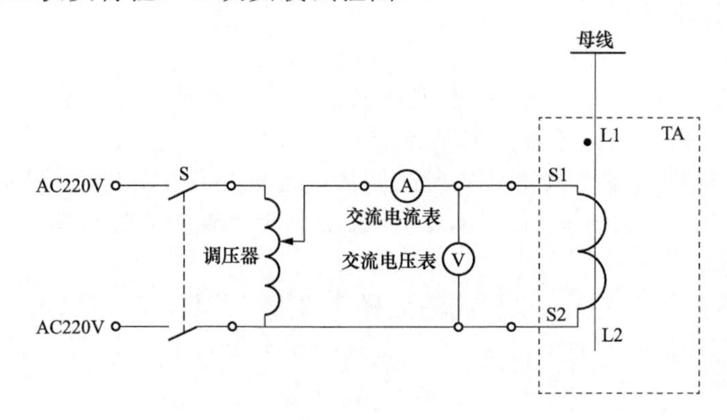

图 2-59　TA 伏安特性、二次负载试验图

（8）TA 本体处二次线圈不接地，TA 本体处二次电缆应穿钢管，并留有 1m 的余量，以备更换 TA 或二次电缆损坏时用。

（9）建议：关于 TA 电流比的选择，每组二次线圈电流比为 1200/1，并在 50%处设抽头。

3. 线路 TV 验收

（1）建立 TV 台账：包括电压比范围、二次线圈数量、准确度级别。

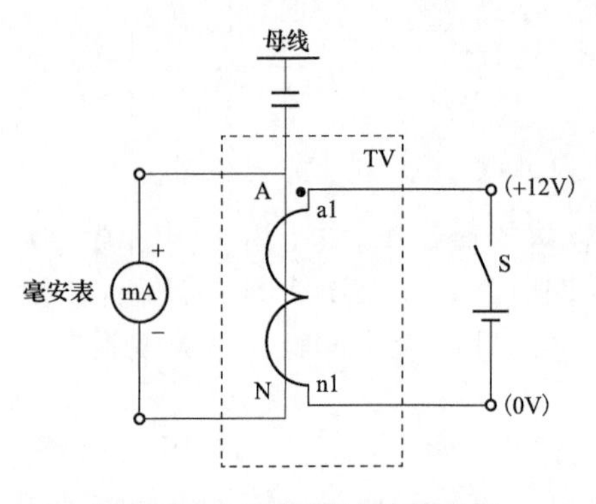

图 2-60　TV 极性试验接线图

（2）接线柱、线号牌、电缆标牌等应打印，且清晰、正确。

（3）TV 极性：TV 以母线侧为极性引出，TV 由二次侧向一次侧点极性，每组二次线圈点一次。当 S 接通时，毫安表正起，说明 A 与 a1 为同极性端。图 2-60 为 TV 极性试验接线图。

（4）TV 电压比：保护、测量、计量电压比均符合定值通知单。

（5）TV 本体处二次线圈不接地，TV 本体处二次电缆应穿钢管，并留有 1m 的余量，以备更换 TV 或二次电缆损坏时用。

（6）建议：关于 TV 电压比的选择，每组二次线圈电压比为 110/0.1。

4. 断路器验收

（1）按照设计图纸核对断路器机构箱端子排接线。

（2）继电器、空气开关、端子排、线号牌、电缆标牌等标志、标识应打印，且清晰、正确。

（3）应使用断路器本体的防跳回路。

（4）测量跳、合闸线圈的电阻，应与说明书提供的跳、合闸电流及防跳闭锁继电器电流相匹配。

（5）检查闭锁重合闸回路，当压力下降到闭锁重合闸时，应闭锁重合闸。

（6）进行断路器三相跳闸和三相合闸试验。

（7）建议：断路器辅助接点应直接接入故障录波装置，以便于事故分析。

5. 隔离开关验收

（1）按照设计图纸核对隔离开关、接地隔离开关机构箱接线。

（2）接触器、空气开关、端子排、线号牌、电缆标牌等标志、标识应打印，且清晰、正确。

（3）进行隔离开关、接地隔离开关三相跳闸和三相合闸试验。

（4）进行电压切换、母差保护传动。

（5）按照五防闭锁逻辑进行相应试验，应满足不发生误操作的要求。

（6）建议：断路器、隔离开关、接地隔离开关采用电气闭锁+机械闭锁方式，不主张采用编码锁+机械闭锁方式。

6. 端子箱验收

（1）防雨、通风、密封良好；端子箱中的接地点应与 $100mm^2$ 的接地铜网可靠连接。

（2）继电器、空气开关、端子排、线号牌、电缆标牌等标志、标识应打印，且清晰、正确。

（3）按照设计图纸核对端子箱中接线，以及端子箱至 TA、TV、断路器、保护屏、测控屏等接线，可以采取对线、加入试验电流、试验电压、传动等方法进行。当采用对线方法时，必须断开相关回路。

（4）TA 在端子箱中所有二次线圈的尾端连在一起后接地，以方便今后继电保护人员对测量、计量回路进行绝缘监督。

（5）TV 二次在端子箱中应设带报警的小开关，N600 不准经过小开关控制，但应通过氧化锌避雷器接地，以防 TV 回路多点接地。

（6）断路器的跳、合闸线必须与控制正电源、信号正电源隔开。

（7）隔离开关、接地隔离开关的分、合闸线必须与控制正电源、信号正电源隔开。

（8）建议：110kV 端子箱使用 ZXW-2/4 端子箱。TA，TV，断路器控制回路、信号回路使用端子箱的 A 面；隔离开关、接地隔离开关的控制回路、信号回路，五防闭锁，照明、加热等各类电源使用端子箱的 B 面。

二、110kV 进出线继电保护装置、测控装置验收

1. 验收需要的资料

（1）设计、施工图纸。

（2）继电保护装置、测控装置、故障录波装置、测距装置及其他相关设备的原理图、接线图、技术说明书、调试大纲、出厂试验报告。

（3）施工单位安装、调试报告。

（4）调度部门整定计算通知单、微机保护和微机测控装置版本通知单。

（5）调试、验收规程。

2. 保护屏、测控屏验收

（1）建议测控装置与保护装置组在同一面屏上，但需测控装置与保护装置端子排分两侧布置。

（2）检查保护装置、测控装置的额定参数，包括交流电流（AC1A）、交流电压（AC100V）、直流电源（±220V）等。记录保护屏、测控屏出厂日期。

（3）通电前，检查保护装置、测控装置的外观，插件、芯片、继电器等应无松动、完好。

（4）保护屏接地铜排应与 100mm^2 接地网可靠连接。

（5）按照设计图纸核对保护屏接线，以及至端子箱、通信室、母差屏、故障录波装置、电压接口屏、直流分配屏等屏间连线，可以采取对线、加入试验电压、传动等方法进行。当采用对线方法时，必须断开相关回路。

（6）建议保护和控制电源使用同一电源，控制与保护电源不分。

（7）母差保护接操作箱的 STJ，启动断路器跳闸线圈跳闸。图 2-61 为跳合闸回路示意图。

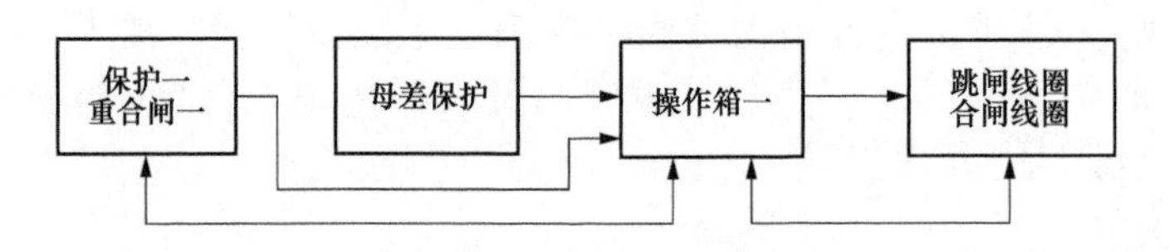

图 2-61　为跳合闸回路示意图

（8）断路器压力降低至闭锁重合闸时，应启动操作箱中的闭锁重合闸继电器，闭锁重合闸。

（9）保护屏上的压板、空气开关、切换开关、继电器、端子排、线号牌、电缆标牌的标志、标识应打印，且清晰、正确。

（10）保护压板颜色：保护功能投退压板用“黄色”，跳合闸出口压板用“红色”。

（11）保护装置试验。

1）记录保护装置的版本号，应与版本通知单一致。

2）零漂检查：在端子排上将装置的电流输入回路、电压输入回路分别短接后，记录各模拟量通道的显示值。

3）精度、线性度检查：在端子排上分别加入 $0.1I_e$、$0.5I_e$、I_e、$2I_e$、$5I_e$、$10I_e$，$0.05U_e$、$0.1U_e$、$0.2U_e$、$0.5U_e$、U_e、$1.2U_e$，记录各模拟量通道的显示值。

4）开入回路检查：必须以实际动作情况检查每个开入量，不建议用短接开入端子的方法进行。

5）按照定值通知单输入保护定值，没有用的定值应整定为与相临段一致，或过量定值整定为最大值，欠量定值整定为最小值，但其控制字必须置于退出位置。输完定值后打印一份，并与定值通知单认真核对。

6）保护特性试验。

①纵联电流差动保护区内、区外故障试验。

②阻抗保护阻抗特性试验。

③方向元件动作区试验。

④低周功能试验。

7）保护定值试验：模拟各种故障，检查各项定值在 0.9 倍和 1.1 倍下的动作情况。

8）保护动作时间测量：模拟各种故障，测量每段保护动作时间，包括 0s 出口的保护动作时间。

9）保护动作、告警信号传动：模拟各种故障，记录监控系统中的动作信号，应与保护动作情况一致。

10）与母差保护联调：母差跳本断路器传动。

11）录波检查：保护的 TJ、CH 均应接入故障录波装置。

（12）操作回路检查。

1）应使用断路器本体的防跳回路，将操作箱中的防跳回路短接。图 2-62 为防跳回路短接示意图。

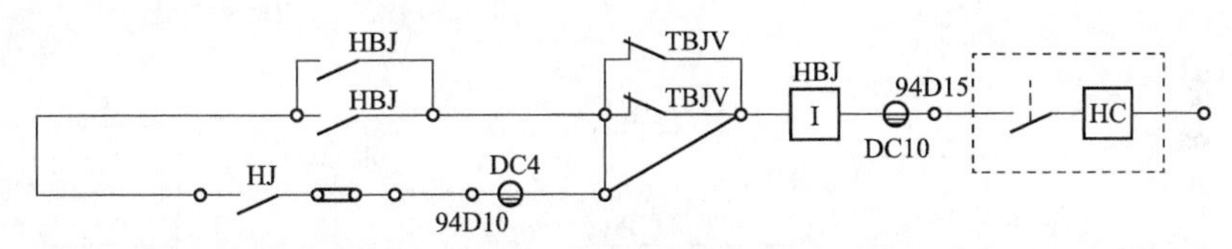

图 2-62 防跳回路短接示意图

2）操作箱跳闸继电器、重合闸继电器保持电流应与断路器跳合闸电流相匹配。

3）对跳、合闸位置继电器，手跳、手合继电器，跳闸继电器，重合闸继电器，闭锁重合闸继电器，电压切换继电器等进行检查。

4）电压切换回路检查：母线对应关系应正确，切换回路隔离开关控制接点建议使用单接点，切换继电器不带自保持。

5）操作箱手跳、手合带开关实际传动。

6）防跳回路检查：将控制开关置于合闸位置，然后短接保护跳闸接点，断路器不应跳跃。

7）操作箱至监控系统信号传动。

（13）测控装置试验。

1）记录测控装置的版本号，应与版本通知单一致。

2）按照定值通知单变比定值，整定变比系数，同时监控系统完成变比系数和序位设置。

3）零漂检查：在端子排上将装置的电流输入回路、电压输入回路分别短接后，记录各模拟量通道的显示值。

4）精度、线性度检查：在端子排上分别加入 $0.1I_e$、$0.5I_e$、I_e、$1.2I_e$，$0.1U_e$、$0.5U_e$、U_e、$1.2U_e$，记录各模拟量通道的显示值。

5）远方数据的准确性检查：在端子排上分别加入 $0.5I_e$、I_e，$0.5U_e$、U_e，记录测控系统的 I、U、P、Q 显示值，以检查变比系数和遥测序位的准确性。

6）开入回路检查：必须以实际动作情况检查每个开入量，不建议用短接开入端子的方法进行。

7）遥控回路试验：进行断路器、隔离开关、隔离接地开关的实际传动，同时检查压板对应关系的唯一性。

（14）带断路器传动：传动时尽量减少断路器实际动作次数，在开关场安排人员监视断路器动作情况。分别模拟瞬时、永久性故障，断路器应三相跳闸、三相重合、加速跳闸。

（15）两侧保护联调试验。

1）测量光纤保护的发信功率、收信功率及通道误码率。

2）测量通道传输时间，其应不大于 15ms。

①将 ZJ1 并联于发信继电器接点，当 ZJ1 闭合时启动发信。

②ZJ2 接于毫秒计起表端子，ZJ2 闭合时起表。

③将收信接点连线打开，收信接点接于毫秒计停表端子，当收信继电器动作时停表。

④对侧收信接点连线断开，收信接点于发信接点并联，当收到信号时启动发信。毫秒计测量到的时间即为 2 倍的通道传输时间。图 2-63 为通道传输时间试验接线图。

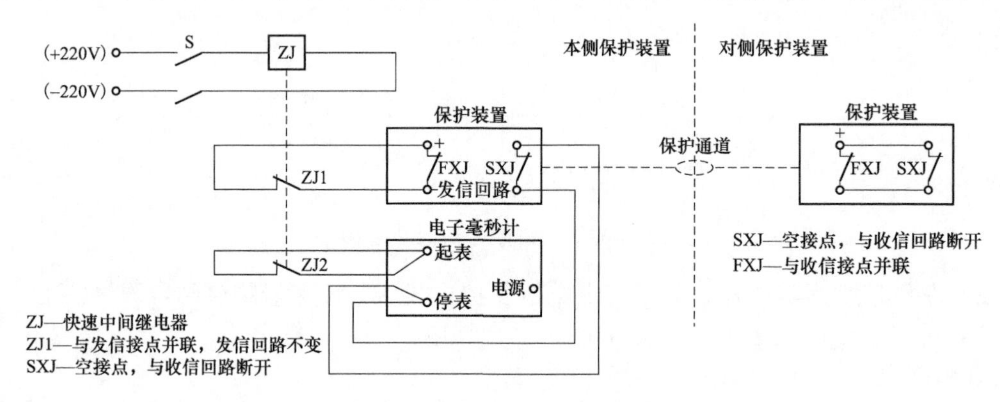

图 2-63 通道传输时间试验接线图

3）区内故障模拟试验：线路两侧保护装置同时模拟区内故障，保护装置应正确出口跳闸。

4）区外故障模拟试验：线路一侧保护装置模拟区内故障、另一侧保护装置模拟区外故障，保护装置应不出口。

（16）电流回路直流电阻测量。在端子箱处测量所有电流回路直流电阻，不应有开路现象，而且每组电流回路 A、B、C 三相应平衡。

（17）绝缘检查：使用 1000V 绝缘电阻表对以下回路进行绝缘检查。

1）交流电流回路对地。

2）交流电压回路对地。

3）直流控制回路对地。

4）直流信号回路对地。

5）交流电流回路对直流控制回路。

6）交流电流回路对直流信号回路。

（18）保护投入运行前的向量检查。

1）在线路带负荷前，应退出相关的带方向保护，向量检查正确后，带方向的保护才允许投入跳闸。

2）同时检查所有电流回路、电压回路的采样值应正确。

3）带负荷后测量通道误码率。

三、编写现场运行规程、填写继电保护运行日志

（1）现场运行规程内容包括保护装置和测控装置功能，各压板、小开关、切换开关的使用方法，运行方式变化引起保护的投退，保护装置和测控装置异常告警处理方法，保护动作跳闸处理方法，运行注意事项等。

（2）继电保护运行日志填写内容包括保护定值执行情况、已处理或未处理的缺陷、能否投入运行、运行注意事项等。

四、110kV 线路保护配置建议

（1）110kV 每条线路组一面屏，包括保护装置、测控装置、光纤接口，这样可以减少保护装置与测控装置控制电缆，如果线路保护配置纵联电流差动保护，其应具有完整的后备保护，并能适用于弱（无）电源侧。

（2）装置使用的 TV 电压，控制、保护电源，打印机电源建议使用小母线，以减少电压接口屏、直流分配屏的电缆，屏与屏之间小母线的连接采用“软”连接，最好采用专用接插件。

（3）110kV 母线保护应不含失灵保护，以简化保护屏的接线。

（4）不主张控制、保护电源分开，控制、保护电源分开需要增加一个空气开关，这就造成保护或断路器拒动的概率增加一倍。因 110kV 线路的控制回路并不复杂，对于查找直流接地也比较容易，所以认为控制、保护电源分开的意义不大。

第十节　110kV 变压器二次回路和保护装置验收

一、110kV 变压器二次回路验收

1. 验收需要的资料

（1）设计、施工图纸。

（2）TA、变压器的说明书、出厂试验报告。

（3）断路器、隔离开关的控制回路原理图、接线图、说明书、出厂试验报告。

（4）施工单位安装、调试报告。

（5）调试、验收规程。

2. 高压侧 TA 验收

（1）建立 TA 台账：包括 TA 电流比范围、二次线圈数量及抽头、准确度级别。

（2）接线柱、线号牌、电缆标牌等应打印，且清晰、正确。

（3）高压侧 TA 电流比选择：每组二次线圈电流比为 1200/1，并在 50%处设抽头。TA 二次线圈选 5 个线圈：从母线侧依次为差动保护、后备保护、母差保护、测量、计量。图 2-64 为 TA 二次线圈布置图，差动保护与母差保护用线圈必须交叉，以消除 TA 本身故障时的死区。

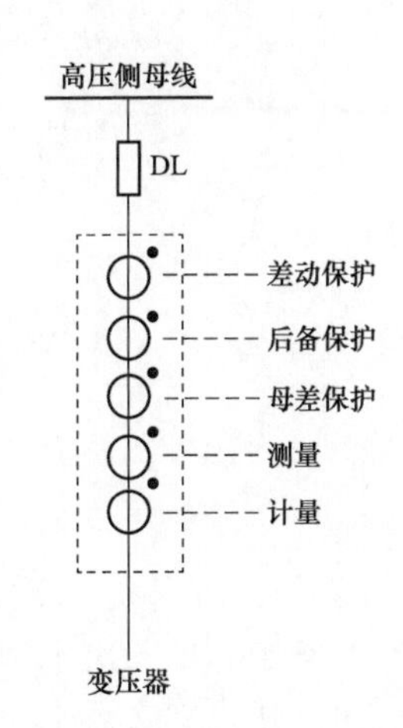

图 2-64　TA 二次线圈布置图

（4）TA 极性：差动保护和后备保护各自用一组独立的 TA，保护、测量、计量用 TA 均以母线为极性引出。TA 由一次侧向二次侧点极性，每组二次线圈点一次。当 S 接通时，

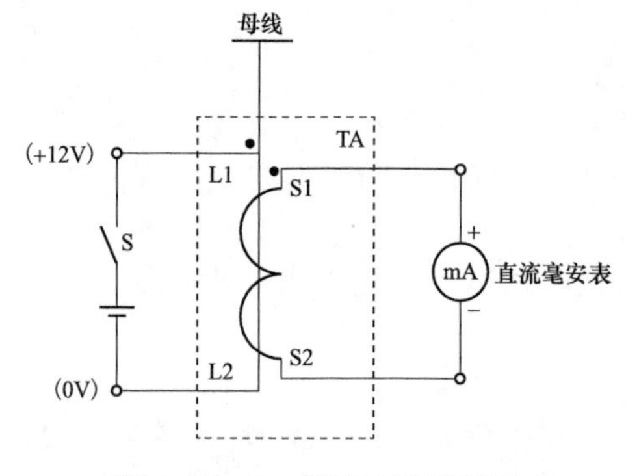

图 2-65　TA 极性试验接线图

毫安表正起，说明 L1 与 S1 为同极性端。图 2-65 为 TA 极性试验接线图。

（5）TA 电流比：保护、测量、计量电流比均符合定值通知单。TA 由一次侧通入大电流，测量每个二次线圈二次电流，测量某一二次线圈时，其他二次线圈均需短路。图 2-66 为 TA 电流比试验接线图，不建议使用电子式仪器进行电流比试验，推荐使用大电流发生器。

（6）TA 伏安特性：对每组二次线圈进行伏安特性试验，确保计量回路使用 0.2S 级，测量回路使用 0.2 级，保护使用 3 级、10P 级或 TPY 级。试验时电流只能单方向逐渐增大，不允许减小后再增大。

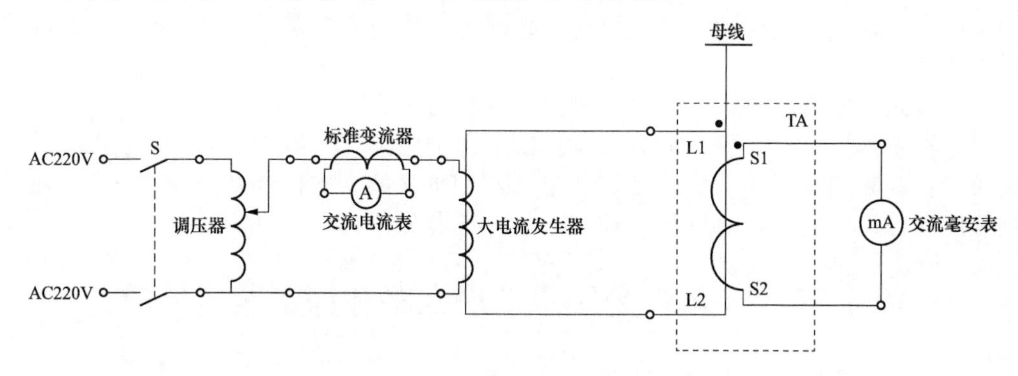

图 2-66　TA 电流比试验接线图

（7）TA 二次负载试验：对每组二次线圈进行二次负载试验，确保满足 10%误差。图 2-67 为 TA 伏安特性、二次负载试验图。

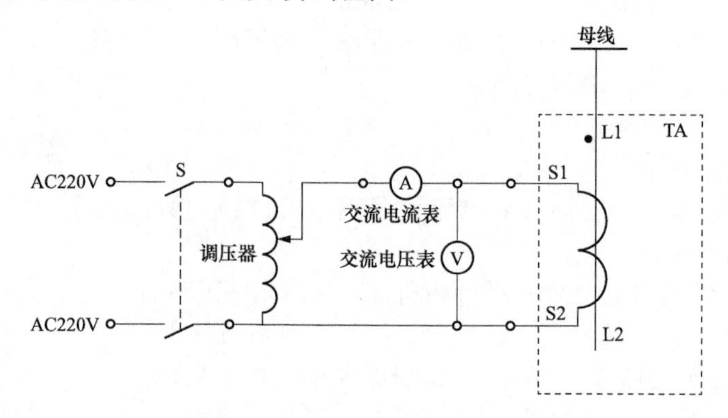

图 2-67　TA 伏安特性、二次负载试验图

（8）TA 本体处二次线圈不接地，TA 本体处二次电缆应穿钢管，并留有 1m 的余量，以备更换 TA 或二次电缆损坏时用。

（9）建议：差动保护高压侧 TA 采用 Y 接线，采用差动保护内部 Y/△变换。

3. 高压侧断路器验收

（1）按照设计图纸核对断路器机构箱端子排接线。

（2）继电器、空气开关、端子排、线号牌、电缆标牌等标志、标识应打印，且清晰、正确。

（3）应使用断路器本体的防跳回路。

（4）测量跳、合闸线圈的电阻，应与说明书提供的跳、合闸电流及防跳闭锁继电器电流相匹配。

（5）进行断路器三相跳闸和三相合闸试验。

（6）建议：断路器辅助接点应直接接入故障录波装置，以便于事故分析。

4. 高压侧隔离开关验收

（1）按照设计图纸核对隔离开关、接地隔离开关机构箱接线。

（2）接触器、空气开关、端子排、线号牌、电缆标牌等标志、标识应打印，且清晰、正确。

（3）进行隔离开关、接地隔离开关三相跳闸和三相合闸试验。

（4）进行电压切换、母差保护传动。

（5）按照五防闭锁逻辑进行相应试验，应满足不发生误操作的要求。

（6）建议：断路器、隔离开关、接地隔离开关采用电气闭锁+机械闭锁方式，不主张采用编码锁+机械闭锁方式。

5. 高压侧端子箱验收

（1）防雨、通风、密封良好；端子箱中的接地点应与100mm^{2}的接地铜网可靠连接。

（2）继电器、空气开关、端子排、线号牌、电缆标牌等标志、标识应打印，且清晰、正确。

（3）按照设计图纸核对端子箱中接线，以及端子箱至TA、断路器、保护屏、测控屏等接线，可以采取对线、加入试验电流、传动等方法进行。当采用对线方法时，必须断开相关回路。

（4）TA在端子箱中所有二次线圈的尾端连在一起后接地，以方便今后继电保护人员对测量、计量回路进行绝缘监督。

6. 中压侧TA验收

（1）建立TA台账：包括TA电流比范围、二次线圈数量及抽头、准确度级别。

（2）接线柱、线号牌、电缆标牌等应打印，且清晰、正确。

（3）TA极性：差动保护和后备保护各自用一组独立的TA，保护用TA以母线为极性引出，测量、计量用TA以变压器为极性引出。TA由一次侧向二次侧点极性，每组二次线圈点一次。当S接通时，毫安表正起，说明L1与S1为同极性端。图2-68为TA极性试验接线图。

（4）TA电流比：保护、测量、计量电流比均符合定值通知单。TA由一次侧通入大电流，测量每个二次线圈二次电流，测量某一二次线圈时，其他二次线圈均需短路。图2-69为TA电流比试验接线图，不建议使用电子式仪器进行电流比试验，推荐使用大电流发生器。

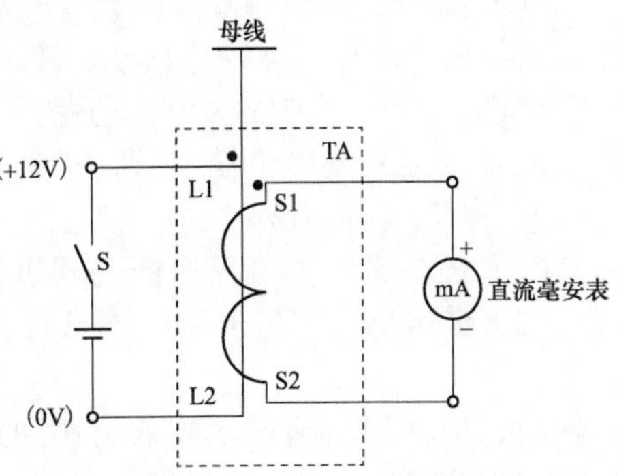

图2-68　TA极性试验接线图

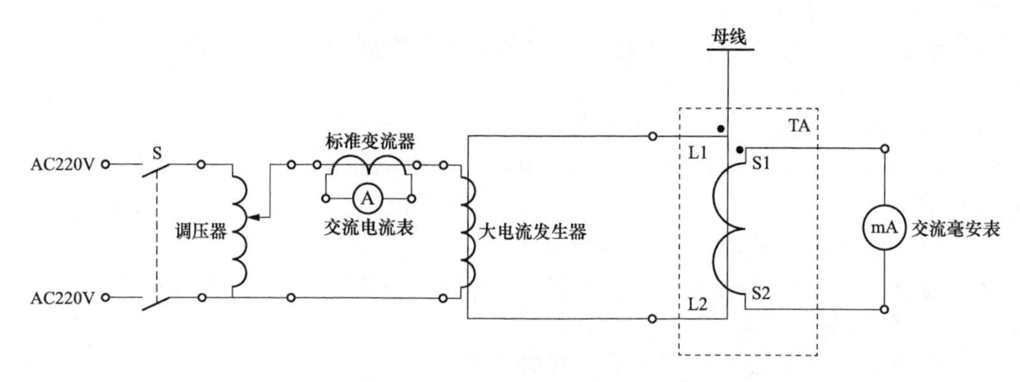

图 2-69　TA 电流比试验接线图

（5）TA 伏安特性：对每组二次线圈进行伏安特性试验，确保计量回路使用 0.2S 级，测量回路使用 0.2 级，保护使用 3 级、10P 级或 TPY 级。试验时电流只能单方向逐渐增大，不允许减小后再增大。图 2-70 为 TA 伏安特性、二次负载试验接线图。

（6）TA 二次负载试验：对每组二次线圈进行二次负载试验，确保满足 10%误差。图 2-69 为 TA 伏安特性、二次负载试验图。

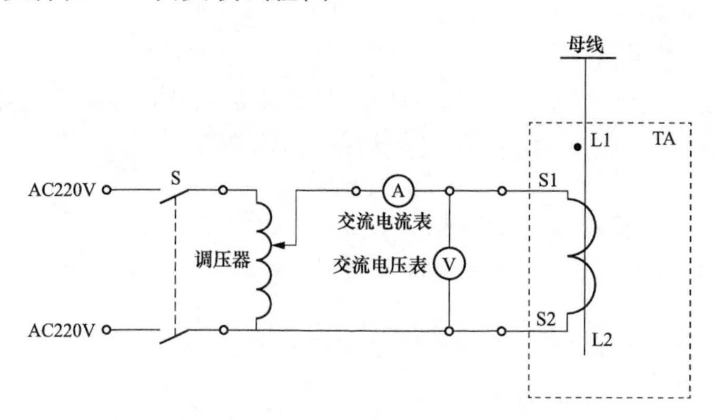

图 2-70　TA 伏安特性、二次负载试验图

（7）TA 本体处二次线圈不接地，TA 本体处二次电缆应穿钢管，并留有 1m 的余量，以备更换 TA 或二次电缆损坏时用。

（8）建议：中压侧差动保护 TA 均采用 Y 接线，采用差动保护内部 Y/△变换。中压侧 TA 电流比选择：每组二次线圈电流比为 1200/1，并在 50%处设抽头。TA 二次线圈选 5 个线圈：从母线侧依次为差动保护、后备保护、母差保护、测量、计量。断路器辅助接点应直接接入故障录波装置，以便于事故分析。

7. 中压侧断路器验收

（1）按照设计图纸核对断路器机构箱端子排接线。

（2）继电器、空气开关、端子排、线号牌、电缆标牌等标志、标识应打印，且清晰、正确。

（3）应使用断路器本体的防跳回路。

（4）测量跳、合闸线圈的电阻，应与说明书提供的跳、合闸电流及防跳闭锁继电器电流相匹配。

（5）进行断路器三相跳闸和三相合闸试验。

（6）建议：断路器辅助接点应直接接入故障录波装置，以便于事故分析。

8. 中压侧隔离开关验收

（1）按照设计图纸核对隔离开关、接地隔离开关机构箱接线。

（2）接触器、空气开关、端子排、线号牌、电缆标牌等标志、标识应打印，且清晰、正确。

（3）进行隔离开关、接地隔离开关三相跳闸和三相合闸试验。

（4）进行电压切换、母差保护传动。

（5）按照五防闭锁逻辑进行相应试验，应满足不发生误操作的要求。

（6）建议：断路器、隔离开关、接地隔离开关采用电气闭锁+机械闭锁方式，不主张采用编码锁+机械闭锁方式。

9. 中压侧端子箱验收

（1）防雨、通风、密封良好；端子箱中的接地点应与 100mm^2 的接地铜网可靠连接。

（2）继电器、空气开关、端子排、线号牌、电缆标牌等标志、标识应打印，且清晰、正确。

（3）按照设计图纸核对端子箱中接线，以及端子箱至 TA、断路器、保护屏等接线，可以采取对线、加入试验电流、传动等方法进行。当采用对线方法时，必须断开相关回路。

（4）TA 在端子箱中所有二次线圈的尾端连在一起后接地，以方便今后继电保护人员对测量、计量回路进行绝缘监督。

10. 低压侧 TA 验收

（1）建立 TA 台账：包括 TA 电流比范围、二次线圈数量及抽头、准确度级别。

（2）接线柱、线号牌、电缆标牌等应打印，且清晰、正确。

（3）TA 极性：差动保护和后备保护各自用一组独立的 TA，保护用 TA 以母线为极性引出，测量、计量用 TA 以变压器为极性引出。TA 由一次侧向二次侧点极性，每组二次线圈点一次。当 S 接通时，毫安表正起，说明 L1 与 S1 为同极性端。图 2-71 为 TA 极性试验接线图。

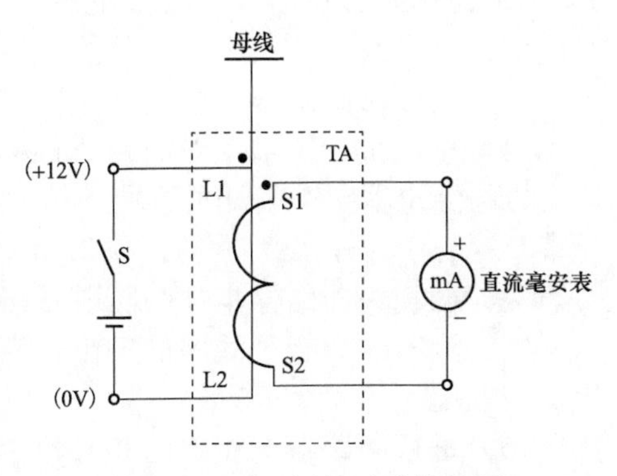

图 2-71　TA 极性试验接线图

（4）TA 电流比：保护、测量、计量电流比均符合定值通知单。TA 由一次侧通入大电流，测量每个二次线圈二次电流，测量某一二次线圈时，其他二次线圈均需短路。图 2-72 为 TA 电流比试验接线图，不建议使用电子式仪器进行电流比试验，推荐使用大电流发生器。

（5）TA 伏安特性：对每组二次线圈进行伏安特性试验，确保计量回路使用 0.2S 级，测量回路使用 0.2 级，保护使用 3 级、10P 级或 TPY 级。试验时电流只能单方向逐渐增大，不允许减小后再增大。

（6）TA 二次负载试验：对每组二次线圈进行二次负载试验，确保满足 10%误差。

图 2-73 为 TA 伏安特性、二次负载试验图。

（7）TA 本体处二次线圈不接地，TA 本体处二次电缆应穿钢管，并留有 1m 的余量，以备更换 TA 或二次电缆损坏时用。

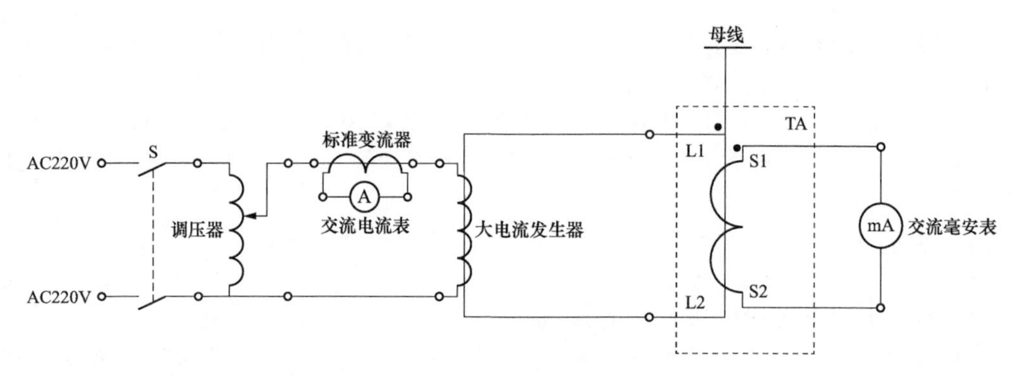

图 2-72　TA 电流比试验接线图

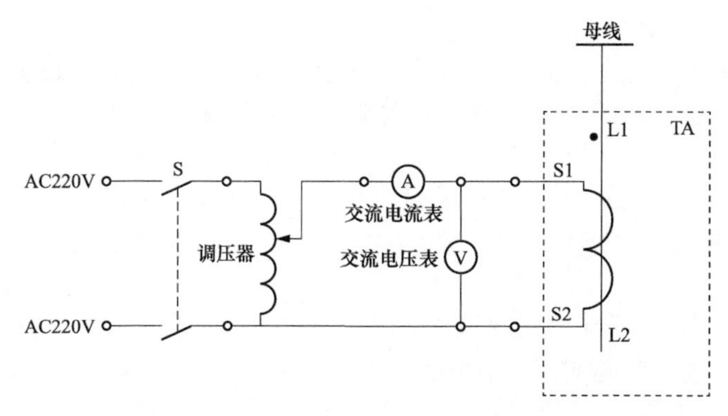

图 2-73　TA 伏安特性、二次负载试验图

（8）建议：低压侧差动保护 TA 采用 Y 接线，采用差动保护内部 Y/△变换。低压侧 TA 电流比选择为每组二次线圈电流比为 1200/1，并在 50%处设抽头。TA 二次线圈选 4 个线圈：从母线侧依次为差动保护、后备保护、测量、计量。

11. 低压侧断路器柜验收

（1）按照设计图纸核对断路器机构箱端子排接线。

（2）继电器、空气开关、端子排、线号牌、电缆标牌等标志、标识应打印，且清晰、正确。

（3）应使用断路器本体的防跳回路。

（4）测量跳、合闸线圈的电阻，应与说明书提供的跳、合闸电流及防跳闭锁继电器电流相匹配。

（5）进行断路器三相跳闸和三相合闸试验。

（6）进行隔离开关、接地隔离开关三相跳闸和三相合闸试验。

（7）按照五防闭锁逻辑进行相应试验，应满足不发生误操作的要求。

（8）建议：断路器辅助接点应直接接入故障录波装置，以便于事故分析。断路器、隔离开关、接地隔离开关采用电气闭锁+机械闭锁方式，不主张采用编码锁+机械闭锁方式。

12. 低压侧端子箱验收

（1）防雨、通风、密封良好；端子箱中的接地点应与 $100mm^2$ 的接地铜网可靠连接。

（2）继电器、空气开关、端子排、线号牌、电缆标牌等标志、标识应打印，且清晰、正确。

（3）按照设计图纸核对端子箱中接线，以及端子箱至 TA、断路器、保护屏等接线，可以采取对线、加入试验电流、传动等方法进行。当采用对线方法时，必须断开相关回路。

（4）TA 在端子箱中所有二次线圈的尾端连在一起后接地，以方便今后继电保护人员对测量、计量回路进行绝缘监督。

13. 变压器本体 TA 验收

（1）建立 TA 台账：包括 TA 电流比范围、二次线圈数量及抽头、准确度级别。

（2）接线柱、线号牌、电缆标牌等应打印，且清晰、正确。

（3）零序保护与间隙保护应各自使用独立的 TA，不共用。

（4）TA 极性：高压侧、中压侧零序保护用 TA 以变压器中性点为极性引出。TA 由一次侧向二次侧点极性，每组二次线圈点一次。当 S 接通时，毫安表正起，说明 L1 与 S1 为同极性端。图 2-74 为 TA 极性试验接线图。

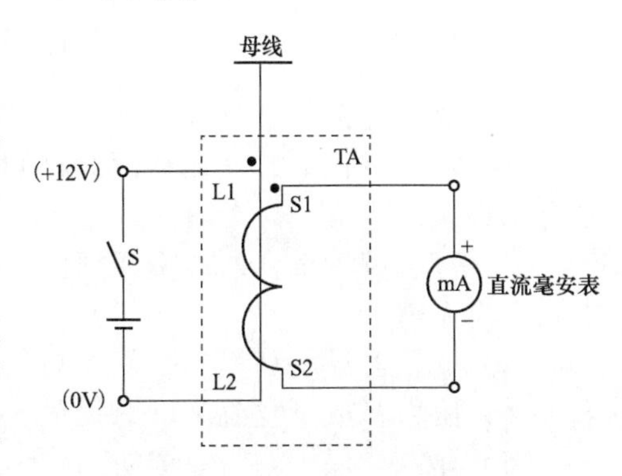

图 2-74　TA 极性试验接线图

（5）TA 电流比：电流比均符合定值通知单。TA 由一次侧通入大电流，测量每个二次线圈二次电流，测量某一二次线圈时，其他二次线圈均需短路。图 2-75 为 TA 电流比试验接线图，不建议使用电子式仪器进行电流比试验，推荐使用大电流发生器。

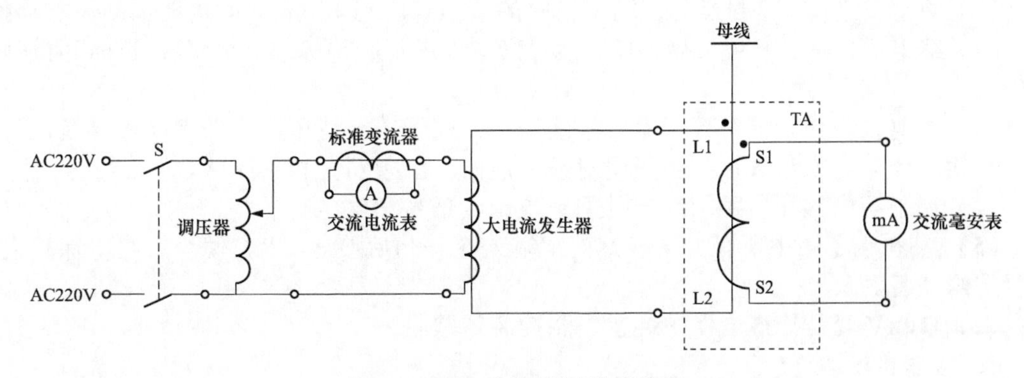

图 2-75　TA 电流比试验接线图

（6）TA 伏安特性：对每组二次线圈进行伏安特性试验，确保计量回路使用 0.2S 级，测量回路使用 0.2 级，保护使用 3 级、10P 级或 TPY 级。试验时电流只能单方向逐渐增大，不允许减小后再增大。

（7）TA 二次负载试验：对每组二次线圈进行二次负载试验，确保满足 10%误差。

图 2-76 为 TA 伏安特性、二次负载试验图。

（8）TA 本体处二次线圈不接地，TA 本体处二次电缆应穿钢管，并留有 1m 的余量，以备更换 TA 或二次电缆损坏时用。

（9）建议：目前变电站一次主接线一般不带旁路母线，所以建议高压侧套管不装 TA，只在零序套管中装 TA，用于零序保护，间隙 TA 应独立外辅。如果带旁路母线，建议中压侧差动保护用断路器 TA，后备保护、测量、计量用变压器套管 TA，极性要求不变。

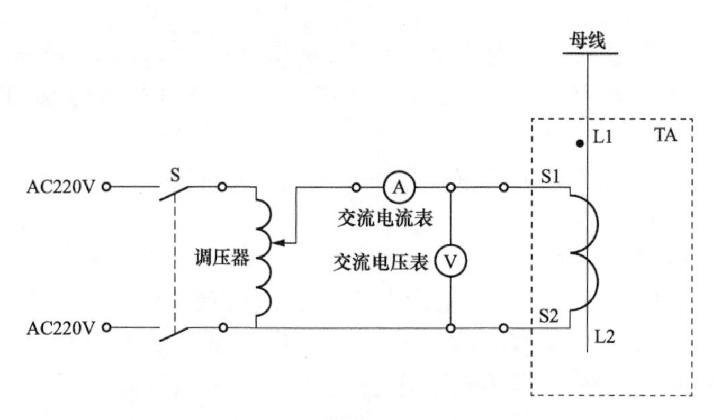

图 2-76　TA 伏安特性、二次负载试验图

14. 非电量保护验收

（1）本体重瓦斯：重瓦斯两对跳闸接点应串联使用，轻瓦斯应发信号，接点间绝缘应为无穷大。

（2）有载调压重瓦斯：重瓦斯两对跳闸接点应串联使用，轻瓦斯宜发信号，接点间绝缘应为无穷大。

（3）变压器温度高不宜跳闸，只发信号即可，建议整定为 80℃。

（4）压力释放不宜跳闸，只发信号即可，定值按照变压器出厂规定整定。

（5）非电量保护均需完成防雨、雪措施。

15. 变压器本体端子箱和变压器端子箱验收

（1）防雨、通风、密封良好；端子箱中的接地点应与 100mm^2 的接地铜网可靠连接。

（2）继电器、空气开关、端子排、线号牌、电缆标牌等标志、标识应打印，且清晰、正确。

（3）按照设计图纸核对端子箱中接线，以及端子箱至变压器、保护屏等接线，可以采取对线、传动等方法进行。当采用对线方法时，必须断开相关回路。

（4）端子箱中重瓦斯跳闸线与跳闸正电源、信号正电源应隔开。

（5）TA 在端子箱中所有二次线圈的尾端连在一起后接地，以方便今后继电保护人员进行绝缘监督。

二、110kV 变压器继电保护装置、测控装置验收

1. 验收需要的资料

（1）设计、施工图纸。

（2）继电保护装置、测控装置、故障录波装置及其他相关设备的原理图、接线图、技术说明书、调试大纲、出厂试验报告。

（3）施工单位安装、调试报告。

（4）调度部门整定计算通知单、微机保护和微机测控装置版本通知单。

（5）调试、验收规程。

2. 保护屏、测控屏验收

（1）保护屏与测控屏应为同一厂家产品。

（2）检查保护装置、测控装置的额定参数，包括交流电流（AC1A）、交流电压（AC100V）、直流电源（±220V）等。记录保护屏、测控屏出厂日期。

（3）通电前，检查保护装置、测控装置的外观，插件、芯片、继电器等应无松动、完好。

（4）保护屏、测控屏接地铜排应与 $100mm^2$ 接地网可靠连接。

（5）按照设计图纸核对保护屏、测控屏接线，以及至端子箱、母差屏、故障录波装置、电压接口屏、直流分配屏等屏间连线，可以采取对线、加入试验电压、传动等方法进行。当采用对线方法时，必须断开相关回路。

（6）保护电源和控制电源使用同一组电源，不建议控制与保护分开。

保护屏、测控屏上的压板、空气开关、切换开关、继电器、端子排、线号牌、电缆标牌的标志、标识应打印，且清晰、正确。

（7）保护压板颜色：保护功能投退压板用“黄色”，跳合闸出口压板用“红色”，启动失灵保护用“蓝色”。

（8）保护装置试验。

1）记录保护装置的版本号，应与版本通知单一致。

2）零漂检查：在端子排上将装置的电流输入回路、电压输入回路分别短接后，记录各模拟量通道的显示值。

3）精度、线性度检查：在端子排上分别加入 $0.1I_e$、$0.5I_e$、I_e、$2I_e$、$5I_e$、$10I_e$，$0.05U_e$、$0.1U_e$、$0.2U_e$、$0.5U_e$、U_e、$1.2U_e$，记录各模拟量通道的显示值。

4）开入回路检查：必须置于退出位置。输完定值后打印一份，并与定值通知单认真核对。

5）保护特性试验：

①差动保护制动特性试验。

②阻抗保护阻抗特性试验。

③复合电压闭锁过电流方向元件动作区试验。

④零序电流方向元件动作区试验。

6）差动保护定值试验。

①南瑞 RCS-978 系列保护。

Y 侧电流：$I'_A = I_A - I_0$，$I'_B = I_B - I_0$，$I'_C = I_C - I_0$。

△侧电流：$I'_a = (I_a - I_c)/\sqrt{3}$，$I'_b = (I_b - I_a)/\sqrt{3}$，$I'_c = (I_c - I_b)/\sqrt{3}$。

其中，I_A、I_B、I_C，I_a、I_b、I_c 为转换前的电流，I'_A、I'_B、I'_C，I'_a、I'_b、I'_c 为转换后的电流。

Y 侧加入至保护动作时的电流为 $1.5I_e$，△侧加入至保护动作时的电流为 $\sqrt{3}I_e$。也就是说试验时，高压侧、中压侧加入 $1.5I_e$，差动保护应动作；低压侧加入 $\sqrt{3}I_e$，差动保护应动作。

②南瑞 RCS-9671（3）系列保护、国电南自 PST 系列保护和四方 CST 系列保护。

Y 侧电流：$I'_A = (I_A - I_B)/\sqrt{3}$，$I'_B = (I_B - I_C)/\sqrt{3}$，$I'_C = (I_C - I_A)/\sqrt{3}$。

△侧电流：$I'_a = I_a$，$I'_b = I_b$，$I'_c = I_c$。

其中，I_A、I_B、I_C，I_a、I_b、I_c 为转换前的电流，I'_A、I'_B、I'_C，I'_a、I'_b、I'_c 为转换后的电流。

Y 侧加入至保护动作时的电流为 $\sqrt{3}I_e$，△侧加入至保护动作时的电流为 I_e。也就是说，试验时，高压侧、中压侧加入 $\sqrt{3}I_e$，差动保护应动作；低压侧加入 I_e，差动保护应动作。

注意：以上变压器各侧二次额定电流 $I_e=P/\sqrt{3}U_e$，不考虑接线系数。对于南瑞RCS-9671（3）、南自PST-600系列变压器保护，在其说明书中，变压器各侧二次额定电流的计算已经考虑了接线系数，所以试验时在高压侧、中压侧、低压侧加入 I_e，差动保护应动作。

7）复合电压定值试验。

①低电压：将复合电压闭锁过电流整定为不带方向、0S，加入单相电流大于定值，加入三相正序电压100V，然后缓慢降低电压至保护动作，动作时的电压即为低电压动作值。

②负序电压：将复合电压闭锁过流整定为不带方向、0S，加入单相电流大于定值，加入三相负序电压，然后缓慢升高电压至保护动作，即为负序电压动作值。

8）其他保护定值试验。模拟各种故障，检查各项定值在0.9倍和1.1倍下的动作情况。

9）保护动作时间测量：模拟各种故障，测量每段保护动作时间，包括0s出口的保护动作时间。

10）保护动作、告警信号传动：模拟各种故障，记录监控系统中的动作信号，应与保护动作情况一致。

11）与失灵、母差保护联调：保护一、保护二动作启动失灵保护和母差跳本断路器传动。

12）录波检查：保护一、保护二的TJ应接入故障录波装置。

（9）操作箱检查。

1）应使用断路器本体的非全相保护和防跳回路，将操作箱中的防跳回路短接。图2-77为防跳回路短接示意图。

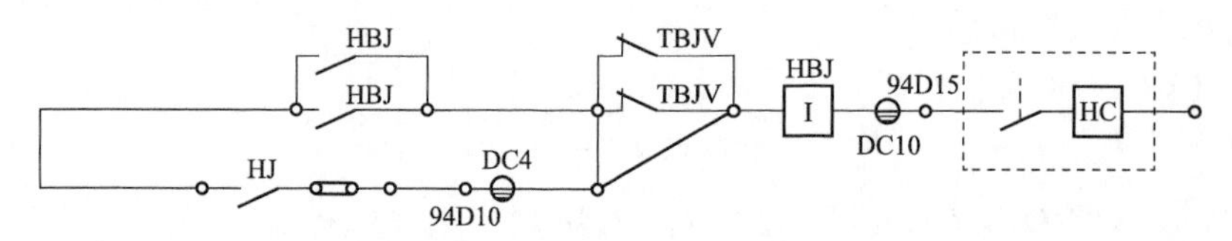

图 2-77　防跳回路短接示意图

2）操作箱跳闸继电器、合闸继电器保持电流应与断路器跳合闸电流相匹配。

3）对跳、合闸位置继电器，手跳、手合继电器，跳闸继电器，电压切换继电器等进行检查。

4）电压切换回路检查：母线对应关系应正确，切换回路隔离开关控制接点建议使用单接点，切换继电器不带自保持。

5）操作箱手跳、手合带开关实际传动。

6）防跳回路检查：将控制开关置于合闸位置，然后短接保护跳闸接点，断路器不应跳跃。

7）操作箱至监控系统信号传动。

（10）测控装置试验。

1）记录测控装置的版本号，应与版本通知单一致。

2）按照定值通知单变比定值，整定变比系数，监控系统完成变比系数和序位设置。

3）零漂检查：在端子排上将装置的电流输入回路、电压输入回路分别短接后，记录各模拟量通道的显示值。

4）精度、线性度检查：在端子排上分别加入 $0.1I_e$、$0.5I_e$、I_e、$1.2I_e$，$0.1U_e$、$0.5U_e$、U_e、$1.2U_e$，记录各模拟量通道的显示值。

5）远方数据的准确性检查：在端子排上分别加入 $0.5I_e$、I_e，$0.5U_e$、U_e，记录测控系统的 I、U、P、Q 显示值，以检查变比系数和遥测序位的准确性。

6）开入回路检查：必须以实际动作情况检查每个开入量，不建议用短接开入端子的方法进行。

7）遥控回路试验：进行断路器、隔离开关、隔离接地开关的实际传动，同时检查压板对应关系的唯一性。遥控跳、合断路器接入操作箱。

（11）带断路器传动：传动时尽量减少断路器实际动作次数，在开关场安排人员监视断路器动作情况。

1）当后备保护段分 2 个及以上时限跳不同断路器的保护应带断路器传动。

2）对于只启动总出口的保护，各保护应传动至总出口，最后一次带断路器传动。

（12）电流回路直流电阻测量。分别在高压侧、中压侧、低压侧端子箱处测量所有电流回路直流电阻，不应有开路现象，而且每组电流回路 A、B、C 三相应平衡。

（13）绝缘检查：使用 1000V 绝缘电阻表对以下回路进行绝缘检查。

1）交流电流回路对地。

2）交流电压回路对地。

3）直流控制回路对地。

4）直流信号回路对地。

5）瓦斯回路电缆芯间绝缘电阻（应为无穷大，如不是，则应查明原因）。

6）交流电流回路对直流控制回路。

7）交流电流回路对直流信号回路。

（14）保护投入运行前的向量检查。

1）在线路带负荷前，应退出差动保护、复合电压闭锁方向过电流保护、零序方向过电流保护，向量检查正确后，差动保护、复合电压闭锁方向过电流保护、零序方向过电流保护才允许投入跳闸。

2）当差动保护高压侧、中压侧、低压侧 TA 均采用 Y 接线，采用差动保护内部 Y/△变换时，中压侧电流与高压侧电流相差 180°，低压侧电流落后高压侧电流 150°，而且差流很小，说明差动保护接线正确。

3）复合电压闭锁方向过电流保护、零序方向过电流保护应按照定值通知单要求的方向进行整定，向量检查时要特别注意方向的正确性。

三、编写现场运行规程、填写继电保护运行日志

（1）现场运行规程内容包括保护装置和测控装置功能，各压板、小开关、切换开关的使用方法，运行方式变化引起保护的投退，保护装置和测控装置异常告警处理方法，保护动作跳闸处理方法，运行注意事项等。

（2）继电保护运行日志填写内容包括保护定值执行情况、已处理或未处理的缺陷、能否投入运行、运行注意事项等。

四、110kV 变压器保护配置建议

（1）差动保护高压侧、中压侧、低压侧 TA 均采用 Y 接线。

（2）TA 断线闭锁差动保护。

（3）装置使用的高压侧、中压侧、低压侧 TV 电压取自电压接口屏。

（4）打印机电源建议使用小母线。

第十一节　110kV 母联二次回路和保护装置验收

一、110kV 母联二次回路验收

1. 验收需要的资料

（1）设计、施工图纸。

（2）TA 说明书、出厂试验报告。

（3）断路器、隔离开关的控制回路原理图、接线图、说明书、出厂试验报告。

（4）施工单位安装、调试报告。

（5）调试、验收规程。

2. TA 验收

（1）建立 TA 台账：包括 TA 电流比范围、二次线圈数量及抽头、准确度级别。

（2）接线柱、线号牌、电缆标牌等应为打印，且清晰、正确。

（3）TA 二次线圈选 5 个线圈：从母线侧依次为充电保护、录波器、母差保护、测量、计量。图 2-78 为 TA 二次线圈布置图。

（4）TA 极性：保护、测量、计量用 TA 以Ⅰ母线侧为极性引出，RCS 系母差保护以Ⅰ母线为极性引出，BP-2B 系保护以Ⅱ母线为极性引出。TA 由一次侧向二次侧点极性，每组二次线圈点一次。当 S 接通时，毫安表正起，说明 L1 与 S1 为同极性端。图 2-79 为 TA 极性试验接线图。

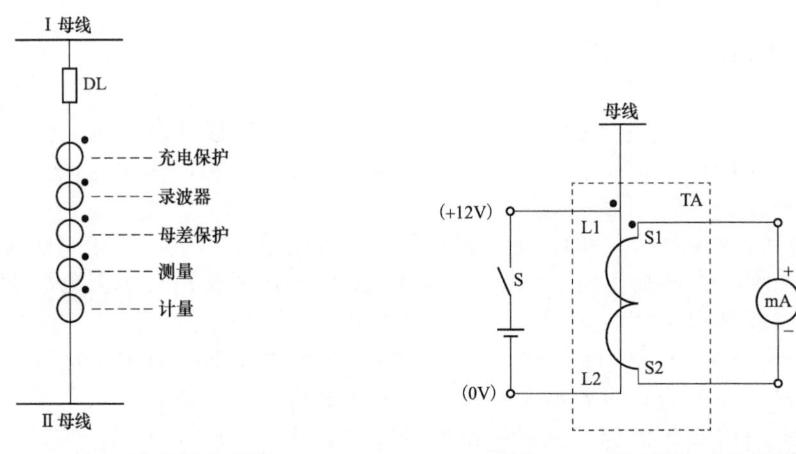

图 2-78　TA 二次线圈布置图　　图 2-79　TA 极性试验接线图

（5）TA 电流比：保护、测量电流比均符合定值通知单。TA 由一次侧通入大电流，测量每个二次线圈二次电流，测量某一二次线圈时，其他二次线圈均需短路。图 2-80 为 TA 电流比试验接线图，不建议使用电子式仪器进行电流比试验，推荐使用大电流发生器。

（6）TA 伏安特性：对每组二次线圈进行伏安特性试验，确保计量回路使用 0.2S 级，测量回路使用 0.2 级，保护使用 3 级、10P 级或 TPY 级。试验时电流只能单方向逐渐增大，不允许减小后再增大。

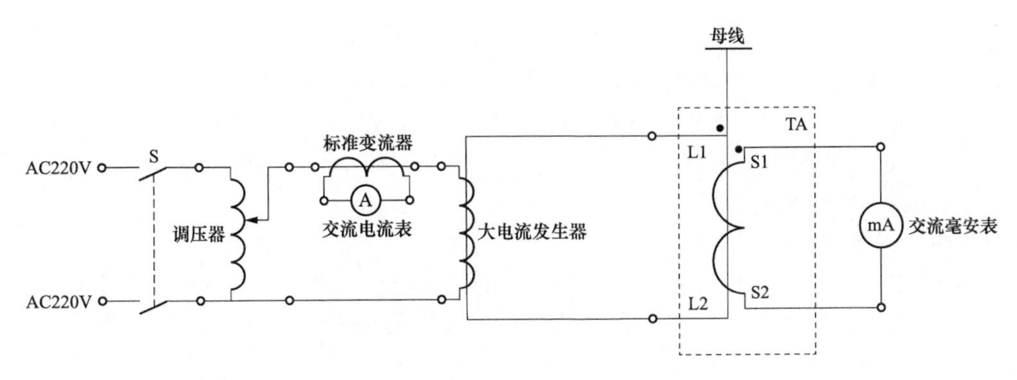

图 2-80 TA 电流比试验接线图

（7）TA 二次负载试验：对每组二次线圈进行二次负载试验，确保满足10%误差。图 2-81 为 TA 伏安特性、二次负载试验图。

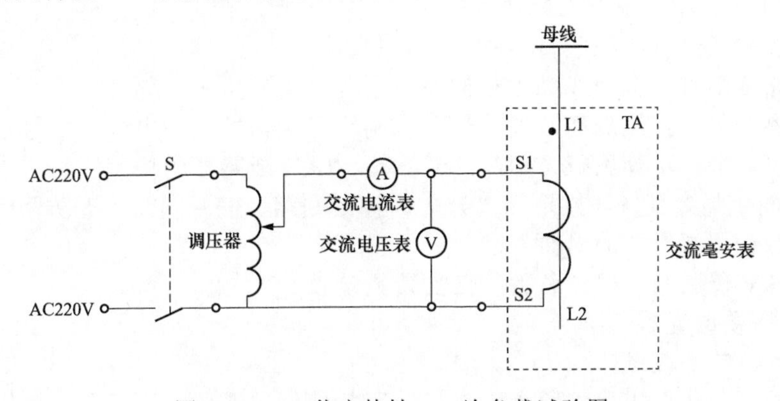

图 2-81 TA 伏安特性、二次负载试验图

（8）TA 本体处二次线圈不接地，TA 本体处二次电缆应穿钢管，并留有 1m 的余量，以备更换 TA 或二次电缆损坏时用。

（9）建议：关于 TA 电流比的选择，每组二次线圈电流比为 1200/1，并在 50%处设抽头。

3. 断路器验收

（1）按照设计图纸核对断路器机构箱、端子排接线。

（2）继电器、空气开关、压板、端子排、线号牌、电缆标牌等标志、标识应打印，且清晰、正确。

（3）应使用断路器本体的防跳回路。

（4）测量跳、合闸线圈的电阻，应与说明书提供的跳、合闸电流及防跳闭锁继电器电流相匹配。

（5）进行断路器三相跳闸和三相合闸试验。

（6）至母差保护、TV 并列回路的断路器辅助接点传动。

（7）建议：断路器辅助接点应直接接入故障录波装置，以便于事故分析。

4. 隔离开关验收

（1）按照设计图纸核对隔离开关、接地隔离开关机构箱接线。

（2）接触器、空气开关、端子排、线号牌、电缆标牌等标志、标识应打印，且清晰、正确。

（3）进行隔离开关、接地隔离开关三相跳闸和单相合闸试验。

（4）按照五防闭锁逻辑进行相应试验，应满足不发生误操作的要求。

（5）建议：断路器、隔离开关、接地隔离开关采用电气闭锁+机械闭锁方式，不主张采用编码锁+机械闭锁方式。

5. 端子箱验收

（1）防雨、通风、密封良好；端子箱中的接地点应与 100mm^2 的接地铜网可靠连接。

（2）继电器、空气开关、端子排、线号牌、电缆标牌等标志、标识应打印，且清晰、正确。

（3）按照设计图纸核对端子箱中接线，以及端子箱至 TA、断路器、保护屏、测控屏等接线，可以采取对线、加入试验电流、传动等方法进行。当采用对线方法时，必须断开相关回路。

（4）TA 在端子箱中所有二次线圈的尾端连在一起后接地，以方便今后继电保护人员对测量、计量回路进行绝缘监督。

（5）断路器的跳、合闸线必须与控制正电源、信号正电源隔开。

（6）隔离开关、接地隔离开关的分、合闸线必须与控制正电源、信号正电源隔开。

（7）建议：端子箱使用 ZXW-2/4 端子箱，TA、断路器的控制回路、信号回路使用端子箱的 A 面；隔离开关、接地隔离开关的控制回路、信号回路，五防闭锁，照明、加热等各类电源使用端子箱的 B 面。

二、110kV 母联充电保护装置、自投装置验收

1. 验收需要的资料

（1）设计、施工图纸。

（2）测控一体化充电保护装置、自投装置其他相关设备的原理图、接线图、技术说明书、调试大纲、出厂试验报告。

（3）施工单位安装、调试报告。

（4）调度部门整定计算通知单、微机保护和微机测控装置版本通知单。

（5）调试、验收规程。

2. 保护屏验收

（1）检查保护装置、自投装置的额定参数，包括交流电流（AC1A）、交流电压（AC100V）、直流电源（±220V）等。记录保护屏、测控屏出厂日期。

（2）通电前，检查保护装置、测控装置的外观，插件、芯片、继电器等应无松动、完好。

（3）保护屏地铜排应与 100mm^2 接地网可靠连接。

（4）按照设计图纸核对保护屏接线，以及至端子箱、母差屏、故障录波装置、电压接口屏、直流分配屏等屏间连线，可以采取对线、加入试验电流、传动等方法进行。当采用对线方法时，必须断开相关回路。

（5）保护屏上的压板、空气开关、切换开关、继电器、端子排、线号牌、电缆标牌的标志、标识应打印，且清晰、正确。

（6）保护压板颜色：保护功能投退压板用“黄色”，跳合闸出口压板用“红色”。

（7）保护装置试验。

1）记录保护装置的版本号，应与版本通知单一致。

2）零漂检查：在端子排上将装置的电流输入回路、电压输入回路分别短接后，记录各模拟量通道的显示值。

3）精度、线性度检查：在端子排上分别加入 $0.1I_e$、$0.5I_e$、I_e、$2I_e$、$5I_e$、$10I_e$，$0.05U_e$、$0.1U_e$、$0.2U_e$、$0.5U_e$、U_e、$1.2U_e$，记录各模拟量通道的显示值。

4）远方数据的准确性检查：在端子排上分别加入 $0.5I_e$、I_e，$0.5U_e$、U_e，记录测控系统的 I、U、P、Q 显示值，以检查变比系数和遥测序位的准确性。

5）开入回路检查：必须以实际动作情况检查每个开入量，不建议用短接开入端子的方法进行。

6）遥控回路试验：进行断路器、隔离开关、隔离接地开关的实际传动，同时检查压板对应关系的唯一性。

7）按照定值通知单输入保护定值，没有用的定值应整定为与相临段一致，或过量定值整定为最大值，欠量定值整定为最小值，但其控制字必须置于退出位置。输完定值后打印一份，并与定值通知单认真核对。

8）保护定值试验：模拟故障，检查各项定值在 0.9 倍和 1.1 倍下的动作情况。

9）保护动作时间测量：模拟各种故障，测量每段保护动作时间，包括 0s 出口的保护动作时间。

10）保护动作、告警信号传动：模拟各种故障，记录监控系统中的动作信号，应与保护动作情况一致。

11）自投装置逻辑传动

①模拟条件：Ⅰ母线、Ⅱ母线均有压，1DL、2DL 在合位，3DL 在分位。

②模拟Ⅰ母线失电压、失电流，Ⅱ母线有压，自投装置应跳 1DL、合 3DL，如合于故障位置则加速跳开 3DL。

③模拟Ⅱ母线失电压、失电流，Ⅰ母线有压，自投装置应跳 2DL、合 3DL，如合于故障位置则加速跳开 3DL。

12）录波检查：保护 TJ、HJ 应接入故障录波装置。

（8）操作箱检查。

1）应使用断路器本体的防跳回路，将操作箱中的防跳回路短接。图 2-82 为防跳回路短接示意图。

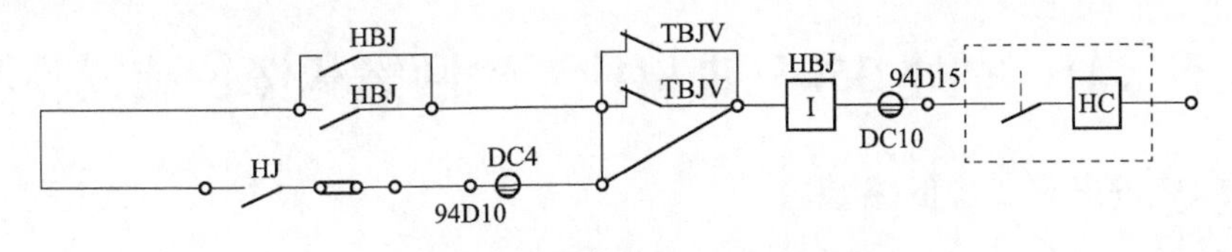

图 2-82　防跳回路短接示意图

2）操作箱跳闸继电器、合闸继电器保持电流应与断路器跳合闸电流相匹配。

3）对跳、合闸位置继电器，手跳、手合继电器，跳闸继电器等进行检查。

4）操作箱手跳、手合带开关实际传动。

5）防跳回路检查：将控制开关置于合闸位置，然后短接保护跳闸接点，断路器不应跳跃。

6）操作箱至监控系统信号传动。

7）远方数据的准确性检查：在端子排上分别加入 $0.5I_e$、I_e，$0.5U_e$、U_e，记录测控

系统的 I、U、P、Q 显示值，以检查变比系数和遥测序位的准确性。

8）开入回路检查：必须以实际动作情况检查每个开入量，不建议用短接开入端子的方法进行。

9）遥控回路试验：进行断路器、隔离开关、隔离接地开关的实际传动，同时检查压板对应关系的唯一性。

（9）带断路器传动：传动时尽量减少断路器实际动作次数，在开关场安排人员监视断路器动作情况。

（10）电流回路直流电阻测量。在端子箱处测量所有电流回路直流电阻，不应有开路现象，而且每组电流回路 A、B、C 三相应平衡。

（11）绝缘检查：使用 1000V 绝缘电阻表对以下回路进行绝缘检查。

1）交流电流回路对地。

2）交流电压回路对地。

3）直流控制回路对地。

4）直流信号回路对地。

5）交流电流回路对直流控制回路。

6）交流电流回路对直流信号回路。

三、编写现场运行规程、填写继电保护运行日志

（1）现场运行规程内容包括保护装置功能，各压板、小开关、切换开关的使用方法，运行方式变化引起保护的投退，保护装置异常告警处理方法，保护动作跳闸处理方法，运行注意事项等。

（2）继电保护运行日志填写内容包括保护定值执行情况、已处理或未处理的缺陷、能否投入运行、运行注意事项等。

四、110kV 母联保护配置建议

（1）110kV 母联保护应配置充电保护和自投装置，充电保护应含两段零序、两段过电流保护，并兼做自投于故障加速跳闸保护。

（2）110kV 母联自投应具备合闸于故障加速跳闸功能。

（3）断路器本身应具备防跳闭锁。

（4）母联电流接入母差保护的极性视不同厂家而不同，接线时一定要注意。

第十二节　室外 35kV 进出线二次回路和保护装置验收

一、35kV 进出线二次回路验收

1. 验收需要的资料

（1）设计、施工图纸。

（2）TA 说明书、出厂试验报告。

（3）断路器、隔离开关的控制回路原理图、接线图、说明书、出厂试验报告。

（4）施工单位安装、调试报告。

（5）调试、验收规程。

2. TA 验收

（1）建立 TA 台账：包括 TA 电流比范围、二次线圈数量及抽头、准确度级别。

（2）接线柱、线号牌、电缆标牌等应打印，且清晰、正确。

（3）TA 二次线圈选 4 个线圈：从母线侧依次为线路保护、母差保护、测量、计量。

（4）线路保护与母差保护用线圈必须交叉，以消除 TA 本身故障时的死区。

（5）TA 极性：保护用 TA 以母线侧为极性引出，测量、计量以电源侧为极性引出。TA 由一次侧向二次侧点极性，每组二次线圈点一次。当 S 接通时，毫安表正起，说明 L1 与 S1 为同极性端。图 2-83 为 TA 极性试验接线图。

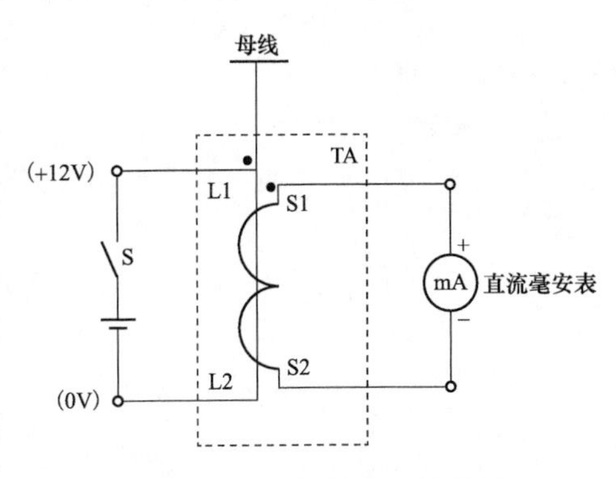

图 2-83　TA 极性试验接线图

（6）TA 电流比：保护、测量、计量电流比均符合定值通知单。TA 由一次侧通入大电流，测量每个二次线圈二次电流，测量某一二次线圈时，其他二次线圈均需短路。图 2-84 为 TA 电流比试验接线图，不建议使用电子式仪器进行电流比试验，推荐使用大电流发生器。

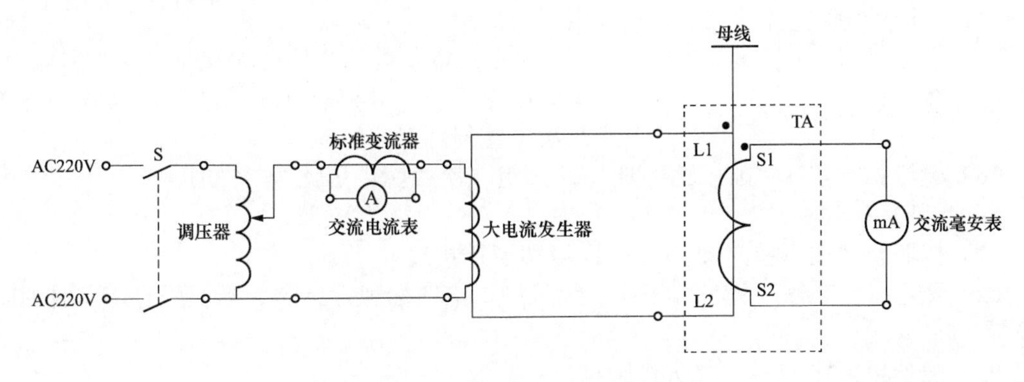

图 2-84　TA 电流比试验接线图

（7）TA 伏安特性：对每组二次线圈进行伏安特性试验，确保计量回路使用 0.2S 级，测量回路使用 0.2 级，保护使用 3 级、10P 级或 TPY 级。试验时电流只能单方向逐渐增大，不允许减小后再增大。

（8）TA 二次负载试验：对每组二次线圈进行二次负载试验，确保满足 10%误差。

图 2-85 为 TA 伏安特性、二次负载试验图。

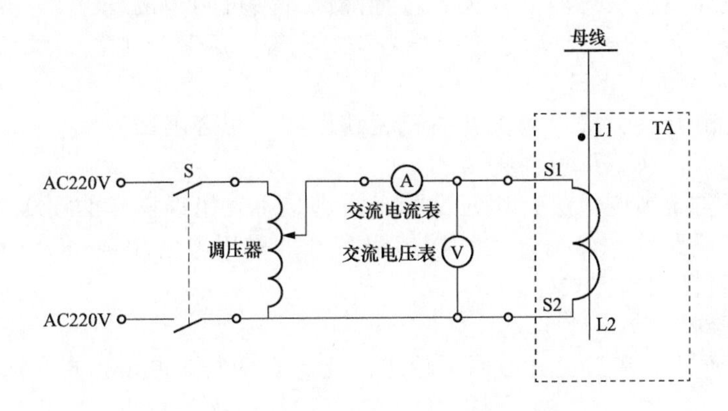

图 2-85　TA 伏安特性、二次负载试验图

（9）TA 本体处二次线圈不接地，TA 本体处二次电缆应穿钢管，并留有 1m 的余量，以备更换 TA 或二次电缆损坏时用。

（10）建议：关于 TA 电流比的选择，每组二次线圈电流比有 100/1、300/1、600/1、1200/1 四个抽头。

3. 线路 TV 验收

（1）建立 TV 台账：包括电压比范围、二次线圈数量、准确度级别。

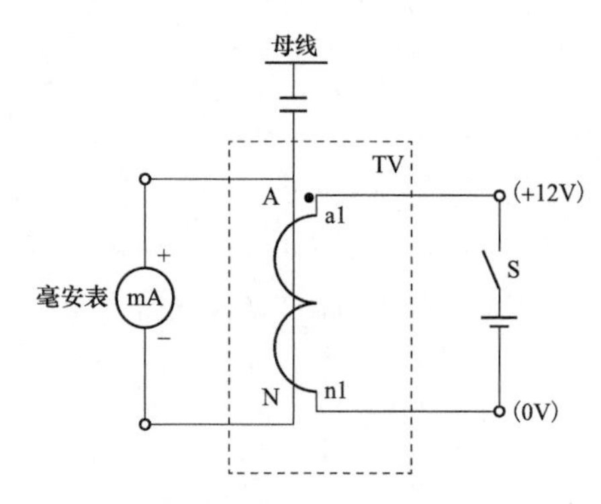

图 2-86　TV 极性试验接线图

（2）接线柱、线号牌、电缆标牌等应打印，且清晰、正确。

（3）TV 极性：TV 以母线侧为极性引出，TV 由二次侧向一次侧点极性，每组二次线圈点一次。当 S 接通时，毫安表正起，说明 A 与 a1 为同极性端。图 2-86 为 TV 极性试验接线图。

（4）TV 电压比：保护、测量、计量电压比均符合定值通知单。

（5）TV 本体处二次线圈不接地，TV 本体处二次电缆应穿钢管，并留有 1m 的余量，以备更换 TV 或二次电缆损坏时用。

（6）建议：关于 TV 电压比的选择，每组二次线圈电压比为 35/0.1。

4. 断路器验收

（1）按照设计图纸核对断路器机构箱端子排接线。

（2）继电器、空气开关、端子排、线号牌、电缆标牌等标志、标识应打印，且清晰、正确。

（3）应使用断路器本体的防跳回路。

（4）测量跳、合闸线圈的电阻，应与说明书提供的跳、合闸电流及防跳闭锁继电器电流相匹配。

（5）检查闭锁重合闸回路，当压力下降到闭锁重合闸时，应闭锁重合闸。

（6）进行断路器三相跳闸和三相合闸试验。

（7）建议：断路器辅助接点应直接接入故障录波装置，以便于事故分析。

5. 隔离开关验收

（1）按照设计图纸核对隔离开关、接地隔离开关机构箱接线。

（2）接触器、空气开关、端子排、线号牌、电缆标牌等标志、标识应打印，且清晰、正确。

（3）进行隔离开关、接地隔离开关三相跳闸和三相合闸试验。

（4）进行电压切换、母差保护传动。

（5）按照五防闭锁逻辑进行相应试验，应满足不发生误操作的要求。

（6）建议：断路器、隔离开关、接地隔离开关采用电气闭锁+机械闭锁方式，不主张采用编码锁+机械闭锁方式。

6. 端子箱验收

（1）防雨、通风、密封良好；端子箱中的接地点应与 $100mm^2$ 的接地铜网可靠连接。

（2）继电器、空气开关、端子排、线号牌、电缆标牌等标志、标识应打印，且清晰、正确。

（3）按照设计图纸核对端子箱中接线，以及端子箱至 TA、TV、断路器、保护屏等接线，可以采取对线、加入试验电流、试验电压、传动等方法进行。当采用对线方法时，必须断开相关回路。

（4）TA 在端子箱中所有二次线圈的尾端连在一起后接地，以方便今后继电保护人员对测量、计量回路进行绝缘监督。

（5）TV 二次在端子箱中应装设带报警的小开关，N600 不允许经过小开关控制，但应通过氧化锌避雷器接地，以防 TV 回路多点接地。

（6）断路器的跳、合闸线必须与控制正电源、信号正电源隔开。

（7）隔离开关、接地隔离开关的分、合闸线必须与控制正电源、信号正电源隔开。

（8）建议：35kV 端子箱使用 ZXW-2/2 端子箱，TA，TV，断路器的控制回路、信号回路使用端子箱的 A 面；隔离开关、接地隔离开关的控制回路、信号回路，五防闭锁，照明、加热等各类电源使用端子箱的 B 面。

二、35kV 进出线继电保护装置验收

1. 验收需要的资料

（1）设计、施工图纸。

（2）继电保护装置及其他相关设备的原理图、接线图、技术说明书、调试大纲、出厂试验报告。

（3）施工单位安装、调试报告。

（4）调度部门整定计算通知单、微机保护版本通知单。

（5）调试、验收规程。

2. 保护屏验收

（1）建议使用测控一体化保护装置，每面屏上组四条线路保护装置。

（2）检查保护装置的额定参数，包括交流电流（AC1A）、交流电压（AC100V）、直流电源（±220V）等。记录保护屏出厂日期。

（3）通电前，检查保护装置的外观，插件、芯片、继电器等应无松动、完好。

（4）保护屏接地铜排应与 100mm^2 接地网可靠连接。

（5）按照设计图纸核对保护屏接线，以及至端子箱、母差屏、故障录波装置、电压接口屏、直流分配屏等屏间连线，可以采取对线、加入试验电压、传动等方法进行。当采用对线方法时，必须断开相关回路。

（6）建议保护和控制电源使用同一电源，控制与保护电源不分。

（7）母差保护接操作箱的 STJ，启动断路器跳闸线圈跳闸。图 2-87 为跳合闸回路示意图。

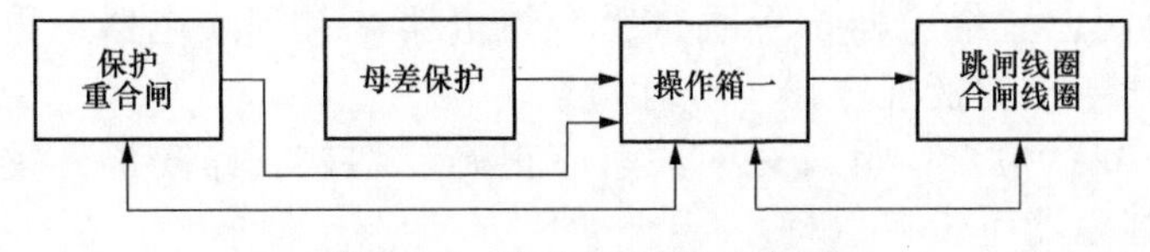

图 2-87 跳合闸回路示意图

（8）断路器压力降低至闭锁重合闸时，应启动操作箱中的闭锁重合闸继电器，闭锁重合闸。

（9）保护屏上的压板、空气开关、切换开关、继电器、端子排、线号牌、电缆标牌的标志、标识应打印，且清晰、正确。

（10）保护压板颜色：保护功能投退压板用“黄色”，跳合闸出口压板用“红色”。

（11）保护试验。

1）记录保护装置的版本号，应与版本通知单一致。

2）零漂检查：在端子排上将装置的电流输入回路、电压输入回路分别短接后，记录各模拟量通道的显示值。

3）精度、线性度检查：在端子排上分别加入 $0.1I_e$、$0.5I_e$、I_e、$2I_e$、$5I_e$、$10I_e$，$0.05U_e$、$0.1U_e$、$0.2U_e$、$0.5U_e$、U_e、$1.2U_e$，记录各模拟量通道的显示值。

4）开入回路检查：必须以实际动作情况检查每个开入量，不建议用短接开入端子的方法进行。

5）按照定值通知单输入保护定值，没有用的定值应整定为与相临段一致，或过量定值整定为最大值，欠量定值整定为最小值，但其控制字必须置于退出位置。输完定值后打印一份，并与定值通知单认真核对。

6）保护特性试验。

①方向元件动作区试验。

②低周功能试验。

7）保护定值试验：模拟各种故障，检查各项定值在 0.9 倍和 1.1 倍下的动作情况。

8）保护动作时间测量：模拟各种故障，测量每段保护动作时间，包括 0s 出口的保护动作时间。

9）保护动作、告警信号传动：模拟各种故障，记录监控系统中的动作信号，应与保护动作情况一致。

10）与母差保护联调：母差跳本断路器传动。

11）录波检查：保护的 TJ、CH 均应接入故障录波装置。

（12）操作回路检查。

1）应使用断路器本体的防跳回路，将操作箱中的防跳回路短接。图 2-88 为防跳回路短接示意图。

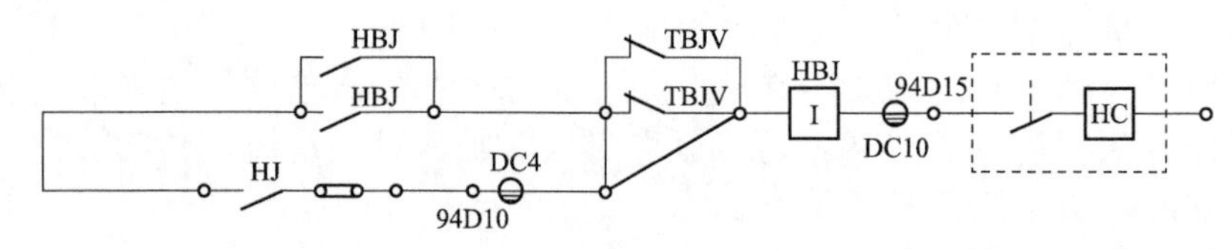

图 2-88 防跳回路短接示意图

2）操作箱跳闸继电器、重合闸继电器保持电流应与断路器跳合闸电流相匹配。

3）对跳、合闸位置继电器，手跳、手合继电器，跳闸继电器，重合闸继电器，闭锁重合闸继电器，电压切换继电器等进行检查。

4）电压切换回路检查：母线对应关系应正确，切换回路隔离开关控制接点建议使用单接点，切换继电器不带自保持。

5）操作箱手跳、手合带开关实际传动。

6）防跳回路检查：将控制开关置于合闸位置，然后短接保护跳闸接点，断路器不应跳跃。

7）操作箱至监控系统信号传动。

（13）测控试验。

1）记录测控装置的版本号，应与版本通知单一致。

2）按照定值通知单变比定值，整定变比系数，同时监控系统完成变比系数和序位设置。

3）零漂检查：在端子排上将装置的电流输入回路、电压输入回路分别短接后，记录各模拟量通道的显示值。

4）精度、线性度检查：在端子排上分别加入 $0.1I_e$、$0.5I_e$、I_e、$1.2I_e$，$0.1U_e$、$0.5U_e$、U_e、$1.2U_e$，记录各模拟量通道的显示值。

5）远方数据准确性检查：在端子排上分别加入 $0.5I_e$、I_e，$0.5U_e$、U_e，记录测控系统的 I、U、P、Q 显示值，以检查变比系数和遥测序位的准确性。

6）开入回路检查：必须以实际动作情况检查每个开入量，不建议用短接开入端子的方法进行。

7）遥控回路试验：进行断路器、隔离开关、隔离接地开关的实际传动，同时检查压板对应关系的唯一性。

（14）带断路器传动，传动时尽量减少断路器实际动作次数，在开关场安排人员监视断路器动作情况。分别模拟瞬时、永久性故障，断路器应三相跳闸、三相重合、加速跳闸。

（15）电流回路直流电阻测量。在端子箱处测量所有电流回路直流电阻，不应有开路现象，而且每组电流回路 A、B、C 三相应平衡。

（16）绝缘检查：使用 1000V 兆欧表对以下回路进行绝缘检查。

1）交流电流回路对地。

2）交流电压回路对地。

3）直流控制回路对地。

4）直流信号回路对地。

5）交流电流回路对直流控制回路。

6）交流电流回路对直流信号回路。

（17）保护投入运行前的向量检查。

1）在线路带负荷前，应退出相关的带方向保护，向量检查正确后，带方向的保护才允许投入跳闸。

2）同时检查所有电流回路、电压回路的采样值应正确。

三、编写现场运行规程、填写继电保护运行日志

（1）现场运行规程内容包括保护装置功能，各压板、小开关、切换开关的使用方法，运行方式变化引起保护的投退，保护装置异常告警处理方法，保护动作跳闸处理方法，运行注意事项等。

（2）继电保护运行日志填写内容包括保护定值执行情况、已处理或未处理的缺陷、能否投入运行、运行注意事项等。

四、35kV 线路保护配置建议

（1）35kV 每 4 条线路组一面屏，包括测控一体化保护装置 4 台。

（2）装置使用的 TV 电压，控制、保护电源，打印机电源建议使用小母线，以减少电压接口屏、直流分配屏的电缆；屏与屏之间小母线的连接采用“软”连接，最好采用专用接插件。

（3）35kV 母线保护应不含失灵保护，以简化保护屏的接线。

（4）不主张控制、保护电源分开，控制、保护电源分开需要增加一个空气开关，这就造成保护或断路器拒动的概率增加一倍。因 35kV 线路的控制回路并不复杂，对于查找直流接地也比较容易，所以认为控制、保护电源分开的意义不大。

第十三节　室内 35kV、10kV 进出线二次回路和保护装置验收

一、35kV、10kV 进出线二次回路验收

1. 验收需要的资料

（1）设计、施工图纸。

（2）TA 说明书、出厂试验报告。

（3）断路器柜控制回路原理图、接线图、说明书、出厂试验报告。

（4）施工单位安装、调试报告。

（5）调试、验收规程。

2. TA 验收

（1）建立 TA 台账：包括 TA 电流比范围、二次线圈数量及抽头、准确度级别。

（2）接线柱、线号牌、电缆标牌等应打印，且清晰、正确。

（3）TA 二次线圈选 3 个线圈：从母线侧依次为保护、测量、计量。线路保护与母差保护用线圈必须交叉，以消除 TA 本身故障时的死区。

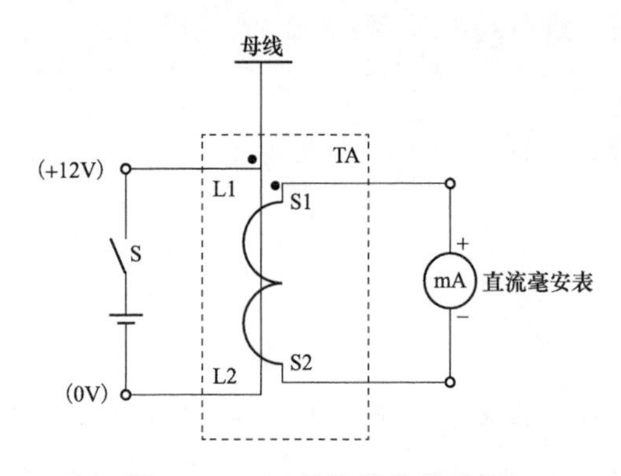

图 2-89　TA 极性试验接线图

（4）TA 极性：保护用 TA 以母线侧为极性引出，测量、计量以电源侧为极性引出。TA 由一次侧向二次侧点极性，每组二次线圈点一次。当 S 接通时，毫安表正起，说明 L1 与 S1 为同极性端。图 2-89 为 TA 极性试验接线图。

（5）TA 电流比：保护、测量、计量电流比均符合定值通知单。TA 由一次侧通入大电流，测量每个二次线圈二次电流，测量某一二次线圈时，其他二次线圈均需短路。图 2-90 为 TA 电流比试验接线图，不建议使用电子式仪器进行电流比试验，推荐使用大电流发生器。

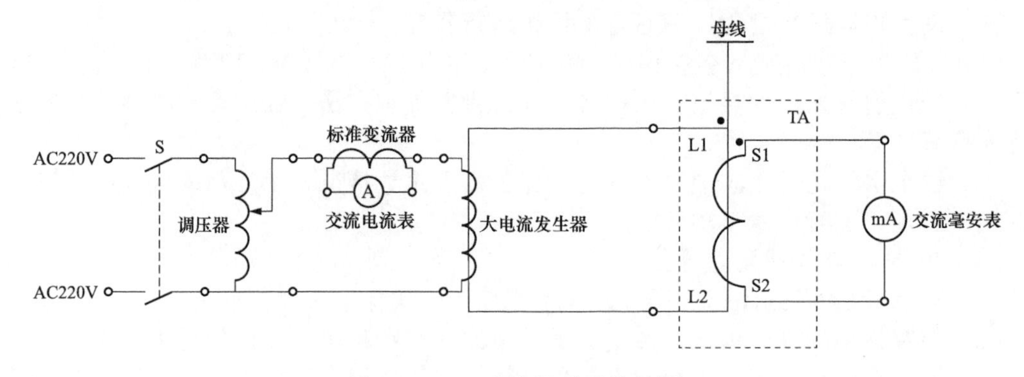

图 2-90　TA 电流比试验接线图

（6）TA 伏安特性：对每组二次线圈进行伏安特性试验，确保计量回路使用 0.2S 级，

测量回路使用 0.2 级，保护使用 3 级、10P 级。试验时电流只能单方向逐渐增大，不允许减小后再增大。

（7）TA 二次负载试验：对每组二次线圈进行二次负载试验，确保满足 10%误差。图 2-91 为 TA 伏安特性、二次负载试验图。

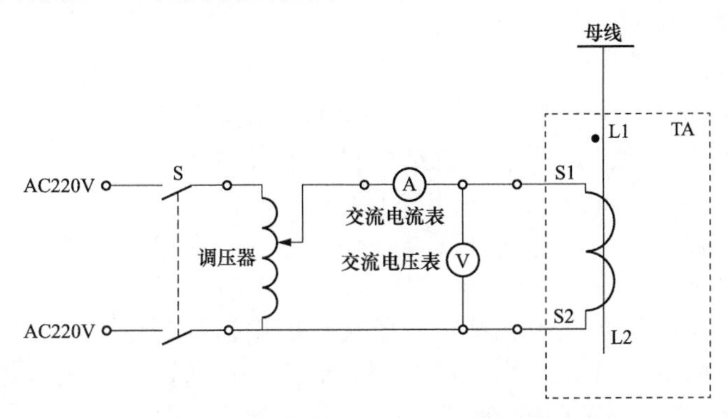

图 2-91　TA 伏安特性、二次负载试验图

（8）TA 本体处二次线圈不接地，TA 本体处二次电缆应穿钢管，并留有 1m 的余量，以备更换 TA 或二次电缆损坏时用。

（9）建议：关于 TA 电流比的选择，每组二次线圈电流比选择 100/1、300/1、600/1、1200/1。

3. 断路器柜验收

（1）按照设计图纸核对断路器柜机构箱、端子排接线。

（2）继电器、空气开关、端子排、线号牌、电缆标牌等标志、标识应打印，且清晰、正确。

（3）应使用断路器本体的防跳回路，当断路器本身不具备防跳回路时，应使用保护装置的防跳回路。

（4）测量跳、合闸线圈的电阻，应与说明书提供的跳、合闸电流及防跳闭锁继电器电流相匹配。

（5）检查闭锁重合闸回路，当压力下降到闭锁重合闸时，应闭锁重合闸。

（6）按照设计图纸核对端子排接线，以及端子排至 TA、断路器、保护屏等接线，可以采取对线、加入试验电流、传动等方法进行。当采用对线方法时，必须断开相关回路。

（7）TA 在端子排上所有二次线圈的尾端连在一起后接地，以方便今后继电保护人员对测量、计量回路进行绝缘监督。

（8）进行断路器三相跳闸和三相合闸试验。

（9）进行电压切换、母差保护传动。

（10）断路器的跳、合闸线必须与控制正电源、信号正电源隔开。

（11）建议：断路器辅助接点应直接接入故障录波装置，以便于事故分析。断路器、隔离开关、接地隔离开关采用电气闭锁+机械闭锁方式，不主张采用编码锁+机械闭锁方式。

二、35kV、10kV 进出线继电保护装置验收

1. 验收需要的资料

（1）设计、施工图纸。

（2）继电保护装置及其他相关设备的原理图、接线图、技术说明书、调试大纲、出厂试验报告。

（3）施工单位安装、调试报告。

（4）调度部门整定计算通知单、微机保护版本通知单。

（5）调试、验收规程。

2. 保护屏验收

（1）建议使用测控一体化保护装置，每面屏上装 4 条线路保护装置。

（2）检查保护装置的额定参数，包括交流电流（AC1A）、交流电压（AC100V）、直流电源（±220V）等，并记录保护屏出厂日期。

（3）通电前，检查保护装置的外观，插件、芯片、继电器等应无松动、完好。

（4）保护屏接地铜排应与 100mm^2 接地网可靠连接。

（5）按照设计图纸核对保护屏接线，以及至断路器柜、母差屏、故障录波装置、电压接口屏、直流分配屏等屏间连线，可以采取对线、加入试验电压、传动等方法进行。当采用对线方法时，必须断开相关回路。

（6）建议保护和控制电源使用同一电源，控制与保护电源不分。

（7）保护屏上的压板、空气开关、切换开关、继电器、端子排、线号牌、电缆标牌的标志、标识应打印，且清晰、正确。

（8）保护压板颜色：保护功能投退压板用“黄色”，跳合闸出口压板用“红色”。

（9）保护试验。

1）记录保护装置的版本号，应与版本通知单一致。

2）零漂检查：在端子排上将装置的电流输入回路、电压输入回路分别短接后，记录各模拟量通道的显示值。

3）精度、线性度检查：在端子排上分别加入 $0.1I_e$、$0.5I_e$、I_e、$2I_e$、$5I_e$、$10I_e$，$0.05U_e$、$0.1U_e$、$0.2U_e$、$0.5U_e$、U_e、$1.2U_e$，记录各模拟量通道的显示值。

4）开入回路检查：必须以实际动作情况检查每个开入量，不建议用短接开入端子的方法进行。

5）按照定值通知单输入保护定值，没有用的定值项应整定为与相临段一致，或过量定值整定为最大值，欠量定值整定为最小值，但其控制字必须置于退出位置。输完定值后打印一份，并与定值通知单认真核对。

6）保护特性试验。

①方向元件动作区试验。

②低周功能试验。

7）保护定值试验：模拟各种故障，检查各项定值在 0.9 倍和 1.1 倍下的动作情况。

8）保护动作时间测量：模拟各种故障，测量每段保护动作时间，包括 0s 出口的保护动作时间。

9）保护动作、告警信号传动：模拟各种故障，记录监控系统中的动作信号，应与保护动作情况一致。

10）录波检查：保护的 TJ、CH 均应接入故障录波装置。

（10）操作回路检查。

1）应使用断路器本体的防跳回路，将操作箱中的防跳回路短接。图 2-92 为防跳回路短接示意图。

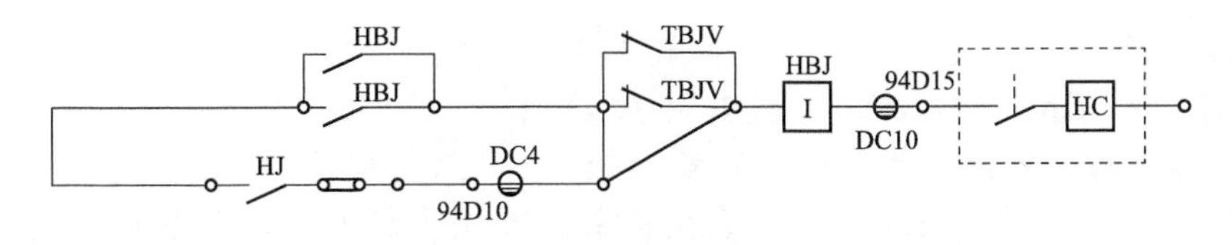

图 2-92　防跳回路短接示意图

2）操作箱跳闸继电器、重合闸继电器保持电流应与断路器跳合闸电流相匹配。

3）对跳、合闸位置继电器，手跳、手合继电器，跳闸继电器，重合闸继电器，闭锁重合闸继电器等进行检查。

4）操作箱手跳、手合带开关实际传动。

防跳回路检查：将控制开关置于合闸位置，然后短接保护跳闸接点，断路器不应跳跃。

5）操作箱至监控系统信号传动。

（11）测控试验。

1）记录测控装置的版本号，应与版本通知单一致。

2）按照定值通知单变比定值，整定变比系数，监控系统完成变比系数和序位设置。

3）零漂检查：在端子排上将装置的电流输入回路、电压输入回路分别短接后，记录各模拟量通道的显示值。

4）精度、线性度检查：在端子排上分别加入 $0.1I_e$、$0.5I_e$、I_e、$1.2I_e$，$0.1U_e$、$0.5U_e$、U_e、$1.2U_e$，记录各模拟量通道的显示值。

5）远方数据准确性检查：在端子排上分别加入 $0.5I_e$、I_e，$0.5U_e$、U_e，记录测控系统的 I、U、P、Q 显示值，以检查变比系数和遥测序位的准确性。

6）开入回路检查：必须以实际动作情况检查每个开入量，不建议用短接开入端子的方法进行。

7）遥控回路试验：进行断路器、隔离开关、隔离接地开关的实际传动，同时检查压板对应关系的唯一性。

（12）带断路器传动：传动时尽量减少断路器实际动作次数，在开关场安排人员监视断路器动作情况。分别模拟瞬时、永久性故障，断路器应三相跳闸、三相重合、加速跳闸。

（13）电流回路直流电阻测量。在断路器柜处测量所有电流回路直流电阻，不应有开路现象，而且每组电流回路 A、B、C 三相应平衡。

（14）绝缘检查：使用 1000V 绝缘电阻表对以下回路进行绝缘检查。

1）交流电流回路对地。

2）交流电压回路对地。

3）直流控制回路对地。

4）直流信号回路对地。

5）交流电流回路对直流控制回路。

6）交流电流回路对直流信号回路。

（15）保护投入运行前的向量检查。

1）在线路带负荷前，应退出相关的带方向保护，向量检查正确后，带方向的保护才允许投入跳闸。

2）同时检查所有电流回路、电压回路的采样值应正确。

三、编写现场运行规程、填写继电保护运行日志

（1）现场运行规程内容包括保护装置功能，各压板、小开关、切换开关的使用方法，运行方式变化引起保护的投退，保护装置异常告警处理方法，保护动作跳闸处理方法，运行注意事项等。

（2）继电保护运行日志填写内容包括保护定值执行情况、已处理或未处理的缺陷、能否投入运行、运行注意事项等。

四、35kV、10kV 线路保护配置建议

（1）35kV、10kV 每 4 条线路一面屏，包括测控一体化保护装置 4 台。

（2）装置使用的 TV 电压，控制、保护电源，打印机电源建议使用小母线，以减少电压接口屏、直流分配屏的电缆；屏与屏之间小母线的连接采用“软”连接，最好采用专用接插件。

（3）不主张控制、保护电源分开，控制、保护电源分开需要增加一个空气开关，这就造成保护或断路器拒动的概率增加一倍。因 35kV、10kV 线路的控制回路并不复杂，对于查找直流接地也比较容易，所以认为控制、保护电源分开的意义不大。

第十四节　35kV 母联二次回路和保护装置验收

一、35kV 母联二次回路验收

1. 验收需要的资料

（1）设计、施工图纸。

（2）TA 说明书、出厂试验报告。

（3）断路器、隔离开关的控制回路原理图、接线图、说明书、出厂试验报告。

（4）施工单位安装、调试报告。

（5）调试、验收规程。

2. TA 验收

（1）建立 TA 台账：包括 TA 电流比范围、二次线圈数量及抽头、准确度级别。

（2）接线柱、线号牌、电缆标牌等应打印，且清晰、正确。

（3）TA 二次线圈选 5 个线圈：从母线侧依次为充电保护备用、录波器、母差保护、测量、计量。

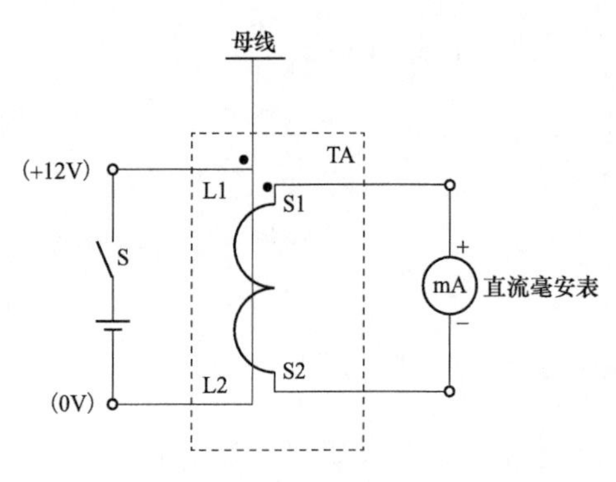

图 2-93　TA 极性试验接线图

（4）TA 极性：保护、测量、计量用 TA 以Ⅰ母线侧为极性引出，RCS 系母差保护以Ⅰ母线为极性引出，BP-2B 系保护以Ⅱ母线为极性引出。每组二次线圈点一次，当 S 接通时，毫安表正起，说明 L1 与 S1 为同极性端。图 2-93 为 TA 极性试验接线图。

（5）TA 电流比：保护、测量、计量电流比均符合定值通知单。TA 由一次侧通入大电流，测量每个二次线圈二次电流，测量某一二次线圈时，其他二次线圈均需短路。图 2-94 为 TA 电流比试验接线图，不建议使用电子式仪器进行电流比试验，推荐使用大电流发生器。

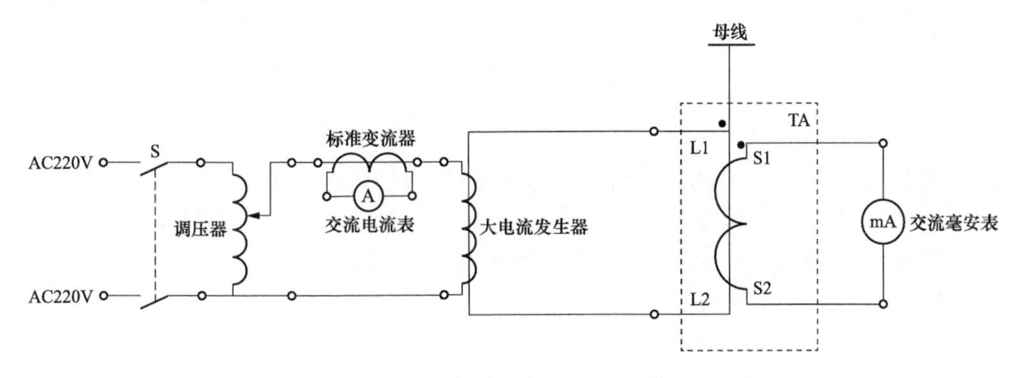

图 2-94　TA 电流比试验接线图

（6）TA 伏安特性：对每组二次线圈进行伏安特性试验，确保计量回路使用 0.2S 级，测量回路使用 0.2 级，保护使用 3 级、10P 级或 TPY 级。试验时电流只能单方向逐渐增大，不允许减小后再增大。

（7）TA 二次负载试验：对每组二次线圈进行二次负载试验，确保满足 10%误差。

图 2-95 为 TA 伏安特性、二次负载试验图。

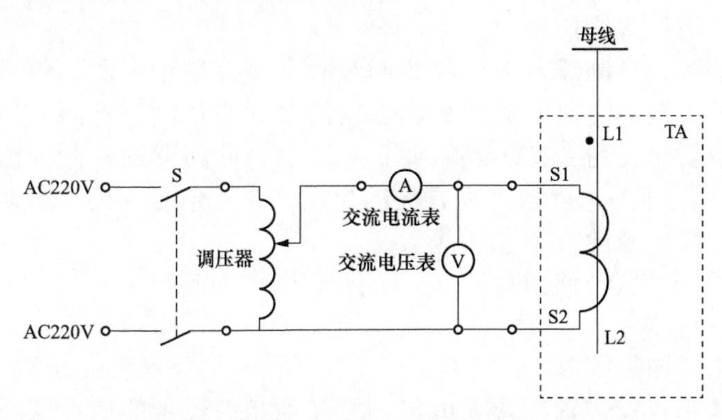

图 2-95　TA 伏安特性、二次负载试验图

（8）TA 本体处二次线圈不接地，TA 本体处二次电缆应穿钢管，并留有 1m 的余量，以备更换 TA 或二次电缆损坏时用。

（9）建议：关于 TA 电流比的选择，每组二次线圈电流比为 2500/1，并在 50%处设抽头。

3. 断路器验收

（1）按照设计图纸核对断路器机构箱、端子排接线。

（2）继电器、空气开关、压板、端子排、线号牌、电缆标牌等标志、标识应打印，且清晰、正确。

（3）应使用断路器本体的防跳回路。

（4）测量跳、合闸线圈的电阻，应与说明书提供的跳、合闸电流及防跳闭锁继电器电流相匹配。

（5）进行断路器三相跳闸和三相合闸试验。

（6）至母差保护、TV 并列回路的断路器辅助接点传动。

（7）建议：断路器辅助接点应直接接入故障录波装置，以便于事故分析。

4. 隔离开关验收

（1）按照设计图纸核对隔离开关、接地隔离开关机构箱接线。

（2）接触器、空气开关、端子排、线号牌、电缆标牌等标志、标识应打印，且清晰、正确。

（3）进行隔离开关、接地隔离开关三相跳闸和单相合闸试验。

（4）按照五防闭锁逻辑进行相应试验，应满足不发生误操作的要求。

（5）建议：断路器、隔离开关、接地隔离开关采用电气闭锁+机械闭锁方式，不主张采用编码锁+机械闭锁方式。

5. 端子箱验收

（1）防雨、通风、密封良好；端子箱中的接地点应与 $100mm^2$ 的接地铜网可靠连接。

（2）继电器、空气开关、端子排、线号牌、电缆标牌等标志、标识应打印，且清晰、正确。

（3）按照设计图纸核对端子箱中接线，以及端子箱至 TA、断路器、保护屏、测控屏等接线，可以采取对线、加入试验电流、传动等方法进行。当采用对线方法时，必须断开相关回路。

（4）TA 在端子箱中所有二次线圈的尾端连在一起后接地，以方便今后继电保护人员对测量、计量回路进行绝缘监督。

（5）断路器的跳、合闸线及非全相跳闸线必须与控制正电源、信号正电源隔开。

（6）隔离开关、接地隔离开关的分、合闸线必须与控制正电源、信号正电源隔开。

（7）建议：端子箱使用 ZXW-2/4 端子箱。TA、断路器的控制回路、信号回路使用端子箱的 A 面；隔离开关、接地隔离开关的控制回路、信号回路，五防闭锁，照明、加热等各类电源使用端子箱的 B 面。

二、35kV 母联自投装置验收

1. 验收需要的资料

（1）设计、施工图纸。

（2）测控一体化自投装置（含充电保护）其他相关设备的原理图、接线图、技术说明书、调试大纲、出厂试验报告。

（3）施工单位安装、调试报告。

（4）调度部门整定计算通知单、微机保护和微机测控装置版本通知单。

（5）调试、验收规程。

2. 保护屏验收

（1）检查自投装置的额定参数，包括交流电流（AC1A）、交流电压（AC100V）、直流电源（±220V）等。记录保护屏、测控屏出厂日期。

（2）通电前，检查保护装置、测控装置的外观，插件、芯片、继电器等应无松动、完好。

（3）保护屏地铜排应与 $100mm^2$ 接地网可靠连接。

（4）按照设计图纸核对保护屏接线，以及至端子箱、母差屏、故障录波装置、电压接口屏、直流分配屏等屏间连线，可以采取对线、加入试验电流、传动等方法进行。当采用对线方法时，必须断开相关回路。

（5）保护屏上的压板、空气开关、切换开关、继电器、端子排、线号牌、电缆标牌的标志、标识应打印，且清晰、正确。

（6）保护压板颜色：保护功能投退压板用“黄色”，跳合闸出口压板用“红色”。

（7）保护装置试验。

1）记录自投装置的版本号，应与版本通知单一致。

2）零漂检查：在端子排上将装置的电流输入回路、电压输入回路分别短接后，记录各模拟量通道的显示值。

3）精度、线性度检查：在端子排上分别加入 $0.1I_e$、$0.5I_e$、I_e、$2I_e$、$5I_e$、$10I_e$，$0.05U_e$、$0.1U_e$、$0.2U_e$、$0.5U_e$、U_e、$1.2U_e$，记录各模拟量通道的显示值。

4）远方数据的准确性检查：在端子排上分别加入 $0.5I_e$、I_e，$0.5U_e$、U_e，记录测控系统的 I、U、P、Q 显示值，以检查变比系数和遥测序位的准确性。

5）开入回路检查：必须以实际动作情况检查每个开入量，不建议用短接开入端子的方法进行。

6）遥控回路试验：进行断路器、隔离开关、隔离接地开关的实际传动，同时检查压板对应关系的唯一性。

7）按照定值通知单输入保护定值，没有用的定值应整定为与相临段一致，或过量定值整定为最大值，欠量定值整定为最小值，但其控制字必须置于退出位置。输完定值后打印一份，并与定值通知单认真核对。

8）保护定值试验：模拟故障，检查各项定值在 0.9 倍和 1.1 倍下的动作情况。

9）保护动作时间测量：模拟各种故障，测量每段保护动作时间，包括 0s 出口的保护动作时间。

10）保护动作、告警信号传动：模拟各种故障，记录监控系统中的动作信号，应与保护动作情况一致。

11）自投装置逻辑传动。

①模拟条件：Ⅰ母线、Ⅱ母线均有压，1DL、2DL 在合位，3DL 在分位。

②模拟Ⅰ母线失电压、失电流，Ⅱ母线有压，自投装置应跳 1DL、合 3DL，如合于故障位置则加速跳开 3DL。

③模拟Ⅱ母线失电压、失电流，Ⅰ母线有压，自投装置应跳 2DL、合 3DL，如合于故障位置则加速跳开 3DL。

12）录波检查：保护 TJ、HJ 应接入故障录波装置。

（8）操作箱检查。

1）应使用断路器本体的防跳回路，将操作箱中的防跳回路短接。图 2-96 为防跳回路短接示意图。

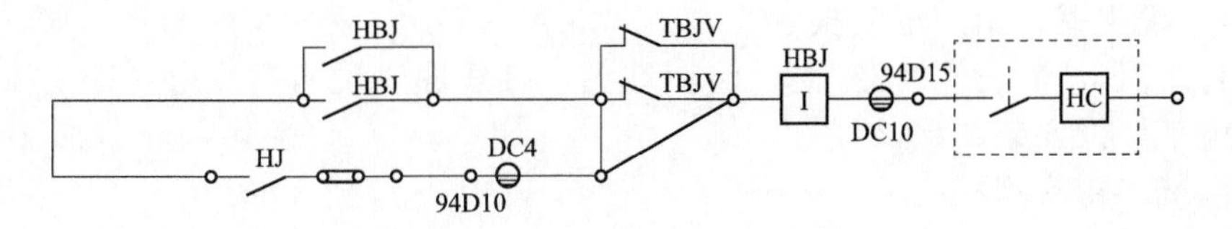

图 2-96　防跳回路短接示意图

2）操作箱跳闸继电器、合闸继电器保持电流应与断路器跳合闸电流相匹配。

3）对跳、合闸位置继电器，手跳、手合继电器，跳闸继电器等进行检查。

4）操作箱手跳、手合带开关实际传动。

5）防跳回路检查：将控制开关置于合闸位置，然后短接保护跳闸接点，断路器不应跳跃。

6）操作箱至监控系统信号传动。

（9）带断路器传动：传动时尽量减少断路器实际动作次数，在开关场安排人员监视断路器动作情况。

（10）电流回路直流电阻测量。在端子箱处测量所有电流回路直流电阻，不应有开路现象，而且每组电流回路A、B、C三相应平衡。

（11）绝缘检查：使用1000V绝缘电阻表对以下回路

进行绝缘检查。

1）交流电流回路对地。

2）交流电压回路对地。

3）直流控制回路对地。

4）直流信号回路对地。

5）交流电流回路对直流控制回路。

6）交流电流回路对直流信号回路。

三、编写现场运行规程、填写继电保护运行日志

（1）现场运行规程内容包括自投装置功能，各压板、小开关、切换开关的使用方法，运行方式变化引起保护的投退，自投装置异常告警处理方法，保护动作跳闸处理方法，运行注意事项等。

（2）继电保护运行日志填写内容包括保护定值执行情况、已处理或未处理的缺陷、能否投入运行、运行注意事项等。

四、35kV母联保护配置建议

（1）35kV母联保护应配置测控一体化自投装置，具备合闸于故障加速跳闸功能，并应含两段过电流保护，兼做充电保护。

（2）断路器本身应具备防跳闭锁。

（3）母联电流接入母差保护的极性视不同厂家而不同，接线时一定要注意。

第十五节　10kV母联柜二次回路和保护装置验收

一、10kV母联柜二次回路验收

1. 验收需要的资料

（1）设计、施工图纸。

（2）TA说明书、出厂试验报告。

（3）断路器、隔离开关的控制回路原理图、接线图、说明书、出厂试验报告。

（4）施工单位安装、调试报告。

（5）调试、验收规程。

2. TA验收

（1）建立TA台账：包括TA电流比范围、二次线圈数量及抽头、准确度级别。

（2）接线柱、线号牌、电缆标牌等应打印，且清晰、正确。

（3）TA极性：保护、测量、计量用TA以Ⅰ母线侧为极性引出，TA由一次侧向二次侧点极性，每组二次线圈点一次。当S接通时，毫安表正起，说明L1与S1为同极性端。图 2-97 为 TA 极性试验接线图。

（4）TA 电流比：保护、测量、计量电流比均符合定值通知单。TA 由一次侧通入大电流，测量每个二次线圈二次电流，测量某一二次线圈时，其他二次线圈均需短路。图 2-98 为 TA 电流比试验接线图，不建议使用电子式仪器进行电流比试验，推荐使用大电流发生器。

（5）TA 伏安特性：对每组二次线圈进行伏安特性试验，确保计量回路使用 0.2S 级，测量回路使用 0.2 级，保护使用 3 级、10P 级或 TPY 级。试验时电流只能单方向逐渐增大，不允许减小后再增大。

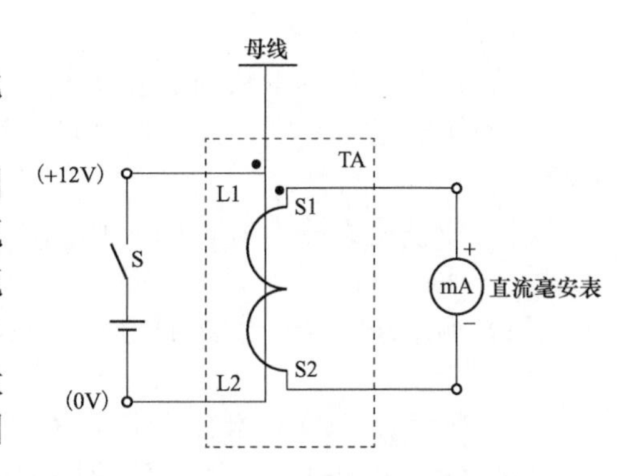

图 2-97　TA 极性试验接线图

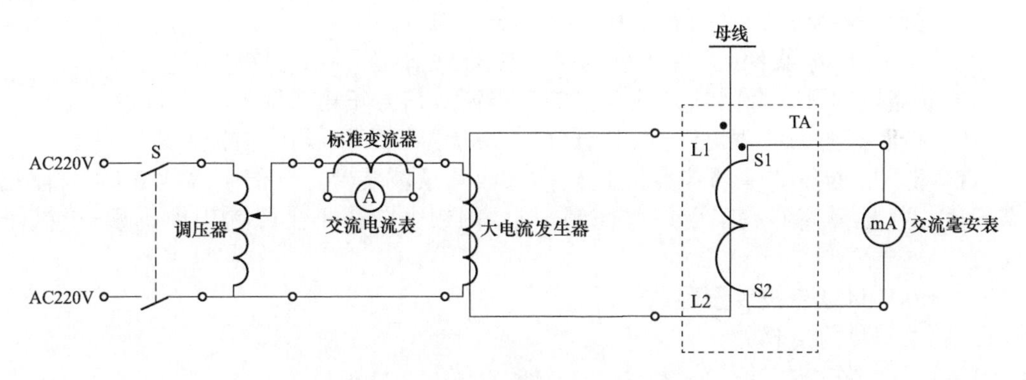

图 2-98　TA 电流比试验接线图

（6）TA 二次负载试验：对每组二次线圈进行二次负载试验，确保满足 10%误差。图 2-99 为 TA 伏安特性、二次负载试验图。

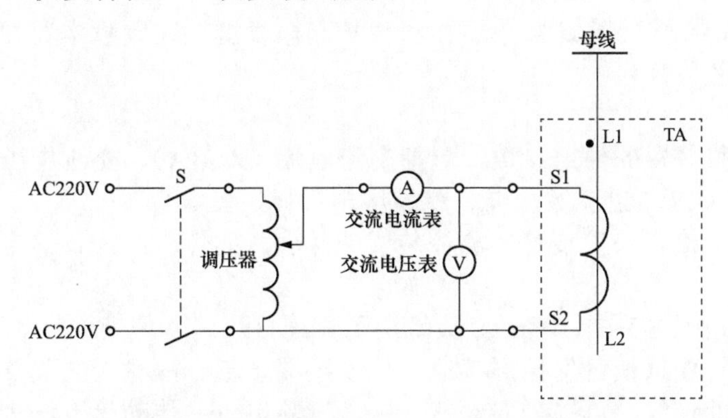

图 2-99　TA 伏安特性、二次负载试验图

（7）TA 本体处二次线圈不接地，TA 本体处二次电缆应穿钢管，并留有 1m 的余量，以备更换 TA 或二次电缆损坏时用。

（8）建议：关于 TA 电流比的选择，每组二次线圈电流比为 600/1 或 1200/1，并在 50%处设抽头。TA 二次线圈选 5 个线圈：从母线侧依次为充电保护备用、录波器、母差保护、测量、计量。

3. 断路器柜验收

（1）按照设计图纸核对断路器柜机构箱、端子排接线。

（2）继电器、空气开关、端子排、线号牌、电缆标牌等标志、标识应打印，且清晰、正确。

（3）应使用断路器本体的防跳回路，当断路器本身不具备防跳回路时，应使用保护装置的防跳回路。

（4）测量跳、合闸线圈的电阻，应与说明书提供的跳、合闸电流及防跳闭锁继电器电流相匹配。

（5）按照设计图纸核对端子排接线，以及端子排至TA、断路器、保护屏等接线，可以采取对线、加入试验电流、传动等方法进行。当采用对线方法时，必须断开相关回路。

（6）TA在端子排上所有二次线圈的尾端连在一起后接地，以方便今后继电保护人员对测量、计量回路进行绝缘监督。

（7）进行断路器三相跳闸和三相合闸试验。

（8）至TV并列回路的断路器辅助接点传动。

（9）断路器的跳、合闸线必须与控制正电源、信号正电源隔开。

（10）按照五防闭锁逻辑进行相应试验，应满足不发生误操作的要求。

（11）建议：断路器辅助接点应直接接入故障录波装置，以便于事故分析。断路器、隔离开关、接地隔离开关采用电气闭锁+机械闭锁方式，不主张采用编码锁+机械闭锁方式。

二、10kV母联自投装置验收

1. 验收需要的资料

（1）设计、施工图纸。

（2）测控一体化自投装置（含充电保护）其他相关设备的原理图、接线图、技术说明书、调试大纲、出厂试验报告。

（3）施工单位安装、调试报告。

（4）调度部门整定计算通知单、微机保护和微机测控装置版本通知单。

（5）调试、验收规程。

2. 保护屏验收

（1）检查自投装置的额定参数，包括交流电流（AC1A）、交流电压（AC100V）、直流电源（±220V）等。记录保护屏、测控屏出厂日期。

（2）通电前，检查保护装置、测控装置的外观，插件、芯片、继电器等应无松动、完好。

（3）保护屏地铜排应与100mm^{2}接地网可靠连接。

（4）按照设计图纸核对保护屏接线，以及至端子箱、故障录波装置、电压接口屏、直流分配屏等屏间连线，可以采取对线、加入试验电流、传动等方法进行。当采用对线方法时，必须断开相关回路。

（5）保护屏上的压板、空气开关、切换开关、继电器、端子排、线号牌、电缆标牌的标志、标识应打印，且清晰、正确。

（6）保护压板颜色：保护功能投退压板用“黄色”，跳合闸出口压板用“红色”。

（7）保护装置试验。

1）记录自投装置的版本号，应与版本通知单一致。

2）零漂检查：在端子排上将装置的电流输入回路、电压输入回路分别短接后，记录各模拟量通道的显示值。

3）精度、线性度检查：在端子排上分别加入 $0.1I_e$、$0.5I_e$、I_e、$2I_e$、$5I_e$、$10I_e$，$0.05U_e$、$0.1U_e$、$0.2U_e$、$0.5U_e$、U_e、$1.2U_e$，记录各模拟量通道的显示值。

4）远方数据的准确性检查：在端子排上分别加入 $0.5I_e$、I_e，$0.5U_e$、U_e，记录测控系统的 I、U、P、Q 显示值，以检查变比系数和遥测序位的准确性。

5）开入回路检查：必须以实际动作情况检查每个开入量，不建议用短接开入端子的方法进行。

6）遥控回路试验：进行断路器、隔离开关、隔离接地开关的实际传动，同时检查压板对应关系的唯一性。

7）按照定值通知单输入保护定值，没有用的定值应整定为与相临段一致，或过量定值整定为最大值，欠量定值整定为最小值，但其控制字必须置于退出位置。输完定值后打印一份，并与定值通知单认真核对。

8）保护定值试验：模拟故障，检查各项定值在 0.9 倍和 1.1 倍下的动作情况。

9）保护动作时间测量：模拟各种故障，测量每段保护动作时间，包括 0s 出口的保护动作时间。

10）保护动作、告警信号传动：模拟各种故障，记录监控系统中的动作信号，应与保护动作情况一致。

11）自投装置逻辑传动

①模拟条件：Ⅰ母线、Ⅱ母线均有压，1DL、2DL 在合位，3DL 在分位。

②模拟Ⅰ母线失电压、失电流，Ⅱ母线有压，自投装置应跳 1DL、合 3DL，如合于故障上则加速跳开 3DL。

③模拟Ⅱ母线失压、失流，Ⅰ母线有压，自投装置应跳 2DL、合 3DL，如合于故障上则加速跳开 3DL。

12）录波检查：保护 TJ、HJ 应接入故障录波装置。

（8）操作箱检查。

1）应使用断路器本体的防跳回路，将操作箱中的防跳回路短接。图 2-100 为防跳回路短接示意图。

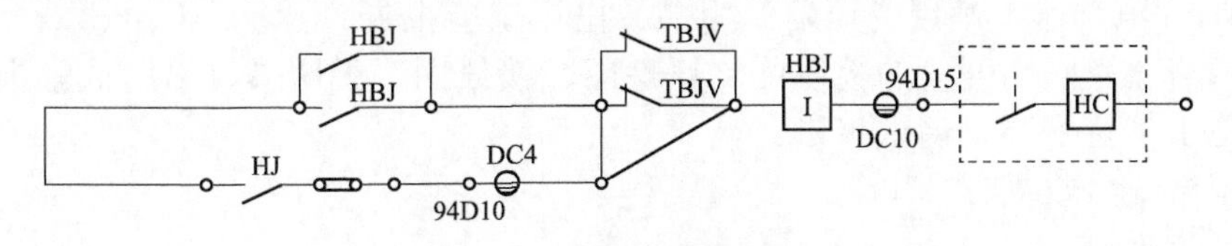

图 2-100　防跳回路短接示意图

2）操作箱跳闸继电器、合闸继电器保持电流应与断路器跳合闸电流相匹配。

3）对跳、合闸位置继电器，手跳、手合继电器，跳闸继电器等进行检查。

4）操作箱手跳、手合带开关实际传动。

5）防跳回路检查：将控制开关置于合闸位置，然后短接保护跳闸接点，断路器不应跳跃。

6）操作箱至监控系统信号传动。

（9）带断路器传动：传动时尽量减少断路器实际动作次数，在开关场安排人员监视断路器动作情况。

（10）电流回路直流电阻测量。在端子箱处测量所有电流回路直流电阻，不应有开路现象，而且每组电流回路 A、B、C 三相应平衡。

（11）绝缘检查：使用 1000V 绝缘电阻表对以下回路进行绝缘检查。

1）交流电流回路对地。

2）交流电压回路对地。

3）直流控制回路对地。

4）直流信号回路对地。

5）交流电流回路对直流控制回路。

6）交流电流回路对直流信号回路。

三、编写现场运行规程、填写继电保护运行日志

（1）现场运行规程内容包括自投装置功能，各压板、小开关、切换开关的使用方法，运行方式变化引起保护的投退，自投装置异常告警处理方法，保护动作跳闸处理方法，运行注意事项等。

（2）继电保护运行日志填写内容包括保护定值执行情况、已处理或未处理的缺陷、能否投入运行、运行注意事项等。

四、10kV 母联保护配置建议

（1）10kV 母联保护应配置测控一体化自投装置，具备合闸于故障加速跳闸功能，并应含两段过电流保护，兼做充电保护。

（2）断路器本身应具备防跳闭锁。

（3）母联电流接入母差保护的极性视不同厂家而不同，接线时一定注意。

第十六节　室外 35kV 电抗器、站用变压器二次回路和保护装置验收

一、35kV 电抗器、站用变压器二次回路验收

1. 验收需要的资料

（1）设计、施工图纸。

（2）TA、电抗器、站用变压器说明书、出厂试验报告。

（3）断路器、隔离开关的控制回路原理图、接线图、说明书、出厂试验报告。

（4）施工单位安装、调试报告。

（5）调试、验收规程。

2. TA 验收

（1）建立 TA 台账：包括 TA 电流比范围、二次线圈数量及抽头、准确度级别。

（2）接线柱、线号牌、电缆标牌等应打印，且清晰、正确。

（3）TA 二次线圈选 4 个线圈：从母线侧依次为电抗器保护、母差保护、测量、计量。电抗器、站用变压器保护与母差保护用线圈必须交叉，以消除 TA 本身故障时的死区。

（4）TA 极性：保护用 TA 以母线侧为极性引出，测量、计量以电源侧为极性引出，TA 由一次侧向二次侧点极性，每组二次线圈点一次。当 S 接通时，毫安表正起，说明 L1 与 S1 为同极性端。图 2-101 为 TA 极性试验接线图。

（5）TA 电流比：保护、测量、计量电流比均符合定值通知单。TA 由一次侧通入大电流，测量每个二次线圈二次电流，测量某一二次线圈时，其他二次线圈均需短路。图 2-102 为 TA 电流比试验接线图，不建议使用电子式仪器进行电流比试验，推荐使用大电流发生器。

（6）TA 伏安特性：对每组二次线圈进行伏安特性试验，确保计量回路使用 0.2S 级，测量回路使用 0.2 级，保护使用 3 级、10P 级。试验时电流只能单方向逐渐增大，不允许减小后再增大。

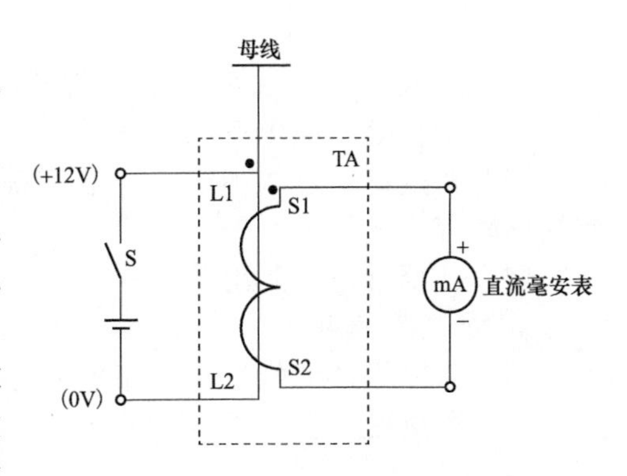

图 2-101 TA 极性试验接线图

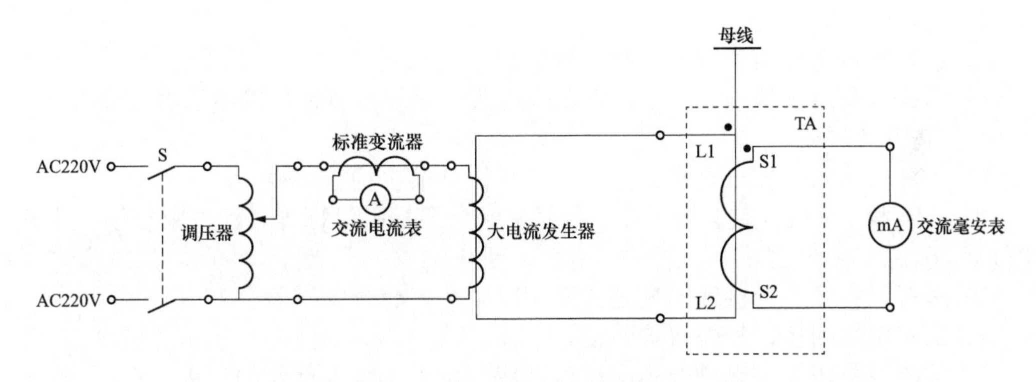

图 2-102 TA 电流比试验接线图

（7）TA 二次负载试验：对每组二次线圈进行二次负载试验，确保满足 10%误差。图 2-103 为 TA 伏安特性、二次负载试验图。

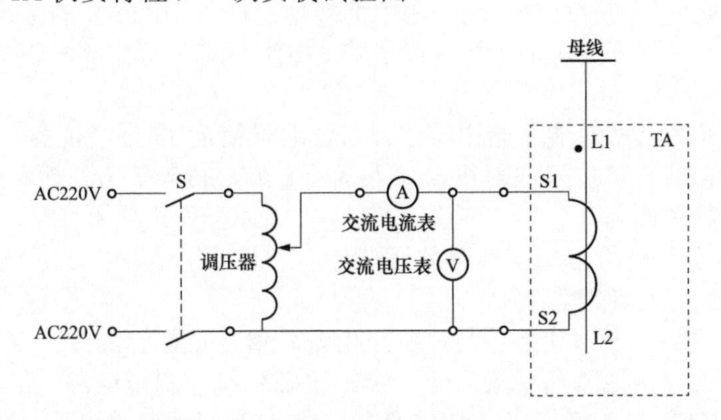

图 2-103 TA 伏安特性、二次负载试验图

（8）TA 本体处二次线圈不接地，TA 本体处二次电缆应穿钢管，并留有 1m 的余量，以备更换 TA 或二次电缆损坏时用。

（9）建议：关于 TA 电流比的选择，二次线圈电流比选择 100/1、300/1、600/1、1200/1。

3. 电抗器、站用变压器验收

（1）建立电抗器、站用变压器台账：包括容量、接线形式、保护接线方式。

（2）接线柱、线号牌、电缆标牌等应打印，且清晰、正确。

（3）本体处二次电缆应穿钢管，并留有 1m 的余量，以备更换二次电缆损坏时用。

（4）瓦斯继电器跳闸线与正电源隔开，重瓦斯两对跳闸接点串联使用，接点之间的绝缘电阻应为无穷大。

（5）瓦斯继电器防雨措施完好。

4. 断路器验收

（1）按照设计图纸核对断路器机构箱端子排接线。

（2）继电器、空气开关、端子排、线号牌、电缆标牌等标志、标识应打印，且清晰、正确。

（3）应使用断路器本体的防跳回路。

（4）测量跳、合闸线圈的电阻，应与说明书提供的跳、合闸电流及防跳闭锁继电器电流相匹配。

（5）进行断路器三相跳闸和三相合闸试验。

（6）建议：断路器辅助接点 DL 应直接接入故障录波装置，以便于事故分析。

5. 隔离开关验收

（1）按照设计图纸核对隔离开关、接地隔离开关机构箱接线。

（2）接触器、空气开关、端子排、线号牌、电缆标牌等标志、标识应打印，且清晰、正确。

（3）进行隔离开关、接地隔离开关三相跳闸和三相合闸试验。

（4）进行电压切换、母差保护传动。

（5）按照五防闭锁逻辑进行相应试验，应满足不发生误操作的要求。

（6）建议：断路器、隔离开关、接地隔离开关采用电气闭锁+机械闭锁方式，不主张采用编码锁+机械闭锁方式。

6. 端子箱验收

（1）防雨、通风、密封良好；端子箱中的接地点应与 $100mm^2$ 的接地铜网可靠连接。

（2）继电器、空气开关、端子排、线号牌、电缆标牌等标志、标识应打印，且清晰、正确。

（3）按照设计图纸核对端子箱中接线，以及端子箱至 TA、电抗器、站用变压器、断路器、保护屏等接线，可以采取对线、加入试验电流、传动等方法进行。当采用对线方法时，必须断开相关回路。

（4）TA 在端子箱中所有二次线圈的尾端连在一起后接地，以方便今后继电保护人员对测量、计量回路进行绝缘监督。

（5）断路器的跳、合闸线必须与控制正电源、信号正电源隔开。

（6）隔离开关、接地隔离开关的分、合闸线必须与控制正电源、信号正电源隔开。

（7）建议：35kV 端子箱使用 ZXW-2/2 端子箱。TA，瓦斯继电器，断路器控制回路、信号回路使用端子箱的 A 面；隔离开关、接地隔离开关的控制回路、信号回路，五防闭锁，照明、加热等各类电源使用端子箱的 B 面。

二、35kV 电抗器、站用变压器继电保护装置验收

1. 验收需要的资料

（1）设计、施工图纸。

（2）电抗器、站用变压器保护装置及其他相关设备的原理图、接线图、技术说明书、

调试大纲、出厂试验报告。

（3）施工单位安装、调试报告。

（4）调度部门整定计算通知单、微机保护版本通知单。

（5）调试、验收规程。

2. 保护屏验收

（1）建议使用测控一体化保护装置，每面屏上装4台电抗器或站用变压器保护装置。

（2）检查保护装置的额定参数，包括交流电流（AC1A）、交流电压（AC100V）、直流电源（±220V）等，并记录保护屏出厂日期。

（3）通电前，检查保护装置的外观，插件、芯片、继电器等应无松动、完好。

（4）保护屏接地铜排应与$100mm^2$接地网可靠连接。

（5）按照设计图纸核对保护屏接线，以及至端子箱、母差屏、故障录波装置、电压接口屏、直流分配屏等屏间连线，可以采取对线、加入试验电压、传动等方法进行。当采用对线方法时，必须断开相关回路。

（6）建议保护和控制电源使用同一电源，控制与保护电源不分开。

（7）保护屏上的压板、空气开关、切换开关、继电器、端子排、线号牌、电缆标牌的标志、标识应打印，且清晰、正确。

（8）保护压板颜色：保护功能投退压板用“黄色”，跳合闸出口压板用“红色”。

（9）保护试验。

1）记录保护装置的版本号，应与版本通知单一致。

2）零漂检查：在端子排上将装置的电流输入回路、电压输入回路分别短接后，记录各模拟量通道的显示值。

3）精度、线性度检查：在端子排上分别加入$0.1I_e$、$0.5I_e$、I_e、$2I_e$、$5I_e$、$10I_e$，$0.05U_e$、$0.1U_e$、$0.2U_e$、$0.5U_e$、U_e、$1.2U_e$，记录各模拟量通道的显示值。

4）开入回路检查：必须以实际动作情况检查每个开入量，不建议用短接开入端子的方法进行。

5）按照定值通知单输入保护定值，没有用的定值项应整定为与相临段一致，或过量定值整定为最大值，欠量定值整定为最小值，但其控制字必须置于退出位置。输完定值后打印一份，并与定值通知单认真核对。

6）保护特性试验：方向元件动作区试验。

7）保护定值试验：模拟各种故障，检查各项定值在0.9倍和1.1倍下的动作情况。

8）保护动作时间测量：模拟各种故障，测量每段保护动作时间，包括0s出口的保护动作时间。

9）保护动作、告警信号传动：模拟各种故障，记录监控系统中的动作信号，应与保护动作情况一致。

10）与母差保护联调：母差跳本断路器传动。

11）录波检查：保护的TJ均应接入故障录波装置。

（10）操作回路检查。

1）应使用断路器本体的防跳回路，将操作箱中的防跳回路短接。图2-104为防跳回路短接示意图。

2）操作箱跳闸继电器保持电流应与断路器跳、合闸电流相匹配。

3）对跳、合闸位置继电器，手跳、手合继电器，跳闸继电器，重合闸继电器，闭锁重合闸继电器，电压切换继电器等进行检查。

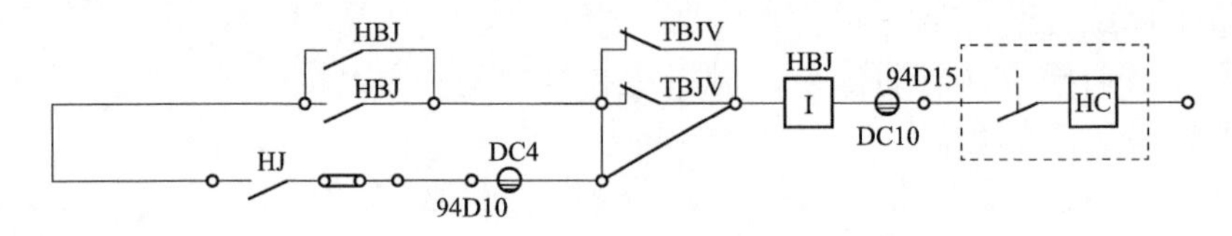

图 2-104　防跳回路短接示意图

4）电压切换回路检查：母线对应关系应正确，切换回路隔离开关控制接点建议使用单接点，切换继电器不带自保持。

5）操作箱手跳、手合带开关实际传动。

6）防跳回路检查：将控制开关置于合闸位置，然后短接保护跳闸接点，断路器不应跳跃。

7）操作箱至监控系统信号传动。

（11）测控试验。

1）记录测控装置的版本号，应与版本通知单一致。

2）按照定值通知单变比定值，整定变比系数，监控系统完成变比系数和序位设置。

3）零漂检查：在端子排上将装置的电流输入回路、电压输入回路分别短接后，记录各模拟量通道的显示值。

4）精度、线性度检查：在端子排上分别加入 $0.1I_e$、$0.5I_e$、I_e、$1.2I_e$，$0.1U_e$、$0.5U_e$、U_e、$1.2U_e$，记录各模拟量通道的显示值。

5）远方数据准确性检查：在端子排上分别加入 $0.5I_e$、I_e，$0.5U_e$、U_e，记录测控系统的 I、U、P、Q 显示值，以检查变比系数和遥测序位的准确性。

6）开入回路检查：必须以实际动作情况检查每个开入量，不建议用短接开入端子的方法进行。

7）遥控回路试验：进行断路器、隔离开关、隔离接地开关的实际传动，同时检查压板对应关系的唯一性。

（12）带断路器传动：传动时尽量减少断路器实际动作次数，在开关场安排人员监视断路器动作情况。

（13）电流回路直流电阻测量。在端子箱处测量所有电流回路直流电阻，不应有开路现象，而且每组电流回路 A、B、C 三相应平衡。

（14）绝缘检查：使用 1000V 绝缘电阻表对以下回路进行绝缘检查。

1）交流电流回路对地。

2）交流电压回路对地。

3）直流控制回路对地。

4）直流信号回路对地。

5）交流电流回路对直流控制回路。

6）交流电流回路对直流信号回路。

（15）保护投入运行前的向量检查。

1）在线路带负荷前，应退出相关的带方向保护，向量检查正确后，带方向的保护才允许投入跳闸。

2）同时检查所有电流回路、电压回路的采样值应正确。

三、编写现场运行规程、填写继电保护运行日志

（1）现场运行规程内容包括保护装置功能，各压板、小开关、切换开关的使用方法，运行方式变化引起保护的投退，保护装置异常告警处理方法，保护动作跳闸处理方法，运行注意事项等。

（2）继电保护运行日志填写内容包括保护定值执行情况、已处理或未处理的缺陷、能否投入运行、运行注意事项等。

四、35kV 电抗器、站用变压器保护配置建议

（1）35kV 每 4 台电抗器或站用变压器一面屏，包括测控一体化保护装置 4 台。

（2）装置使用的 TV 电压，控制、保护电源，打印机电源建议使用小母线，以减少电压接口屏、直流分配屏的电缆；屏与屏之间小母线的连接采用“软”连接，最好采用专用接插件。

（3）35kV 母线保护应不含失灵保护，以简化保护屏的接线。

（4）不主张控制、保护电源分开，控制、保护电源分开需要增加一个空气开关，这就造成保护或断路器拒动的概率增加一倍。因其控制回路并不复杂，对于查找直流接地也比较容易，所以认为控制、保护电源分开的意义不大。

第十七节　35kV 电容器二次回路和保护装置验收

一、35kV 电容器二次回路验收

1. 验收需要的资料

（1）设计、施工图纸。

（2）TA、电容器说明书、出厂试验报告。

（3）断路器、隔离开关的控制回路原理图、接线图、说明书、出厂试验报告。

（4）施工单位安装、调试报告。

（5）调试、验收规程。

2. TA 验收

（1）建立 TA 台账：包括 TA 电流比范围、二次线圈数量及抽头、准确度级别。

（2）接线柱、线号牌、电缆标牌等应打印，且清晰、正确。

（3）TA 二次线圈选 4 个线圈：从母线侧依次为电容器保护、母差保护、测量、计量，电容器保护与母差保护用线圈必须交叉，以消除 TA 本身故障时的死区。

（4）TA 极性：保护用 TA 以母线侧为极性引出，测量、计量以电源侧为极性引出，TA 由一次侧向二次侧点极性，每组二次线圈点一次。当 S 接通时，毫安表正起，说明 L1 与 S1 为同极性端。图 2-105 为 TA 极性试验接线图。

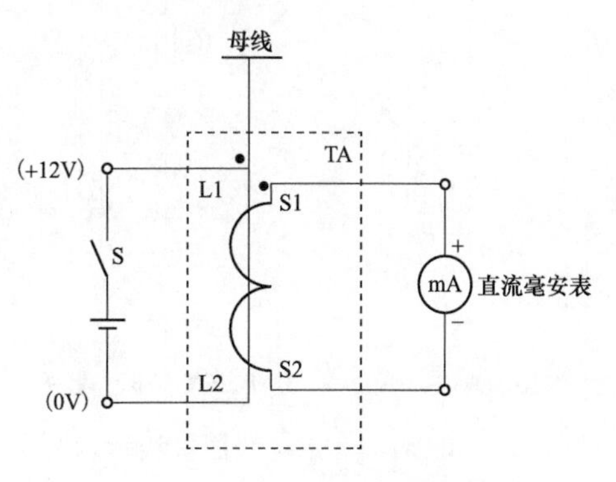

图 2-105　TA 极性试验接线图

（5）TA 电流比：保护、测量、计量电流比均符合定值通知单。TA 由一次侧通入大电流，测量每个二次线圈二次电流，测量某一二次线圈时，其他二次线圈均需短路。图 2-106 为 TA 电流比试验接线图，不建议使用电子式仪器进行电流比试验，推荐使用大电流发生器。

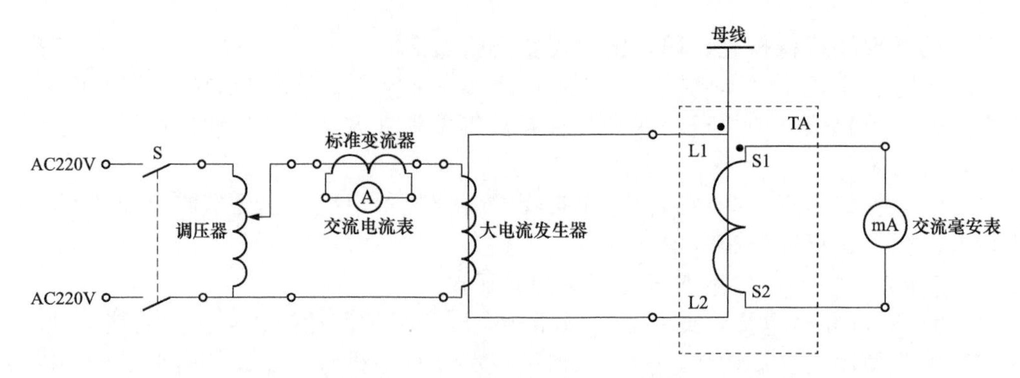

图 2-106　TA 电流比试验接线图

（6）TA 伏安特性：对每组二次线圈进行伏安特性试验，确保计量回路使用 0.2S 级，测量回路使用 0.2 级，保护使用 3 级、10P 级。试验时电流只能单方向逐渐增大，不允许减小后再增大。

（7）TA 二次负载试验：对每组二次线圈进行二次负载试验，确保满足 10%误差。

图 2-107 为 TA 伏安特性、二次负载试验图。

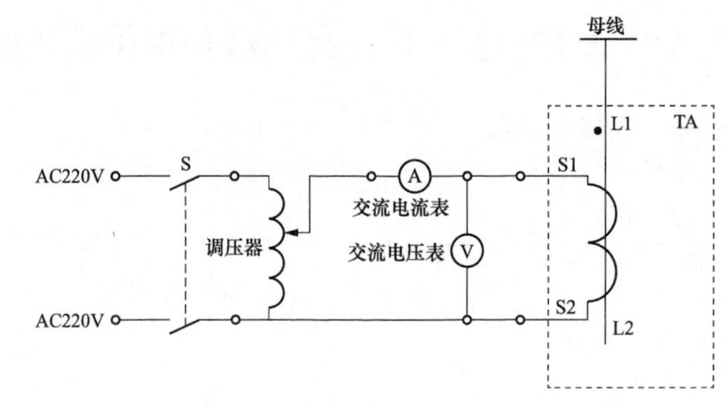

图 2-107　TA 伏安特性、二次负载试验图

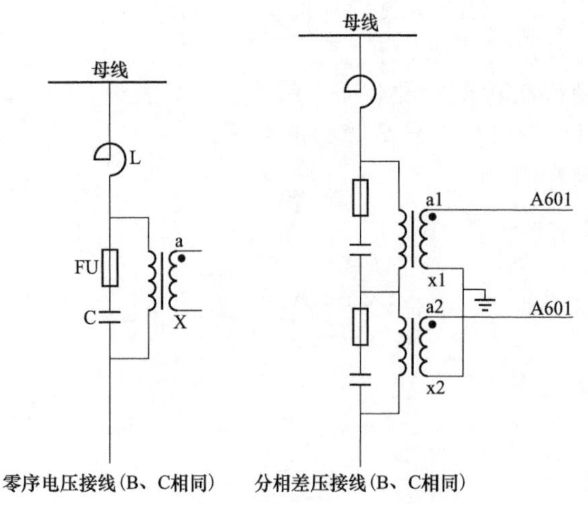

图 2-108　放电线圈接线示意图

（8）TA 本体处二次线圈不接地，TA 本体处二次电缆应穿钢管，并留有 1m 的余量，以备更换 TA 或二次电缆损坏时用。

（9）建议：关于 TA 电流比时选择，二次线圈电流比选择 100/1、300/1、600/1、1200/1。

3. 电容器验收

（1）建立电容器台账：包括容量、接线形式、保护接线方式。

（2）接线柱、线号牌、电缆标牌等应打印，且清晰、正确。

（3）放电线圈极性：以母线侧为极性，同级性端引出。图 2-108 为放电线圈接线示意图。

（4）本体处二次电缆应穿钢管，并留有1m的余量，以备更换二次电缆损坏时用。

（5）A、B、C三相二次线圈应分别接地。

（6）零序电压接线：三相放电的二次线圈依次首尾相连。

（7）分相差压接线：每相放电线圈的两个二次线圈，非极性端相连并接地，极性端引出至保护柜，其中a1与a2为同级性端。

图2-109为零序电压、分相差压接线示意图。

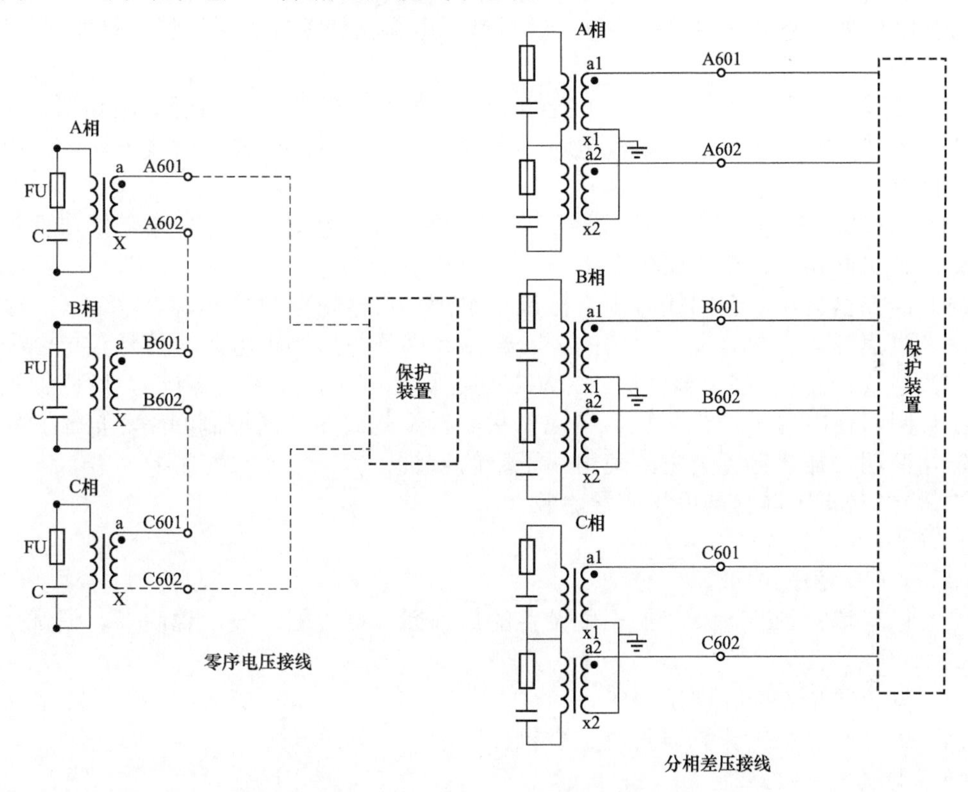

图2-109　零序电压、分相差压接线示意图

4. 断路器验收

（1）按照设计图纸核对断路器机构箱端子排接线。

（2）继电器、空气开关、端子排、线号牌、电缆标牌等标志、标识应打印，且清晰、正确。

（3）应使用断路器本体的防跳回路。

（4）测量跳、合闸线圈的电阻，应与说明书提供的跳、合闸电流及防跳闭锁继电器电流相匹配。

（5）进行断路器三相跳闸和三相合闸试验。

（6）建议：断路器辅助接点应直接接入故障录波装置，以便于事故分析。

5. 隔离开关验收

（1）按照设计图纸核对隔离开关、接地隔离开关机构箱接线。

（2）接触器、空气开关、端子排、线号牌、电缆标牌等标志、标识应打印，且清晰、正确。

（3）进行隔离开关、接地隔离开关三相跳闸和三相合闸试验。

（4）进行电压切换、母差保护传动。

（5）按照五防闭锁逻辑进行相应试验，应满足不发生误操作的要求。

（6）建议：断路器、隔离开关、接地隔离开关采用电气闭锁+机械闭锁方式，不主张采用编码锁+机械闭锁方式。

6. 端子箱验收

（1）防雨、通风、密封良好；端子箱中的接地点应与 $100mm^2$ 的接地铜网可靠连接。

（2）继电器、空气开关、端子排、线号牌、电缆标牌等标志、标识应打印，且清晰、正确。

（3）按照设计图纸核对端子箱中接线，以及端子箱至TA、电容器、断路器、保护屏等接线，可以采取对线、加入试验电流、传动等方法进行。当采用对线方法时，必须断开相关回路。

（4）TA在端子箱中所有二次线圈的尾端连在一起后接地，以方便今后继电保护人员对测量、计量回路进行绝缘监督。

（5）断路器的跳、合闸线必须与控制正电源、信号正电源隔开。

（6）隔离开关、接地隔离开关的分、合闸线必须与控制正电源、信号正电源隔开。

（7）建议：35kV 端子箱使用 ZXW-2/2 端子箱。TA，差压（零压），断路器控制回路、信号回路使用端子箱的A面；隔离开关、接地隔离开关的控制回路、信号回路，五防闭锁，照明、加热等各类电源使用端子箱的B面。

二、35kV 电容器继电保护装置验收

1. 验收需要的资料

（1）设计、施工图纸。

（2）电容器保护装置及其他相关设备的原理图、接线图、技术说明书、调试大纲、出厂试验报告。

（3）施工单位安装、调试报告。

（4）调度部门整定计算通知单、微机保护版本通知单。

（5）调试、验收规程。

2. 保护屏验收

（1）建议使用测控一体化保护装置，每面屏上装4台电容器保护。

（2）检查保护装置的额定参数，包括交流电流（AC1A）、交流电压（AC100V）、直流电源（±220V）等，并记录保护屏出厂日期。

（3）通电前，检查保护装置的外观，插件、芯片、继电器等应无松动、完好。

（4）保护屏接地铜排应与 $100mm^2$ 接地网可靠连接。

（5）按照设计图纸核对保护屏接线，以及至端子箱、母差屏、故障录波装置、电压接口屏、直流分配屏等屏间连线，可以采取对线、加入试验电压、传动等方法进行。当采用对线方法时，必须断开相关回路。

（6）建议保护和控制电源使用同一电源，控制与保护电源不分。

（7）保护屏上的压板、空气开关、切换开关、继电器、端子排、线号牌、电缆标牌的标志、标识应打印，且清晰、正确。

（8）保护压板颜色：保护功能投退压板用“黄色”，跳合闸出口压板用“红色”。

（9）保护试验。

1）记录保护装置的版本号，应与版本通知单一致。

2）零漂检查：在端子排上将装置的电流输入回路、电压输入回路分别短接后，记录各模拟量通道的显示值。

3）精度、线性度检查：在端子排上分别加入 $0.1I_e$、$0.5I_e$、I_e、$2I_e$、$5I_e$、$10I_e$，$0.05U_e$、$0.1U_e$、$0.2U_e$、$0.5U_e$、U_e、$1.2U_e$，记录各模拟量通道的显示值。

4）开入回路检查：必须以实际动作情况检查每个开入量，不建议用短接开入端子的方法进行。

5）按照定值通知单输入保护定值，没有用的定值项应整定为与相临段一致，或过量定值整定为最大值，欠量定值整定为最小值，但其控制字必须置于退出位置。输完定值后打印一份，并与定值通知单认真核对。

6）保护特性试验：方向元件动作区试验。

7）保护定值试验：模拟各种故障，检查各项定值在 0.9 倍和 1.1 倍下的动作情况。

8）保护动作时间测量：模拟各种故障，测量每段保护动作时间，包括 0s 出口的保护动作时间。

9）保护动作、告警信号传动：模拟各种故障，记录监控系统中的动作信号，应与保护动作情况一致。

10）与母差保护联调：母差跳本断路器传动。

11）录波检查：保护的 TJ 均应接入故障录波装置。

（10）操作回路检查。

1）应使用断路器本体的防跳回路，将操作箱中的防跳回路短接。图 2-110 防跳回路短接示意图。

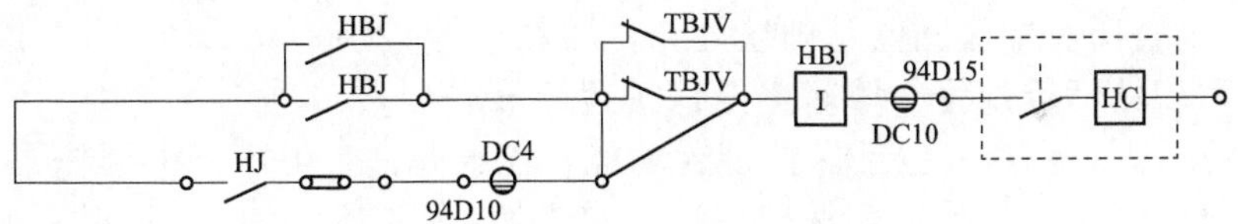

图 2-110　防跳回路短接示意图

2）操作箱跳闸继电器保持电流应与断路器跳合闸电流相匹配。

3）对跳、合闸位置继电器，手跳、手合继电器，跳闸继电器，重合闸继电器，闭锁重合闸继电器，电压切换继电器等进行检查。

4）电压切换回路检查：母线对应关系应正确，切换回路隔离开关控制接点建议使用单接点，切换继电器不带自保持。

5）操作箱手跳、手合带开关实际传动。

6）防跳回路检查：将控制开关置于合闸位置，然后短接保护跳闸接点，断路器不应跳跃。

7）操作箱至监控系统信号传动。

（11）测控试验。

1）记录测控装置的版本号，应与版本通知单一致。

2）按照定值通知单变比定值，整定变比系数，监控系统完成变比系数和序位设置。

3）零漂检查：在端子排上将装置的电流输入回路、电压输入回路分别短接后，记录各模拟量通道的显示值。

4）精度、线性度检查：在端子排上分别加入 $0.1I_e$、$0.5I_e$、I_e、$1.2I_e$，$0.1U_e$、$0.5U_e$、U_e、$1.2U_e$，记录各模拟量通道的显示值。

5）远方数据准确性检查：在端子排上分别加入 $0.5I_e$、I_e，$0.5U_e$、U_e，记录测控系统的 I、U、P、Q 显示值，以检查变比系数和遥测序位的准确性。

6）开入回路检查：必须以实际动作情况检查每个开入量，不建议用短接开入端子的方法进行。

7）遥控回路试验：进行断路器、隔离开关、隔离接地开关的实际传动，同时检查压板对应关系的唯一性。

（12）带断路器传动：传动时尽量减少断路器实际动作次数，在开关场安排人员监视断路器动作情况。

（13）电流回路直流电阻测量。在端子箱处测量所有电流回路直流电阻，不应有开路现象，而且每组电流回路 A、B、C 三相应平衡。

（14）绝缘检查：使用 1000V 绝缘电阻表对以下回路进行绝缘检查。

1）交流电流回路对地。

2）交流电压回路对地。

3）直流控制回路对地。

4）直流信号回路对地。

5）交流电流回路对直流控制回路。

6）交流电流回路对直流信号回路。

（15）保护投入运行前的向量检查。

1）在线路带负荷前，应退出相关的带方向保护，向量检查正确后，带方向的保护才允许投入跳闸。

2）同时检查所有电流回路、电压回路的采样值应正确。

三、编写现场运行规程、填写继电保护运行日志

（1）现场运行规程内容包括保护装置功能，各压板、小开关、切换开关的使用方法，运行方式变化引起保护的投退，保护装置异常告警处理方法，保护动作跳闸处理方法，运行注意事项等。

（2）继电保护运行日志填写内容包括保护定值执行情况、已处理或未处理的缺陷、能否投入运行、运行注意事项等。

四、35kV 电容器保护配置建议

（1）35kV 每 4 台电容器一面屏，包括测控一体化保护装置 4 台。

（2）装置使用的 TV 电压，控制、保护电源，打印机电源建议使用小母线，以减少电压接口屏、直流分配屏的电缆；屏与屏之间小母线的连接采用“软”连接，最好采用专用接插件。

（3）35kV 母线保护应不含失灵保护，以简化保护屏的接线。

（4）不主张控制、保护电源分开，控制、保护电源分开需要增加一个空气开关，这就造成保护或断路器拒动的概率增加一倍。因其控制回路并不复杂，对于查找直流接地也比较容易，所以认为控制、保护电源分开的意义不大。

第十八节　220kV 母差保护装置验收

一、验收需要的资料

（1）设计、施工图纸。

（2）母差保护原理图、接线图、说明书、出厂试验报告。

（3）施工单位安装、调试报告。

（4）调试、验收规程。

二、组屏要求

（1）220kV 母线保护应配置两套不同厂家的母线差动保护，每套保护含有完整的失灵保护。失灵保护的电流判别元件使用母差保护中的电流判别元件。

（2）当母差保护间隔数较多时，应设专门的转接屏。

三、对 TA 要求

（1）线路保护、变压器保护与母差保护用 TA 线圈必须交叉，以消除 TA 本身故障时的死区。

（2）TA 极性：除母联断路器外，其他间隔均以母线为极性。母联断路器 TA 极性对 RCS 系母差保护以Ⅰ母线为极性引出，对 BP-2B 系保护以Ⅱ母线为极性引出。

（3）TA 电流比：各间隔的 TA 电流比最好相同，如不相同建议为整数倍。

（4）在进行 TA 试验时，必须在端子箱中断开至母差保护的电流回路。

四、母差保护屏验收

（1）检查保护装置的额定参数，包括交流电流（AC1A）、交流电压（AC100V）、直流电源（±220V）等。记录母差保护屏出厂日期。

（2）按照设计图纸核对保护屏接线，以及至端子箱、保护屏、故障录波装置、电压接口屏、直流分配屏等屏间连线。

（3）保护屏上的压板、空气开关、切换开关、继电器、端子排、线号牌、电缆标牌的标志、标识应打印，且清晰、正确。

（4）母差保护屏一接保护电源一，母差保护屏二接保护电源二。

（5）线路保护一或变压器保护一启动母差保护一中的失灵保护，母差保护一接操作箱一的 TJR，启动断路器跳闸线圈一跳闸。

（6）线路保护二或变压器保护二启动母差保护二中的失灵保护，母差保护二接操作箱二的 TJR，启动断路器跳闸线圈二跳闸。

（7）接入母差保护时，TA 输入、启动失灵输入、隔离开关位置、跳闸出口必须一一对应。

（8）保护压板颜色：保护功能投退压板用“黄色”，跳合闸出口压板用“红色”，启动失灵保护用“蓝色”。

（9）保护屏接地铜排应与 $100mm^2$ 接地网可靠连接。

（10）通电前，检查保护装置的外观，插件、芯片、继电器等应无松动、完好。

五、母差保护屏验收

（1）记录保护装置的版本号，应与版本通知单一致。

（2）以实际拉合隔离开关和断路器进行每个间隔隔离开关位置和母联断路器位置的检查。

（3）零漂检查：在端子排上将装置的电流输入回路、电压输入回路分别短接后，记录各模拟量通道的显示值。

（4）精度、线性度检查：在端子排上分别加入 $0.1I_e$、$0.5I_e$、I_e、$2I_e$、$5I_e$、$10I_e$，$0.05U_e$、$0.1U_e$、$0.2U_e$、$0.5U_e$、U_e、$1.2U_e$，记录各模拟量通道的显示值。

（5）开入回路检查：必须以实际动作情况检查每个开入量，不建议用短接开入端子的方法进行。

（6）按照定值通知单输入保护定值，输完定值后打印一份，并与定值通知单认真核对。

（7）对于 TA 电流比不相同的情况，进行 TA 电流比折算、整定。

（8）保护特性试验：

1）差动继电器制动特性试验。

2）各间隔启动失灵保护试验，输入回路严格执行反措要求，采用大功率继电器或双光耦。

3）变压器后备保护解除复合电压闭锁试验。

4）死区保护、相继动作试验。

（9）保护定值试验：

1）电流继电器定值试验：启动失灵电流定值检查、差动继电器定值检查。模拟故障，检查各项定值在 0.9 倍和 1.1 倍下的动作情况。

2）复合电压定值试验。

①低电压：将复合电压闭锁过电流整定为不带方向、0s，加入单相电流大于定值，加入三相正序电压 100V，然后缓慢降低电压时保护动作，动作时的电压即为低电压动作值。

②负序电压：将复合电压闭锁过流整定为不带方向、0s，低电压整定为 0V，加入单相电流大于定值，加入三相负序电压，然后缓慢升高电压至保护动作，动作时的电压为负序电压动作值。

（10）保护动作时间测量：模拟各种故障，测量保护动作时间。

（11）保护动作、告警信号传动：模拟各种故障，记录监控系统中的动作信号，应与保护动作情况一致。

（12）母差跳断路器传动：传动时尽量减少断路器实际动作次数，在开关场安排人员监视断路器动作情况。两套保护分别进行模拟各种试验。

（13）录波检查：母差保护出口应接入故障录波装置。

（14）电流回路直流电阻测量。在端子箱处测量所有电流回路直流电阻，不应有开路现象，而且每组电流回路 A、B、C 三相应平衡。

（15）绝缘检查：使用 1000V 绝缘电阻表对以下回路进行绝缘检查。

1）交流电流回路对地。

2）交流电压回路对地。

3）直流控制回路对地。

4）直流信号回路对地。

5）交流电流回路对直流控制回路。

6）交流电流回路对直流信号回路。

（16）母差保护投入运行前的向量检查：在带负荷前，应退出母差保护，向量检查正确后，母差保护才允许投入跳闸。

六、编写现场运行规程、填写继电保护运行日志

（1）现场运行规程内容包括母差保护功能，各压板、小开关、切换开关的使用方法，运行方式变化引起保护的投退，母差保护异常告警处理方法，保护动作跳闸处理方法，运行注意事项等。

（2）继电保护运行日志填写内容包括保护定值执行情况、已处理或未处理的缺陷、能否投入运行、运行注意事项等。

第十九节　110kV、35kV 母差保护装置验收

一、验收需要的资料

（1）设计、施工图纸。

（2）母差保护原理图、接线图、说明书、出厂试验报告。

（3）施工单位安装、调试报告。

（4）调试、验收规程。

二、对 TA 要求

（1）线路保护、变压器保护与母差保护用 TA 线圈必须交叉，以消除 TA 本身故障时的死区。

（2）TA 极性：除母联断路器外，其他间隔均以母线为极性。母联断路器 TA 极性对 RCS 系母差保护以Ⅰ母线为极性引出，对 BP-2B 系保护以Ⅱ母线为极性引出。

（3）TA 电流比：各间隔的 TA 电流比最好相同，如不相同建议为整数倍。

（4）在进行 TA 试验时，必须在端子箱中断开至母差保护的电流回路。

三、母差保护屏验收

（1）检查保护装置的额定参数，包括交流电流（AC1A）、交流电压（AC100V）、直流电源（±220V）等。记录母差保护屏出厂日期。

（2）按照设计图纸核对保护屏接线，以及至端子箱、保护屏、故障录波装置、电压接口屏、直流分配屏等屏间连线。

（3）保护屏上的压板、空气开关、切换开关、继电器、端子排、线号牌、电缆标牌的标志、标识应打印，且清晰、正确。

（4）接入母差保护时，TA 输入、启动失灵输入、隔离开关位置、跳闸出口必须一一对应。

（5）保护压板颜色：保护功能投退压板用“黄色”，跳合闸出口压板用“红色”，启动失灵保护用“蓝色”。

（6）保护屏接地铜排应与 100mm^2 接地网可靠连接。

（7）通电前，检查保护装置的外观，插件、芯片、继电器等应无松动、完好。

四、母差保护屏验收

（1）记录保护装置的版本号，应与版本通知单一致。

（2）以实际拉合隔离开关和断路器进行每个间隔隔离开关位置和母联断路器位置的检查。

（3）零漂检查：在端子排上将装置的电流输入回路、电压输入回路分别短接后，记录各模拟量通道的显示值。

（4）精度、线性度检查：在端子排上分别加入 $0.1I_e$、$0.5I_e$、I_e、$2I_e$、$5I_e$、$10I_e$，$0.05U_e$、$0.1U_e$、$0.2U_e$、$0.5U_e$、U_e、$1.2U_e$，记录各模拟量通道的显示值。

（5）开入回路检查：必须以实际动作情况检查每个开入量，不建议用短接开入端子的方法进行。

（6）按照定值通知单输入保护定值，输完定值后打印一份，并与定值通知单认真核对。

（7）对于 TA 电流比不相同的情况，进行 TA 电流比折算、整定。

（8）保护特性试验：

1）差动继电器制动特性试验。

2）变压器后备保护解除复合电压闭锁试验。

3）死区保护、相继动作试验。

（9）保护定值试验：

1）电流继电器定值检查、差动继电器定值检查。模拟故障，检查各项定值在 0.9 倍和 1.1 倍下的动作情况。

2）复合电压定值试验：

①低电压：将复合电压闭锁过流整定为不带方向、0s，加入单相电流大于定值，加入三相正序电压 100V，然后缓慢降低电压时保护动作，动作时的电压即为低电压动作值。

②负序电压：将复合电压闭锁过电流整定为不带方向、0s，低电压整定为 0V，加入单相电流大于定值，加入三相负序电压，然后缓慢升高电压至保护动作，动作时的电压即为负序电压动作值。

（10）保护动作时间测量：模拟各种故障，测量保护动作时间。

（11）保护动作、告警信号传动：模拟各种故障，记录监控系统中的动作信号，应与保护动作情况一致。

（12）母差跳断路器传动：传动时尽量减少断路器实际动作次数，在开关场安排人员监视断路器动作情况。

（13）录波检查：母差保护出口应接入故障录波装置。

（14）电流回路直流电阻测量。在端子箱处测量所有电流回路直流电阻，不应有开路现象，而且每组电流回路 A、B、C 三相应平衡。

（15）绝缘检查：使用 1000V 绝缘电阻表对以下回路进行绝缘检查。

1）交流电流回路对地。

2）交流电压回路对地。

3）直流控制回路对地。

4）直流信号回路对地。

5）交流电流回路对直流控制回路。

6）交流电流回路对直流信号回路。

（16）母差保护投入运行前的向量检查：在带负荷前，应退出母差保护，向量检查正确后，母差保护才允许投入跳闸。

五、编写现场运行规程、填写继电保护运行日志

（1）现场运行规程内容包括母差保护功能，各压板、小开关、切换开关的使用方法，运行方式变化引起保护的投退，母差保护异常告警处理方法，保护动作跳闸处理方法，运行注意事项等。

（2）继电保护运行日志填写内容包括保护定值执行情况、已处理或未处理的缺陷、能否投入运行、运行注意事项等。

第二十节　220kV、110kV TV 二次回路验收

一、验收需要的资料

（1）设计、施工图纸。

（2）TV 说明书、出厂试验报告。

（3）隔离开关控制的回路原理图、接线图、说明书、出厂试验报告。

（4）施工单位安装、调试报告。

（5）调试、验收规程。

二、TV 验收

（1）建立 TV 台账：包括电压比范围、二次线圈数量、准确度级别。

（2）接线柱、线号牌、电缆标牌等应打印，且清晰、正确。

（3）TV 极性：TV 以母线侧为极性引出，TV 由二次侧向一次侧点极性，每组二次线圈点一次。当 S 接通时，毫安表正起，说明 A 与 a1 为同极性端。图 2-111 所示为 TV 极性试验接线图。

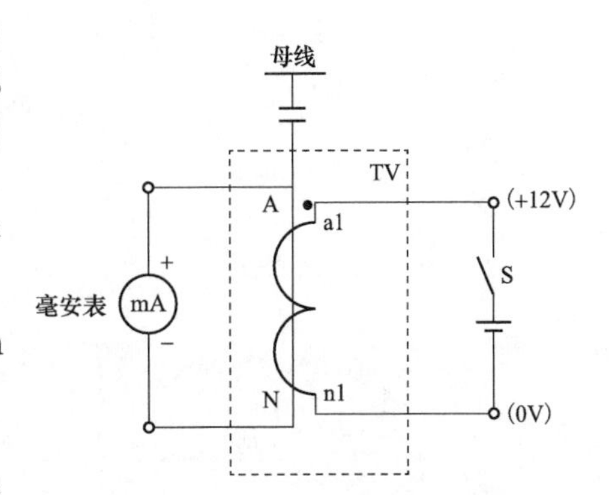

图 2-111　TV 极性试验接线图

（4）TV 电压比：保护、测量、计量电压比均符合定值通知单。

（5）TV 本体处二次电缆应穿钢管，并留有 1m 的余量，以备更换 TV 或二次电缆损坏时用。

（6）TV 本体处二次线圈不准接地。

（7）建议：关于 TV 电压比的选择，每组二次线圈电压比为 $220/0.1/\sqrt{3}$；TV 二次线圈选 4 个线圈：分别为保护一、保护二、测量+计量、开口三角。

三、隔离开关验收

（1）按照设计图纸核对隔离开关、接地隔离开关机构箱接线。

（2）接触器、空气开关、端子排、线号牌、电缆标牌等标志、标识应打印，且清晰、正确。

（3）进行隔离开关、接地隔离开关单相跳闸和单相合闸试验。

（4）进行电压切换、母差保护传动。

（5）按照五防闭锁逻辑进行相应试验，应满足不发生误操作的要求。

（6）建议：隔离开关、接地隔离开关采用电气闭锁+机械闭锁方式，不主张采用编码锁+机械闭锁方式。

四、端子箱验收

（1）防风、通风、密封良好；端子箱中的接地点应与 100mm^2 的接地铜网可靠连接。

（2）继电器、空气开关、端子排、线号牌、电缆标牌等标志、标识应打印，且清晰、正确。

（3）按照设计图纸核对端子箱中接线，以及端子箱至 TV、隔离开关、电压接口屏等接线，可以采取对线、加入试验电压、传动等方法进行。当采用对线方法时必须断开相关回路。

（4）隔离开关、接地隔离开关的分、合闸线必须与控制正电源、信号正电源隔开。

（5）TV 二次线圈 A、B、C、L 在端子箱中应设带报警的小开关，并经过隔离开关辅助接点控制。图 2-112 为 TV 二次回路原理图。

（6）每组 TV 的中性线 N600 均不允许经过小开关控制及隔离开辅助接点，且不允许在端子箱中直接接地，但应通过氧化锌避雷器接地，以防 TV 回路多点接地。

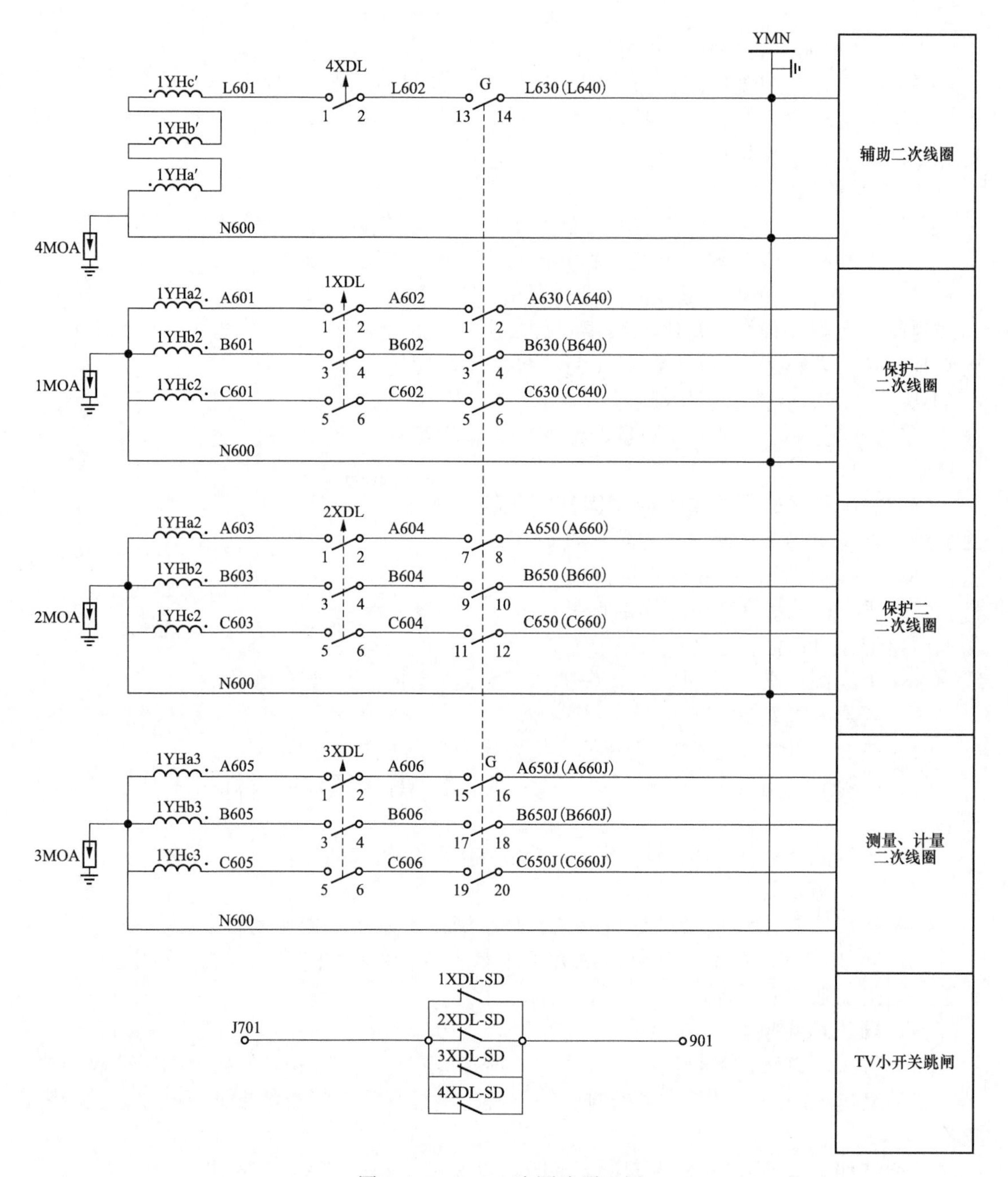

图 2-112　TV 二次回路原理图

（7）为防止电压位移，保护一用的电压 A、B、C、N 使用一根 4×4mm^2 电缆，L、N 使用另外一根 4×4mm^2 的电缆，A、B、C、L、N 不允许合用同一根电缆。

（8）为减小测量、计量回路 TV 二次压降，测量、计量使用的电压 A、B、C、N 每相使用一根 4×4mm^2 电缆。

（9）保护二用的电压 A、B、C、N 使用另外一根独立的 4×4mm^2 电缆。

（10）所有 TV 二次绕组的 N600 应在电压接口屏接地，在端子箱中经氧化性避雷器接地，不允许直接接地；TV 端子箱中所有小空气开关跳闸时均应能报警。

第二十一节　35kV、10kV TV 二次回路验收

一、验收需要的资料

（1）设计、施工图纸。

（2）TV 说明书、出厂试验报告。

（3）隔离开关控制的回路原理图、接线图、说明书、出厂试验报告。

（4）施工单位安装、调试报告。

（5）调试、验收规程。

二、TV 验收

（1）建立 TV 台账：包括电压比范围、二次线圈数量、准确度级别。

（2）接线柱、线号牌、电缆标牌等应打印，且清晰、正确。

（3）TV 极性：TV 以母线侧为极性引出，TV 由二次侧向一次侧点极性，每组二次线圈点一次。当 S 接通时，毫安表正起，说明 A 与 a1 为同极性端。图 2-113 为 TV 极性试验接线图。

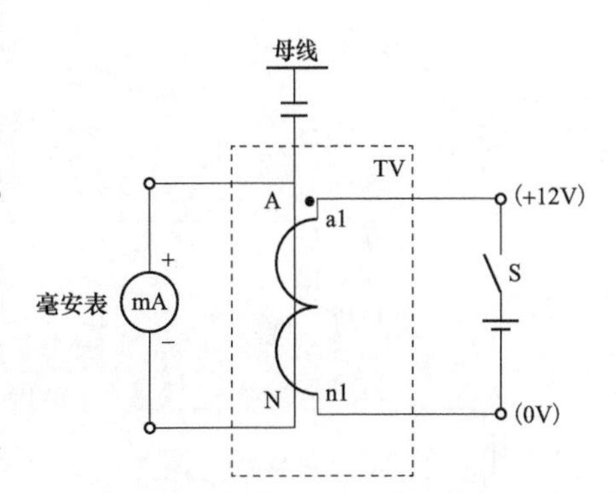

图 2-113　TV 极性试验接线图

（4）TV 电压比：保护、测量、计量电压比均符合定值通知单。

（5）本体处二次电缆应穿钢管，并留有 1m 的余量，以备更换 TV 或二次电缆损坏时用。

（6）本体处二次线圈不准接地。

（7）关于 TV 电压比的选择，每组二次线圈电压比为 $110/0.1/\sqrt{3}$ 或 $35/0.1/\sqrt{3}$ 或 $10/0.1/\sqrt{3}$；TV 二次线圈选 3 个线圈，分别为保护、测量计量、开口三角。

三、隔离开关验收

（1）按照设计图纸核对隔离开关、接地隔离开关机构箱接线。

（2）接触器、空气开关、端子排、线号牌、电缆标牌等标志、标识应打印，且清晰、正确。

（3）进行隔离开关、接地隔离开关单相跳闸和单相合闸试验。

（4）进行电压切换、母差保护传动。

（5）按照五防闭锁逻辑进行相应试验，应满足不发生误操作的要求。

（6）建议：隔离开关、接地隔离开关采用电气闭锁+机械闭锁方式，不主张采用编码锁+机械闭锁方式。

四、端子箱验收

（1）防雨、通风、密封良好；端子箱中的接地点应与 $100mm^2$ 的接地铜网可靠连接。

（2）继电器、空气开关、端子排、线号牌、电缆标牌等标志、标识应打印，且清晰、正确。

（3）按照设计图纸核对端子箱中接线，以及端子箱至 TV、隔离开关、电压接口屏等接线，可以采取对线、加入试验电压、传动等方法进行。当采用对线方法时，必须断开相关回路。

（4）隔离开关、接地隔离开关的分、合闸线必须与控制正电源、信号正电源隔开。

（5）TV 二次线圈 A、B、C、L 在端子箱中应设带报警的小开关，并经过隔离开关辅助接点控制。图 2-114 为 TV 二次回路原理图。

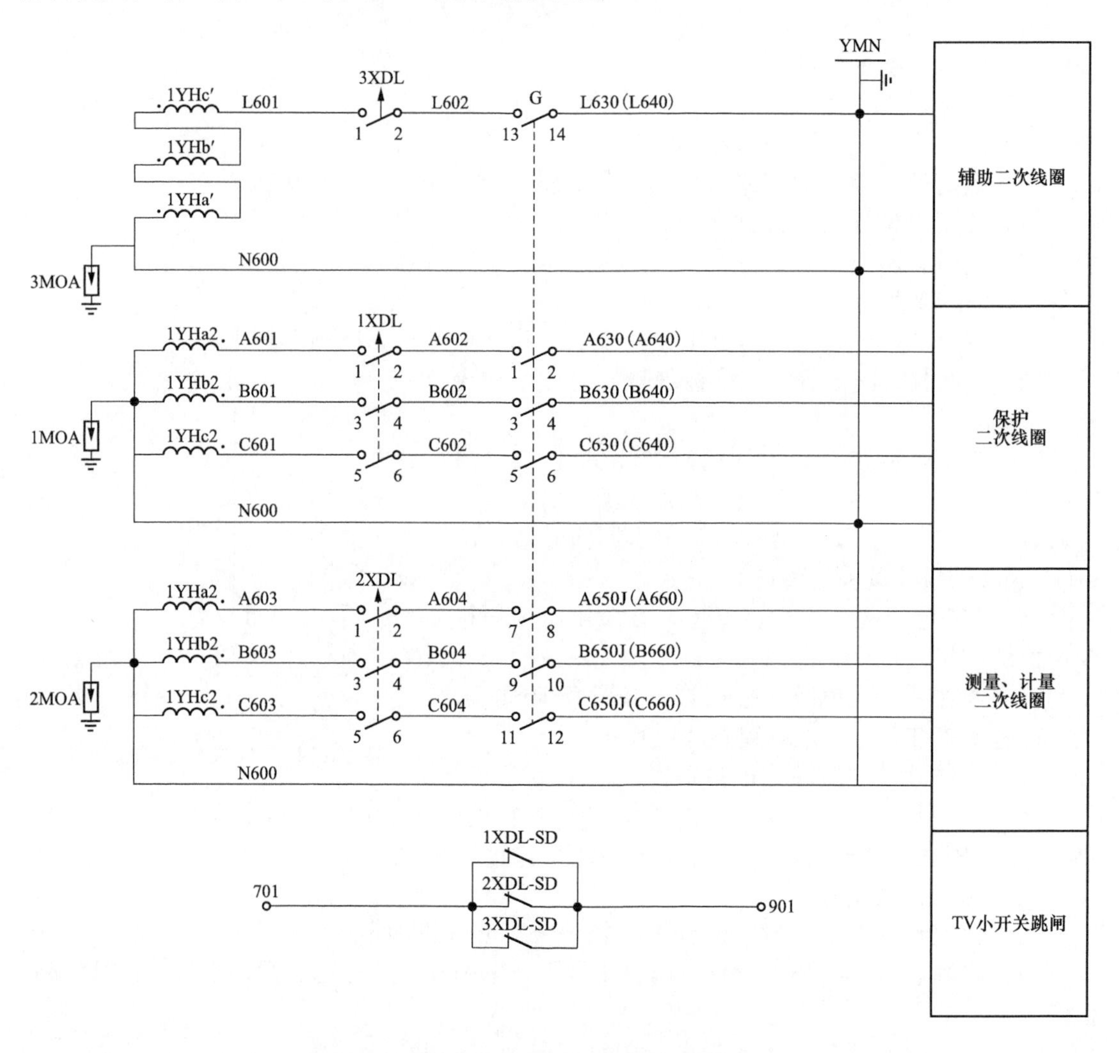

图 2-114　TV 二次回路原理图

（6）TV 的中性线 N600 均不允许经过小开关控制及隔离开辅助接点，且不允许在端子箱中直接接地，但应通过氧化锌避雷器接地，以防 TV 回路多点接地。

（7）为防止电压位移，保护用的电压 A、B、C、N 使用一根 $4\times4mm^2$ 电缆，L、N 使用另外一根 $4\times4mm^2$ 的电缆，A、B、C、L、N 不允许合用同一根电缆。

（8）为减小测量、计量回路 TV 二次压降，测量、计量使用的电压 A、B、C、N 每相使用一根 $4\times4mm^2$ 电缆。

（9）TV 二次并列必须在一次设备并列的情况下才能并列，所以 TV 二次并列需受母联断路器辅助接点控制。图 2-115 为 TV 二次并列原理图。

（10）所有 TV 二次绕组的 N600 应在电压接口屏接地，在端子箱中经氧化性避雷器接地，不允许直接接地；TV 端子箱中所有小空气开关跳闸时均应能报警。

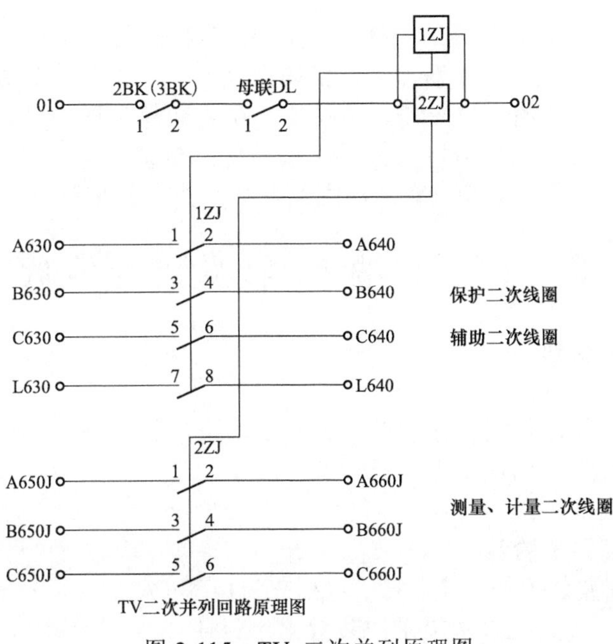

图 2-115　TV 二次并列原理图

第二十二节　电压接口屏验收

一、验收需要的资料

（1）设计、施工图纸。

（2）电压接口屏原理图、接线图、说明书、出厂试验报告。

（3）施工单位安装、调试报告。

（4）调试、验收规程。

二、电压接口屏验收

（1）220kV 独立一面接口屏，110kV 和 35kV 共用一面接口屏，接口屏具有 TV 二次并列功能。

（2）所有 TV 二次线圈的 N600 必须有明显标志，与 $100mm^2$ 的接地铜网可靠连接，并保证接地点唯一；拆开接地点，用 1000V 绝缘电阻表检测 N600 无接地。

（3）按照设计图纸核对接口屏至各保护屏、测控屏、计量屏等接线。

（4）继电器、空气开关、端子排、线号牌、电缆标牌等标志、标识应打印，且清晰、正确。

（5）进行实际加压试验检查电压回路。

1）加压前，拉开 TV 隔离开关，断开 TV 端子箱中所有二次小开关，防止给 TV 反充电。

2）在接口屏上依次对保护一、保护二、测量计量电压回路加 U_A=50V、U_B=30V、U_C=10V 的电压，在各保护屏、测控屏、计量屏等处测量的电压应正确。

（6）TV 并列检查。

1）当母联断路器在断开位置时，TV 二次侧不能并列；母联断路器在合闸位置时，TV 二次侧可以并列。

2）使 TV 二次并列，测量Ⅰ、Ⅱ母线电压应并列。

（7）建议：母差保护、变压器保护、故障录波装置、自投、同期等公用装置的 TV 电压直接取自接口屏；线路、电容器、电抗器、站用变保护屏的 TV 电压取自小母线，小母线电压取自接口屏，这样可以大大减少接口屏的电缆数量；TV 端子箱中任一小空气开关跳闸时均应能报警；各侧 TV 二次回路并列后应能发出信号。

第二十三节　故障录波装置验收

一、验收需要的资料

（1）设计、施工图纸。

（2）故障录波装置原理图、接线图、说明书、出厂试验报告。

（3）施工单位安装、调试报告。

（4）调试、验收规程。

二、故障录波装置屏验收

（1）检查故障录波装置的额定参数，包括交流电流（AC 1A）、交流电压（AC 100V）、直流电源（±220V）等。记录故障录波装置出厂日期。

（2）按照设计图纸核对故障录波装置屏接线，以及至端子箱、保护屏、电压接口屏、直流分配屏等屏间连线。

（3）故障录波装置屏上的空气开关、切换开关、继电器、端子排、线号牌、电缆标牌的标志、标识应打印，且清晰、正确。

（4）对接入故障录波装置的 TV 电压、TA 电流、开关量信号进行核对。

（5）故障录波装置屏接地铜排应与 $100mm^2$ 接地网可靠连接。

（6）通电前，检查录波装置的外观，插件、芯片、继电器等应无松动、完好。

三、故障录波装置验收

（1）对故障录波装置进行设置，包括 TV、TA 通道及开关量通道等。

（2）零漂检查：在端子排上将装置的电流输入回路、电压输入回路分别短接后，记录各模拟量通道的显示值。

（3）精度、线性度检查：在端子排上分别加入 $0.1I_e$、$0.5I_e$、I_e、$2I_e$、$5I_e$、$10I_e$，$0.05U_e$、$0.1U_e$、$0.2U_e$、$0.5U_e$、U_e、$1.2U_e$，记录各模拟量通道的显示值。

（4）开关量回路检查：必须以实际动作情况检查每个开关量，不建议用短接开关量端子的方法进行。

（5）按照定值通知单输入保护定值，输完定值后打印一份，并与定值通知单认真核对。

（6）故障录波装置启动定值试验：检查故障录波装置的各项启动值在 0.9 倍和 1.1 倍下的动作情况。

（7）复合电压定值试验。

1）低电压：将复合电压闭锁过电流整定为不带方向、0S，加入单相电流大于定值，加入三相正序电压 100V，然后缓慢降低电压时保护动作，动作时的电压即为低电压动作值。

2）负序电压：将复合电压闭锁过电流整定为不带方向、0S，低电压整定为 0V，加入单相电流大于定值，加入三相负序电压，然后缓慢升高电压至保护动作，动作时的电压即为负序电压动作值。

（8）动作、告警信号传动：记录监控系统中的动作信号，应与装置动作情况一致。

（9）电流回路直流电阻测量。在故障录波装置屏处测量所有电流回路直流电阻，不应有开路现象，而且每组电流回路 A、B、C 三相应平衡。

（10）绝缘检查：使用 1000V 绝缘电阻表对以下回路进行绝缘检查。

1）交流电流回路对地。

2）交流电压回路对地。

3）直流控制回路对地。

4）直流信号回路对地。

5）交流电流回路对直流控制回路。

6）交流电流回路对直流信号回路。

四、编写现场运行规程、填写继电保护运行日志

（1）现场运行规程内容包括故障录波装置功能，各小空气开关、切换开关的使用方法，运行方式变化引起的故障录波装置投退，异常告警处理方法，运行注意事项等。

（2）继电保护运行日志填写内容包括定值执行情况、已处理或未处理的缺陷、能否投入运行、运行注意事项等。

第二十四节　安全稳定装置验收

一、验收需要的资料

（1）设计、施工图纸。

（2）安全稳定装置原理图、接线图、说明书、出厂试验报告。

（3）施工单位安装、调试报告。

（4）调试、验收规程。

二、安全稳定装置屏验收

（1）检查安全稳定装置的额定参数，包括交流电流（AC 1A）、交流电压（AC 100V）、直流电源（±220V）等。记录安全稳定装置出厂日期。

（2）按照设计图纸核对安全稳定装置屏接线，以及至端子箱、保护屏、电压接口屏、直流分配屏等屏间连线。

（3）安全稳定装置屏上的空气开关、切换开关、继电器、端子排、线号牌、电缆标牌的标志、标识应打印，且清晰、正确。

（4）对接入安全稳定装置的 TV 电压、TA 电流、开关量信号进行核对。

（5）安全稳定装置屏接地铜排应与 $100mm^2$ 接地网可靠连接。

（6）通电前，检查录波装置的外观，插件、芯片、继电器等应无松动、完好。

三、安全稳定装置验收

（1）对安全稳定装置进行设置，包括 TV、TA 通道及开关量通道等。

（2）零漂检查：在端子排上将装置的电流输入回路、电压输入回路分别短接后，记录各模拟量通道的显示值。

（3）精度、线性度检查：在端子排上分别加入 $0.1I_e$、$0.5I_e$、I_e、$2I_e$、$5I_e$、$10I_e$，$0.05U_e$、$0.1U_e$、$0.2U_e$、$0.5U_e$、U_e、$1.2U_e$，记录各模拟量通道的显示值。

（4）开关量回路检查：必须以实际动作情况检查每个开关量，不建议用短接开关量端子的方法进行。

（5）按照定值通知单输入保护定值，输完定值后打印一份，并与定值通知单认真核对。

（6）安全稳定装置启动定值试验：检查安全稳定装置的各项启动值在 0.9 倍和 1.1 倍下的动作情况。

（7）安全稳定装置整定策略试验：模拟各种故障，装置应能按照事前整定策略正确动作，发出跳闸命令或远跳命令。

注意，试验前应与被控制的各地试验人员做好联系，在各方均完成安全措施后，统一试验后方可进行试验。

（8）动作、告警信号传动：记录监控系统中的动作信号，应与装置动作情况一致。

（9）电流回路直流电阻测量。在安全稳定装置屏处测量所有电流回路直流电阻，不应有开路现象，而且每组电流回路 A、B、C 三相应平衡。

（10）绝缘检查：使用 1000V 绝缘电阻表对以下回路进行绝缘检查。

1）交流电流回路对地。

2）交流电压回路对地。

3）直流控制回路对地。

4）直流信号回路对地。

5）交流电流回路对直流控制回路。

6）交流电流回路对直流信号回路。

四、编写现场运行规程、填写继电保护运行日志

（1）现场运行规程内容包括安全稳定装置功能，各小开关、切换开关的使用方法，运行方式变化引起的安全稳定装置投退，异常告警处理方法，运行注意事项等。

（2）继电保护运行日志填写内容包括定值执行情况、已处理或未处理的缺陷、能否投入运行、运行注意事项等。

第二十五节　500kV 串补装置二次回路验收

一、验收需要的资料

（1）设计、施工图纸。

（2）TA 说明书、出厂试验报告。

（3）断路器、隔离开关控制回路原理图、接线图、说明书、出厂试验报告。

（4）施工单位安装、调试报告。

（5）调试、验收规程。

二、TA 验收

（1）建立 TA 台账：包括 TA 电流比范围、二次线圈数量及抽头、准确度级别，填写在表 2-1 中。

表 2-1　　台　账　信　息

TA 名称	型号	接线端子	一次额定电流/A	二次额定电流/A	容量/VA	准确度级
平台供电 TA	AGNE-3.6	1S1-1S2	3000	12.75	60（在 185V 峰值）	
		2S1-2S2	3000	12.75	60（在 185V 峰值）	

续表

TA 名称	型号	接线端子	一次额定电流/A	二次额定电流/A	容量/VA	准确度级
线路 TA	IFH-5	1S1-1S2	3000	5	10	5P20
		2S1-2S2	3000	5	10	5P20
不平衡 TA	CXG-52	1S1-1S2	15	5	10	0.5/5P30
		2S1-2S2	15	5	10	0.5/5P30
间隙放电 TA	IFH-5	1S1-1S2	3000	5	10	
		2S1-2S2	3000	5	10	
平台闪络 TA	IFH-5	1S1-1S2	3000	5	10	5P20
		2S1-2S2	3000	5	10	5P20
MOV TA	AGNE-3.6	1S1-1S2	1000	5	10	1 10A/22KAPEAK
		2S1-2S2	1000	5	10	1 10A/22KAPEAK

注 ABB 串补没有平台供电 TA。

（2）接线柱、线号牌、电缆标牌等应打印，且清晰、正确。

（3）TA 极性：保护用 TA 以母线（电源）侧为极性引出，测量、计量以电源侧为极性引出，TA 由一次侧向二次侧点极性，每组二次线圈点一次。当 S 接通时，毫安表正起，说明 L1 与 S1 为同极性端。图 2-116 为 TA 极性试验接线图。

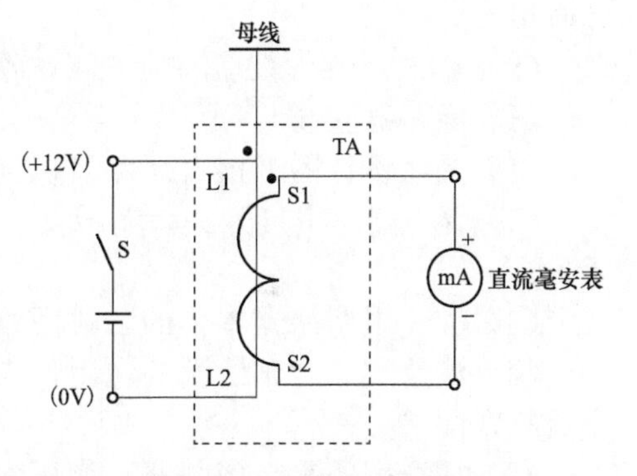

图 2-116 TA 极性试验接线图

（4）TA 电流比：电流比均符合定值通知单，TA 由一次侧通入大电流，测量每个二次线圈二次电流，测量某一二次线圈时，其他二次线圈均需短路。图 2-117 为 TA 电流比试验接线图。不建议使用电子式仪器进行电流比试验，推荐使用大电流发生器。

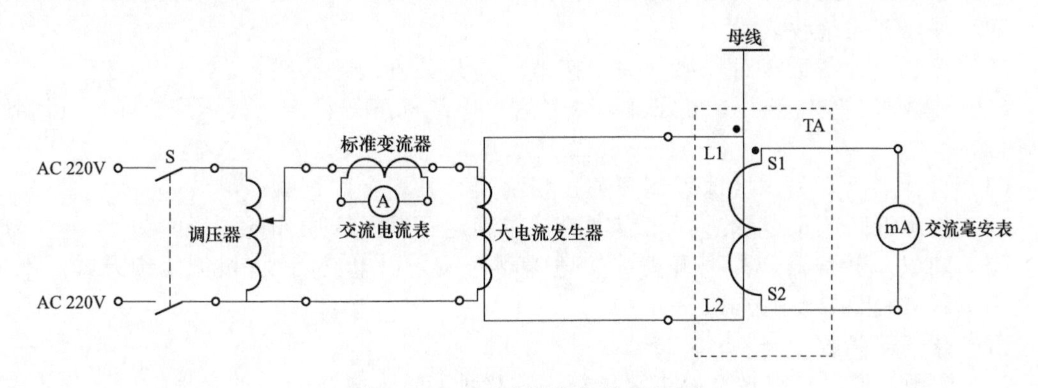

图 2-117 TA 电流比试验接线图

（5）TA 伏安特性：对每组二次线圈进行伏安特性试验，确保计量回路使用 0.2S 级，

测量回路使用 0.2 级，保护使用 3 级、10P 级或 TPY 级。试验时电流只能单方向逐渐增大，不允许减小后再增大。

（6）TA 二次负载试验：对每组二次线圈进行二次负载试验，确保满足 10%误差。图 2-118 为 TA 伏安特性、二次负载试验图。

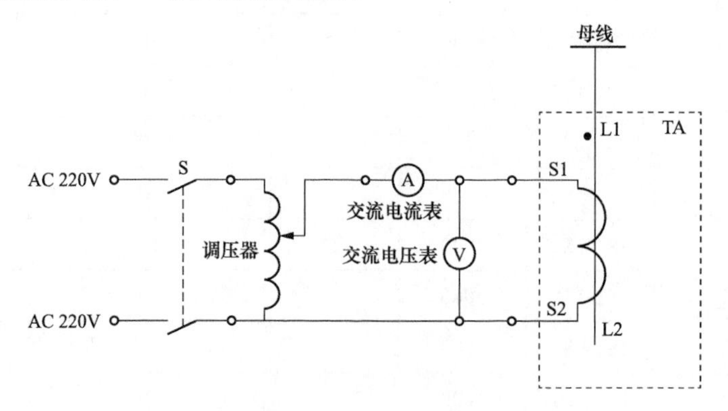

图 2-118 TA 伏安特性、二次负载试验图

（7）TA 本体处二次电缆应穿钢管，并留有 1m 的余量，以备更换 TA 或二次电缆损坏时用。

（8）在平台上 AST 箱中将 TA 二次线圈接地。

三、断路器验收

（1）按照设计图纸核对断路器机构箱端子排接线。

（2）继电器、空气开关、端子排、线号牌、电缆标牌等标志、标识应打印，且清晰、正确。

（3）应使用断路器本体的防跳回路。

（4）测量跳、合闸线圈的电阻，应与说明书提供的跳、合闸电流及防跳闭锁继电器电流相匹配。

（5）检查闭锁重合闸回路，当压力下降到闭锁重合闸时，应闭锁重合闸。

（6）进行断路器三相跳闸和三相合闸试验。

（7）进行断路器五防闭锁回路检查试验。

（8）建议：断路器辅助接点应直接接入故障录波装置，以便于事故分析。

四、隔离开关验收

（1）按照设计图纸核对隔离开关、接地隔离开关机构箱接线。

（2）接触器、空气开关、端子排、线号牌、电缆标牌等标志、标识应打印，且清晰、正确。

（3）进行隔离开关、接地隔离开关三相跳闸和三相合闸试验。

（4）按照五防闭锁逻辑进行相应试验，应满足不发生误操作的要求。

（5）建议：断路器、隔离开关、接地隔离开关采用电气闭锁+机械闭锁方式，不主张采用编码锁+机械闭锁方式。

五、端子箱验收

（1）防雨、通风、密封良好；端子箱中的接地点应与 100mm^2 的接地铜网可靠连接。

（2）继电器、空气开关、端子排、线号牌、电缆标牌等标志、标识应打印，且清晰、正确。

（3）按照设计图纸核对端子箱中接线，以及端子箱至TA、断路器、保护屏、控制屏等接线，可以采取对线、加入试验电流、传动等方法进行。当采用对线方法时，必须断开相关回路。

（4）断路器的跳、合闸线必须与控制正电源、信号正电源隔开。

（5）隔离开关、接地隔离开关的分、合闸线必须与控制正电源、信号正电源隔开。

第二十六节　500kV串补保护与控制系统验收

一、验收需要的资料

（1）设计、施工图纸。

（2）继电保护装置、控制回路、故障录波装置及其他相关设备的原理图、接线图、技术说明书、调试大纲、出厂试验报告。

（3）施工单位安装、调试报告。

（4）整定计算通知单。

（5）调试、验收规程。

二、保护屏、控制屏验收

（1）检查保护装置、测控装置的额定参数，包括交流电流（AC 1A）、直流电源（±220V）等。记录保护屏、控制屏出厂日期。

（2）通电前，检查保护装置、控制装置的外观，插件、芯片、继电器等应无松动、完好。

（3）保护屏接地铜排应与100mm^2接地网可靠连接。

（4）按照设计图纸核对保护屏接线，以及至端子箱、线路保护屏、直流电源分配屏等屏间连线，可以采取对线、传动等方法进行。当采用对线方法时，必须断开相关回路。

（5）保护电源一、二和控制电源一、二分别使用各自电源。

（6）保护屏上的压板、空气开关、切换开关、继电器、端子排、线号牌、电缆标牌的标志、标识应打印，且清晰、正确。

三、TA试验（以NOKIAN串补为例）

在平台上由各TA一次侧通入电流，由工程师计算机操作界面读取电流数据并填写在表2-2中，允许误差5%。

表2-2　　电流数据

TA名称	一次电流/A	保护A二次电流实测值			保护B二次电流实测值		
		A相	B相	C相	A相	B相	C相
线路TA	300						
平台闪络TA	300						
间隙TA	300						
MOV TA	100						
不平衡TA	15						
线路供电TA	300						

注　ABB串补没有线路供电TA。

四、保护装置试验

1. 晶闸管回路试验

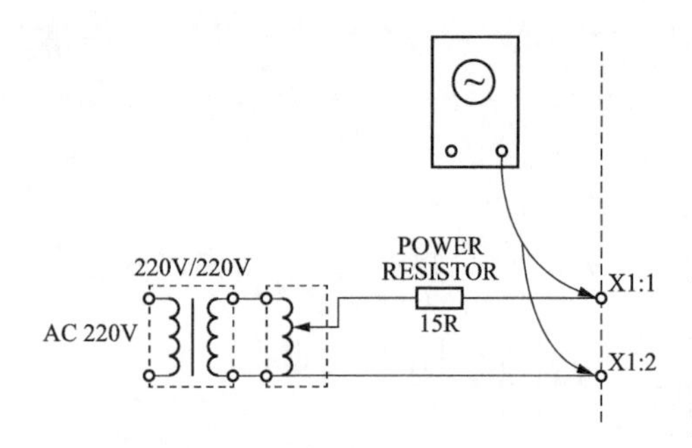

图 2-119 晶闸管回路试验接线图

（1）断开 AST 中第一个端子 X1：6、7 和 8，防止检修电源给强迫触发回路供电。连接隔离变压器（220/220VA）、调压器和可变电阻到端子 X1：1、X1：2 上，如图 2-119 所示。检查 C12 的电压，当晶闸管回路开始限制电压时，C12 的电压不会增长。

（2）用示波器测量 X1：1、X1：2 的电压，其波形如图 2-120 所示。

2. 输出电压检查

（1）负载电阻 R4 电压检查：测量 R4 上的直流电压大于 15V（测点 X1：4、X1：5）。

（2）强迫触发元件（SPG）电压检查：测量 1FT02A 电容器 C12 的电压为 25V±3V。

（3）最好连好端子 X1：6、7 和 8。

3. 线路电流检查

（1）线路 TA 供电：首先断开激光供电电源光纤。

1）加线路电流为 1.05×120A［5%的额定电流（120A）］，平台电源工作正常。

2）加线路电流为 0.95×240A［10%的额定电流（120A）］，发平台电源故障信号。

3）信号发送单元 1ST01 的电压为 2.8V±0.1V（测点 XF2：7、XF2：8）。

4）外加交流电压检查：利用隔离变压器，在 X1：6、X1：9 间加交流电压 127V，然后检查 X1：6、X1：12 间电压，测量 1FT02A 电容器 C12 的电压为 25V±3V。

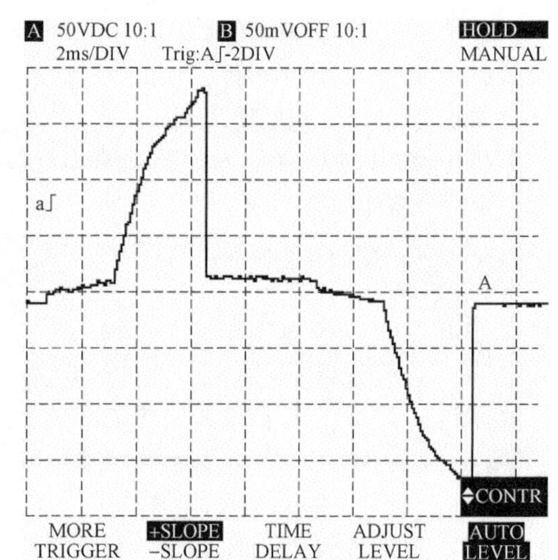

图 2-120 晶闸管回路试验电压波形图

（2）激光供电：恢复激光供电电源光纤。

1）不加线路电流，平台电源工作正常。

2）测量 R4 的直流电压大于 15V（测点 X1：4、X1：5）。

3）测量 1FT02A 电容器 C12 的电压为 25V±3V。

4）信号发送单元 1ST01 的电压为 2.8V±0.1V（测点 XF2：7、XF2：8）。

4. 保护和控制系统试验

（1）平台上加入试验电流的端子对应情况：

X11：1、2——线路电流；

X11：3、4——不平衡电流；

X11：5、6——放电间隙电流；

X11：7、8——平台故障电流；

X11：9、10——MOV 电流。

（2）进行保护试验时，应使用模拟断路器，以代替断路器、隔离开关，减少断路器跳合次数。

（3）电源检查。

1）检查 24V 和 48V 电源：测量 X15：1、X15：15 间电压为 24V，G51：22、G51：21 间电压为 48V。

2）拉合直流电源时，保护装置不应有误动及误指示。

（4）激光电源检查：检查 1ST01 的电压大于 10V（测点 XF2：7、XF2：8）。

（5）强制触发检查。

1）首先在平台上，连接 AC 220V 电缆至地面检修电源 X1 插座。测量 1FT02A 的端子 6 和 2 之间的电压大于 20V。

2）用短接线短接触发单元 1FT02A 的二极管 D1，给出强迫触发命令。若在触发管附近听到“嗡嗡”声，则可以判断已触发。

（6）低电压告警检查。关掉激光电源，连接外部电源调节到 ST 元件的 DC 插孔。当电压减小到 8.5V±0.5V 以下时，SR 元件告警，当电压超过 8.5V 时，告警才能被复归。

（7）线路电流试验。

1）当线路电流小于最小线路电流（相当于一次电流 240A）时，由激光电源供电。

2）当线路电流大于最小线路电流（相当于一次电流 240A）时，由线路 TA 供电，激光电源延时 30s 退出。

3）在平台上 AST 箱加线路电流 1.05×6A（相当于一次电流 1.05×3600A），闭锁自动重投。

4）在平台上 AST 箱加线路电流 1.05×25A（相当于一次电流 1.05×15kA），单相点火、单相旁路，800ms 后三相旁路，故障消失 1min 后自动重投。

（8）不平衡保护。

1）不平衡告警：在平台上 AST 箱不平衡电流辅助互感器加 1.05 倍电流告警定值，延时 5s 发出不平衡告警信号。

2）低不平衡跳闸：在平台上 AST 箱不平衡电流辅助互感器加电流等于 1.05 倍低不平衡定值，延时 0.1s 三相永久旁路，并闭锁自动重投。

3）高不平衡跳闸：在平台上 AST 箱不平衡电流辅助互感器加电流等于 1.05 倍高不平衡定值，延时 20ms 三相永久旁路，并闭锁自动重投。

（9）过负荷保护。

1）过负荷告警：在平台上 AST 箱加线路电流 1.05×6A（相当于一次电流 1.05×3600A），延时 9min 发过负荷告警信号。延时 10min 三相旁路，故障消失 5min 后自动重投。

2）持续过电压跳闸：在平台上 AST 箱加线路电流 1.05×6.8A（相当于一次电流 1.05×1.7p.u.），延时 1min 三相旁路，故障消失 25s 后自动重投。

3）持续过电压跳闸：在平台上 AST 箱加线路电流 1.05×7.2A（相当于一次电流 1.05×1.8p.u.），延时 15s 三相旁路，故障消失 25s 后自动重投。

4）持续过电压跳闸：在平台上 AST 箱加线路电流 1.05×8.8A（相当于一次电流 1.05×2.2p.u.），延时 1s 三相旁路，故障消失 25s 后自动重投。

5）持续过电压跳闸：在平台上 AST 箱加线路电流 1.05×9.2A（相当于一次电流 1.05×2.3p.u.），延时 100ms 三相旁路，故障消失 25s 后自动重投。

（10）火花间隙保护。

1）火花间隙：在平台上 AST 箱加间隙电流 1.05×0.33A（相当于一次电流 1.05×200A），

瞬时单相旁路，延时200ms三相旁路，故障消失后延时1min自动重投。

2）持续的火花间隙：在平台上AST箱持续加间隙电流1.05×0.33A（相当于一次电流1.05×200A）200ms以上，延时40ms三相永久旁路，并闭锁重投。

（11）平台故障保护：在平台上AST箱加平台故障电流1.05×1A，延时20ms三相永久旁路，并闭锁重投。

（12）MOV保护。

1）MOV能量：在平台上AST箱加MOV电流使能量为67.4MJ（定值），单相点火、三相旁路，冷却后重投。

2）MOV单个冲击能量：在平台上AST箱加MOV电流使能量为67.4MJ（定值），单相点火、三相旁路，保护复归1min后重投。

3）MOV能量上升率：在平台上AST箱加MOV电流使能量变化率为2.10MJ（定值），单相点火、单相旁路，800ms后三相旁路，保护复归1min后重投。

4）MOV电流保护：在平台上AST箱加MOV电流使能量为50.6MJ（定值），保护动作复归后可以重投。

（13）次同步谐振保护。

1）次同步振荡：在平台上AST箱加20Hz线路电流1.05×0.8A（相当于一次电流1.05×480A），同时基波线路电流达到有流判别定值，延时30s三相旁路，故障消失30s后重投。

2）持续次同步振荡：在平台上AST箱加20Hz线路电流1.05×0.8A（相当于一次电流1.05×480A），模拟系统次同步振荡，上述情况连续（30min内）发生3次，三相永久旁路。

（14）旁路断路器保护。

1）合闸失灵：旁路断路器需要旁路时，如合闸失灵，则经200ms延时后，三相永久旁路并闭锁自动重投，同时远跳线路断路器。

2）分闸失灵：旁路断路器需要分闸时，如分闸失灵，则经800ms延时后，三相永久旁路并闭锁自动重投。

3）三相不一致：旁路断路器三相不一致时，则经1s延时后，三相永久旁路并闭锁自动重投。

4）旁路断路器计数：旁路断路器在1min内连续动作3次，则永久旁路。

（15）内部故障保护。

1）强制触发通道故障：如果线路电流大于最小线路电流，并且没有信号从触发回路光纤通道传输过来，则发强制触发通道故障信号，闭锁系统。

2）通道故障：如果平台电源或激光电源都正常，没有信号从指定的光纤传输，则发通道故障信号，闭锁系统。

3）激光电源故障：如果信号传输元件1ST01A的电压减小到8.5V以下，则发激光电源故障信号，闭锁系统。

（16）双套保护故障：如果两套保护故障，则电容器紧急旁路。模拟两套系统闭锁，检查紧急旁路功能。

5. 开关压力传动

（1）SF_6气体1级告警发出信号，2级告警闭锁分闸回路和合闸回路。

（2）油压1级告警超过3min则发液压机构故障信号，2级告警闭锁分闸回路和合闸回路。

（3）打压回路小空气开关掉闸发液压机构故障信号。

（4）断路器防跳、防合回路传动。

（5）对旁路断路器、隔离开关、接地隔离开关等闭锁回路进行检查。

6. 带断路器传动

模拟故障，使旁路断路器单相合闸、单相分闸，三相合闸、三相分闸。

五、与线路保护联调

（1）模拟断路器合闸失灵时，应能发出跳线路开关命令。

（2）线路保护动作，发出单跳命令时，串补装置相应相单相点火、单相旁路、单相重投。

（3）线路保护动作，发出两相及三相跳闸命令时，串补装置三相永久旁路并闭锁自动重投。

六、直流电阻和绝缘检查

在平台 AST 箱处，测量电流回路直流电阻，三相间直流电阻应平衡，将检查结果填写在表 2-3 中。

表 2-3　　直流电阻和绝缘检查结果

TA 名称	接线端子	相别	盘上/Ω	盘下/Ω
平台供电 TA	X1：1、2	A 相		
		B 相		
		C 相		
线路 TA	X11：1、2	A 相		
		B 相		
		C 相		
不平衡 TA	X11：3、4	A 相		
		B 相		
		C 相		
间隙 TA	X11：5、6	A 相		
		B 相		
		C 相		
平台故障 TA	X11：7、8	A 相		
		B 相		
		C 相		
MOV TA	X11：9、10	A 相		
		B 相		
		C 相		

七、二次回路绝缘检查

断开保护装置电源，用 1000V 绝缘电阻表分别检查各回路绝缘，将检查结果填写在

表 2-4 中。

表 2-4　　　　二次回路绝缘检查结果

项　目	实测值/MΩ	要求值
交流电流—地		＞1MΩ
交流电压—地		
直流回路—地		
交流电流—直流回路		
交流电压—直流回路		

八、编写现场运行规程、填写继电保护运行日志

（1）现场运行规程内容包括保护和控制功能，各压板、小开关、切换开关的使用方法，运行方式变化引起保护的投退，保护和控制装置异常告警处理方法，保护动作跳闸处理方法，运行注意事项等。

（2）继电保护运行日志填写内容包括保护定值执行情况、已处理或未处理的缺陷、能否投入运行、运行注意事项等。

（3）串补保护校验时，在串补保护屏上断开串补合闸失灵跳线路断路器压板，并将压板的上端用绝缘胶布缠绕，以防止误跳线路断路器。

第二十七节　继电保护抗干扰技术措施

（1）变电站应设等电位接地网。等电位接地网在电缆夹层采用首末端连接的“目字”形结构，并延伸至每个端子箱及高频保护结合滤波器处，等电位接地网使用 100mm^2 铜排，在电缆夹层内用至少 4 根以上、截面不小于 50mm^2 的铜缆与变电站主接地网连接。

（2）在二次电缆沟内应敷设 100mm^2 接地铜排，至每个端子箱及高频保护结合滤波器处。

（3）每个端子箱内，应设继电保护专用的 100mm^2 接地铜排，并使用带护套的 100mm^2 铜导线与等电位接地网相连。端子箱中的控制电缆的屏蔽层均与此接地铜排相连。

（4）端子箱本身应接地，即与变电站主接地网焊接连接。

（5）控制电缆应采用屏蔽电缆，电缆的两端应分别与等电位接地网相连。

（6）控制电缆屏蔽层的接地线应使用不小于 2.5mm^2 带护套的铜导线，并与控制电缆的屏蔽层焊接连接。

（7）高频保护结合滤波器的一、二次线圈接地连线应断开，二次线圈在结合滤波器处接地。

（8）高频电缆的屏蔽层与结合滤波器的二次线圈相连后，应经截面积不小于 10mm^2 导线接于小绝缘支式绝缘子上，然后经带护套的 50mm^2 铜导线在 3～5m 处与等电位接地网相连。

（9）高频电缆应沿电缆沟内的等电位接地网敷设。

（10）保护室内，高频电缆应直接接于高频保护装置上，不准经端子排转接，且高频电缆的屏蔽层应经 1.5～2.5mm^2 的多股铜线直接接于保护屏接地铜排上。

（11）所有保护屏、测控屏等屏柜均应接地，即与槽钢焊接连接。

（12）保护屏、测控屏等屏柜内，均应设 100mm^2 接地铜排，各装置接地点通过 4mm^2 多股软铜线与此铜排相连。屏内控制电缆的屏蔽层均与此接地铜排相连。

（13）每面保护屏、测控屏的 100mm^2 接地铜排应使用带护套的 50mm^2 铜导线分别与等电位接地网相连。

（14）以上所有与装置、接地铜排、接地网等的连接均应焊接或使用专用导线连片，连接应可靠，不允许直接用导线缠绕。

第三章　现场定期校验

第一节　工作准备、现场工作、工作结束的基本要求

一、工作前的准备

（1）了解工作地点一、二次设备运行情况、停电范围、邻近带电设备的具体部位，本工作与运行设备有无直接联系，与其他班组需要配合的工作等。

（2）拟订工作重点项目及准备解决的缺陷和薄弱环节。

（3）工作人员应明确分工并熟悉图纸和检验规程等有关资料。

（4）经检验合格的仪器仪表、试验导线、备品备件、工器具等。

（5）与实际接线相符的图纸、试验报告、最新定值通知单和软件版本通知单、校验规程、说明书、调试大纲、上次未处理的缺陷记录等。

（6）针对工作性质，进行安全风险分析，并按照图纸填写《二次安全措施票》。

（7）对于重要设备、复杂保护、有联跳回路的保护校验，如母差保护、安稳装置、自投等校验工作，应编制试验方案和技术措施、安全措施，并经继电保护技术负责人审核。

二、现场工作

（1）工作负责人对校验工作全过程负有重要责任，包括工作人员和设备的安全，以及试验项目和结果的完整性、正确性等。

（2）开工前，工作负责人应检查运行人员所做的安全措施是否正确完备，是否符合工作实际情况。邻近运行设备必须有明显标志（如红布幔、遮拦等）。

（3）对于跳、合运行断路器的所有压板，打开后均应将其上端用绝缘胶布缠绕，防止试验时误投该压板，导致运行设备跳闸。

（4）继电保护人员不允许对断路器、隔离开关进行操作，其操作只能由运行人员进行。

（5）工作结束，保护压板必须恢复至开工前状态，恢复运行前应用高内阻电压挡测量压板两端对地电压，均无使断路器跳、合闸的电压。

（6）在一次设备运行而停用部分保护进行工作（如带电改定值）时，应先断开其跳闸压板，特别是注意断开不经压板的跳、合闸线及与运行设备安全有关的连线。

（7）在运行中的二次回路上工作时，必须一人操作，另一人监护。

（8）不允许在运行的保护屏上钻孔。如在运行保护屏附近进行钻孔，则应采取防止运行保护误动的措施。

（9）在清扫运行中的设备和二次回路时，应认真仔细，使用绝缘工具，注意防止振动和误碰。

（10）试验电源应取自合格的专用试验电源，禁止从运行设备上取试验电源。

（11）断开电压输入回路时，应采取防止短路的措施。

（12）对交流二次电压回路通电前，必须可靠断开至电压互感器二次侧的回路，防止反充电。对于带保持的电压切换回路，试验前应拔出电压切换插件，以防止将试验电压加到运行设备。

（13）打开未停电的电流回路时，应采取防止电流回路开路的措施，即应先将其电缆侧可靠短封，使用专用短路线或短路片，并经第二人检查无误后，方可打开。

（14）现场工作应按图纸进行，严禁凭记忆工作。

（15）现场修改二次回路接线必须经技术负责人同意，及时修改相应的图纸，并注明修改原因、修改时间、修改人。

（16）传动或整组试验后不得再在二次回路上进行任何工作，否则应做相应的试验。

（17）差动保护、带方向的保护新投或二次回路变动后，必须带负荷进行向量检查。

（18）保护装置的版本必须符合版本通知单规定。

（19）保护装置调试定值，必须按照定值通知单进行，特别是TA接线方式和变比，控制字和没有用的定值项必须整定正确（如过量定值整定为最大值，欠量定值整定为最小值）。

（20）定值整定完成后必须自端子排进行通电组试验。

（21）在运行的高频通道上工作时，必须确认耦合电容器低压侧接地绝对可靠后，才能进行工作。

三、工作结束

（1）现场工作结束前，工作负责人应会同工作人员检查试验记录有无漏项，整定值是否与定值通知单相符、版本是否符正确，试验数据、结论是否完整正确，经检查无误后，方可拆除试验接线。

（2）检查临时接线是否全部拆除，拆下的线头是否全部恢复，交流电流、电压回路是否恢复，接地点是否恢复等，并经第二人复查无误。

（3）工作结束，全部设备及回路应恢复到开工前状态。

（4）清理完现场，工作负责人应向运行人员进行详细交代，并填写继电保护工作日志。具体内容包括定值变更情况、二次接线变更情况、已经解决或未解决的问题及缺陷、运行注意事项和设备能否投入运行等，经运行人员检查无误后，双方签字。

第二节　220kV、500kV线路保护校验

（以额定电流为5A的南瑞保护装置为例）

一、检验项目

检验项目如下：

（1）安全措施；

（2）回路及保护装置清扫；

（3）零漂检查；

（4）交流回路精度及线性度检查；

（5）开入接点检查；

（6）定值试验；

（7）断路器非全相保护、防跳闭锁、信号和电压切换回路检查；

（8）TA试验；

（9）TA回路直流电阻测量；

（10）二次回路绝缘检查；

（11）带断路器整组试验；

（12）安全措施恢复。

二、检验方法

1. 安全措施

（1）断开保护所有压板，联跳运行断路器的压板上端应用绝缘胶布缠绕。

（2）断开保护屏上交流电流回路 A、B、C、N。

（3）断开保护屏上交流电压回路 A、B、C、L、N，对于带保持的电压切换回路，还应拔出电压切换插件。

（4）如进行 TA 通电试验，在端子箱中断开至母差保护的电流回路 A、B、C、N。

（5）断开端子箱中 TA 回路接地点。

2. 回路及保护装置清扫

用绝缘工具对端子箱、保护屏、测控屏、保护装置、测控装置进行清扫，并检查装置背板、插件无问题。

3. 零漂检查

（1）试验条件：交流电流输入回路开路，交流电压输入回路短路。

（2）检查方法：读取每个交流采样通道的采样值（填写表 3-1）。

表 3-1　　采　样　值　（一）

通道	I_A	I_B	I_C	$3I_0$	U_A	U_B	U_C	$3U_0$
误　差	±0.05A				±0.05V			
实际值								

4. 交流回路精度及线性度检查

（1）试验条件：在保护屏端子排上分别加入三相交流电流、电压。

（2）检查方法：读取每个交流采样通道的采样值（填写表 3-2 和表 3-3）。

表 3-2　　采　样　值　（二）

通道＼电流	0.5A	1A	3A	5A	10A	误差
I_A						±5%
I_B						
I_C						
$3I_0$						

表 3-3　　采　样　值　（三）

通道＼电压	10V	20V	30V	50V	60V	误差
U_A						±5%
U_B						
U_C						
$3U_0$						

5. 开入接点检查

使各开入接点动作，在显示屏上观察开入量变化情况（填写表 3-4）。

表 3-4　　　　　　　　　　　　　　开　入　量

开入量								
实际情况								

6. 定值试验

（1）光纤纵联电流差动保护（以 RCS-931A 为例）。

1）试验条件：将光端机（在 CPU 插件上）的接收“RX”和发送“TX”用尾纤短接，构成自发自收方式，仅投主保护压板，并使重合闸充电，且 TV 断线灯不亮。

2）加入故障电流 $I>1.05\times0.5\times\mathrm{Max}$［差动电流高定值、4×5（7）7/Xc1，其中 Xc1 为正序容抗整定值］，模拟单相或多相区内故障，面板上相应跳闸灯应亮，动作时间为 10～25ms。

3）加入故障电流 $I>1.05\times0.5\times\mathrm{Max}$［差动电流低定值、1.5×5（7）7/Xc1］，模拟单相或多相区内故障，面板上相应跳闸灯应亮，动作时间为 40～60ms。

4）加入故障电流 $I<0.95\times0.5\times\mathrm{Max}$［差动电流低定值、1.5×5（7）7/Xc1］，模拟单相或多相区内故障，纵联保护不动作。

5）将试验结果填写在表 3-5 中。

表 3-5　　　　　　　　　　　　试验结果（一）

故障相别	1.05 倍高定值 动作时间	1.05 倍低定值 动作时间	0.95 倍低定值 动作时间
AN			
BN			
CN			
AB			
BC			
CA			
ABC			

（2）纵联方向保护（以闭锁式 RCS-901A 为例）。

1）试验条件：将收发讯机整定在“负载”位置，或将本装置的发信输出接至收信输入构成自发自收方式，仅投主保护压板，并使重合闸充电，且 TV 断线灯不亮。

2）加故障电流 I=5A，故障电压 $U=1.5\times I\times$接地阻抗Ⅱ段定值，分别模拟单相接地、两相、两相接地和三相正方向瞬时故障，面板上相应跳闸灯亮，动作时间为 15～30ms。

3）模拟上述反方向瞬时故障时纵联保护不动作。

4）将试验结果填写在表 3-6 中。

表 3-6　　　　　　　　　　　　试验结果（二）

故障相别	动作时间	故障相别	动作时间	故障相别	动作时间
AN		AB		ABC 正方向	
BN		BC			
CN		CA		反方向	×

（3）纵联距离保护（以闭锁式 RCS-902A 为例）。

1）试验条件：将收发讯机整定在“负载”位置，或将本装置的发信输出接至收信输入构成自发自收方式，仅投主保护压板，并使重合闸充电，且 TV 断线灯不亮。

2）加故障电流 I=5A，故障电压 U=0.95×I×纵联距离阻抗定值，分别模拟单相接地、两相、两相接地和三相正方向瞬时故障，面板上相应跳闸灯亮，动作时间为 15～30ms。

3）模拟上述反方向瞬时故障时纵联保护不动作。

4）将试验结果填写在表 3-7 中。

表 3-7　　试 验 结 果（三）

故障相别	动作时间	故障相别	动作时间	故障相别	动作时间
AN		AB		ABC 正方向	
BN		BC			
CN		CA		反方向	×

（4）纵联零序保护（以闭锁式 RCS-901A 为例）。

1）试验条件：将收发讯机整定在“负载”位置，或将本装置的发信输出接至收信输入构成自发自收方式，投主保护压板及零序压板，并使重合闸充电，且 TV 断线灯不亮。

2）加入故障电压 U=30V，故障电流 I 大于零序方向过流定值。模拟单相正方向瞬时故障，面板上相应跳闸灯应亮，动作时间为 15～30ms。

3）模拟上述反方向瞬时故障时纵联保护不动作。

4）将试验结果填写在表 3-8 中。

表 3-8　　试 验 结 果（四）

故障相别	动作时间	故障相别	动作时间
AN 正方向		AN 反方向	×
BN 正方向		BN 反方向	×
CN 正方向		CN 反方向	×

（5）相间距离保护（以 I 段为例，Ⅱ、Ⅲ段相同）。

1）试验条件：仅投入距离保护。

2）加入故障电流 I=5A，故障电压 U=0.95×I×相间距离 I 段阻抗定值，并使 I 落后 U 灵敏角定值。

3）模拟三相正方向瞬时故障，面板上相应跳闸灯应亮，动作时间为 10～25ms。

4）Ⅱ、Ⅲ段动作时间误差：＜3%整定值+40ms。

5）加入故障电流 I=5A，故障电压 U=0.95×I×相间距离 I 段阻抗定值，不动作。

6）将试验结果填写在表 3-9 中。

表 3-9　　试 验 结 果（五）

段别	相别	1.05 倍动作时间	0.95 倍动作时间
I 段	AB		×

续表

段别	相别	1.05 倍动作时间	0.95 倍动作情况
Ⅰ段	BC		×
	CA		×
Ⅱ段	AB		×
	BC		×
	CA		×
Ⅲ段	AB		×
	BC		×
	CA		×

（6）接地距离保护（以Ⅰ段为例，Ⅱ、Ⅲ段相同）。

1）试验条件：仅投入距离保护。

2）加入故障电流 I=5A，故障电压 U=0.95×（1+K）I×接地距离Ⅰ段阻抗定值（其中，K 为零序补偿系数），并使 I 落后 U 灵敏角定值。

3）模拟单相正方向瞬时故障，面板上相应跳闸灯应亮，动作时间为 10～25ms。

4）Ⅱ、Ⅲ段动作时间误差：＜3%整定值+40ms。

5）加入故障电流 I=5A，故障电压 U=1.05×（1+K）I×接地距离Ⅰ段阻抗定值，不动作。

6）将试验结果填写在表 3-10 中。

表 3-10　　试验结果（六）

段别	相别	0.95 倍动作时间	1.05 倍动作情况
Ⅰ段	AB		×
	BC		×
	CA		×
Ⅱ段	AB		×
	BC		×
	CA		×
Ⅲ段	AB		×
	BC		×
	CA		×

（7）距离保护反方向故障。

1）试验条件：仅投入距离保护。

2）加入故障电流 I=20A，故障电压 U=0V，并使 I 落后 U 灵敏角+180°。

3）分别模拟单相、两相、三相反方向瞬时故障时保护不动作。

4）将试验结果填写在表 3-11 中。

表 3-11　　　　　　　　　　　　试 验 结 果（七）

故障相别	动作情况	故障相别	动作情况	故障相别	动作情况
A 相		AB		ABC 相	

（8）零序过电流保护（以Ⅱ段为例，Ⅲ段相同）。

1）试验条件：仅投入零序保护。

2）加入故障电压 U=30V，故障电流 I=1.05×零序过电流Ⅱ段定值。模拟单相正方向瞬时故障，面板上相应跳闸灯应亮。

3）加入故障电压 U=30V，故障电流 I=0.95×零序过电流Ⅱ段定值。模拟单相正方向瞬时故障，保护应不动作。

4）加入故障电压 U=30V，故障电流 I=2×零序过电流Ⅱ段定值。模拟单相反方向瞬时故障，保护应不动作。

5）Ⅱ、Ⅲ段动作时间误差：＜3%整定值+40ms。

6）将试验结果填写在表 3-12 中。

表 3-12　　　　　　　　　　　　试 验 结 果（八）

段别	相别	1.05 倍动作时间	0.95 倍动作情况	反方向动作情况
Ⅱ段	AN		×	
	BN		×	
	CN		×	
Ⅲ段	AN		×	
	BN		×	
	CN		×	

（9）交流电流断线检查。

1）加入单相电流 $I'_{AA}>0.75A$，延时 200ms 发 TA 断线异常信号。

2）加入零序电流 $I'_{nN}>0.75A$，延时 200ms 发 TA 断线异常信号。

3）只加自产零序电流而无零序电压，延时 10s 发 TA 断线异常信号。

（10）交流电压断线检查。

1）加入单相电压（大于 8V），保护不启动，延时 1.25s 发 TV 断线异常信号。

2）三相正序电压小于 33V 时，当任一相有流元件动作或 TWJ 不动作时，延时 1.25s 发 TV 断线异常信号。

3）TV 断线信号动作的同时，退出距离保护，自动投入两段 TV 断线相过电流保护，零序过电流元件退出方向判别，零序过电流Ⅰ段可经控制字选择是否退出。TV 断线时可经控制字选择是否闭锁重合闸。TV 断线相过电流保护受距离压板的控制。

4）三相电压正常后，经 10s 延时 TV 断线信号复归。

（11）线路电压断线。

1）当重合闸投入且装置整定为重合闸检同期或检无压方式，则要用到线路电压，TWJ 不动作或线路有流时检查输入的线路电压小于 40V，经 10s 延时报线路 TV 异常。

2）线路电压正常后，经 10s 延时线路 TV 断线信号复归。

3）如重合闸不投，或不检同期或无压时，线路电压可以不接入本装置，装置也不进行线路电压断线判别。

（12）通道联调（以闭锁式 RCS-941B 为例）。

1）试验条件：将两侧保护装置和收发讯机电源打开，投入主保护、距离保护、零序保护，合上断路器，使重合闸充电。

2）通道试验：按保护屏上的“通道试验”按钮，本侧立即发讯，连续发 200ms 后停讯，对侧经远方起讯回路向本侧连续发讯 10s 后停讯，本侧连续收 5s 后，本侧再连续发讯 10s 后停讯。

3）模拟故障试验：加入故障电压 U=0V，故障电流 I=20A，模拟各种正方向故障，纵联保护应不动作，关掉对侧收发讯机电源，再模拟上述故障，纵联保护应动作。

对于光纤专用通道，还应测量收信功率，校验收信裕度及通道误码率。收信裕度最好大于 10dB，不得小于 6 dB（见表 3-13）。

表 3-13　　光纤专用通道相关参数

光纤波长	发信功率	收信灵敏度		通道裕度	光缆衰耗
		64K 通道	2M 通道		
1310nm	−16dBm	−45dBm	−35dBm	＞10dB	0.35dB/km
1550nm	−11dBm	−45dBm	−40dBm	＞10dB	0.2dB/km

对于光纤复用通道，还应测量 MUX 和保护装置的发信功率、收信功率，校验收信裕度及通道误码率。收信裕度最好大于 10dB，不得小于 6dB（见表 3-14）。

表 3-14　　光纤复用通道相关参数

MUX			保护装置	通道裕度	光缆衰耗
发信功率	收信功率	收信灵敏度	收信功率		
−13dBm	−20dBm	−30dBm	−15dBm	＞10dB	1～2dB/km

7. 断路器非全相保护、防跳闭锁、信号和电压切换回路检查

（1）非全相保护时间测量：动作时间误差小于 3%整定值，并进行带断路器传动，非全相保护动作跳开断路器、不启动失灵保护，并发出非全相保护动作信号。

（2）将控制开关置于合闸位置，然后短接保护跳闸接点，断路器不应跳跃。

（3）模拟 SF_6 压力低告警、SF_6 压力低闭锁、控制回路断线等各种信号动作，监控系统应反映正确，SF_6 压力低闭锁时同时闭锁重合闸。

（4）模拟隔离开关位置接点闭合，相应的电压切换继电器应动作。注意：传动前应将保护屏的电压输入回路开路。

8. TA 试验

略。

9. TA 回路直流电阻测量

在保护屏端子排上分别测量保护屏内侧和外侧 TA 回路直流电阻，A、B、C 三相应平衡，将试验结果填写在表 3-15 中。

表 3-15　　　　试验结果（九）

相　别	屏　上/Ω	屏　下/Ω
AN		
BN		
CN		

10. 二次回路绝缘检查

断开保护装置电源，在保护屏端子排处用 1000V 兆欧表分别检查各回路绝缘，将试验结果填写在表 3-16 中。

表 3-16　　　　试验结果（十）

项　目	实测值/MΩ	要求值
交流电流—地		＞1MΩ
交流电压—地		
直流回路—地		
交流电流—直流回路		
交流电压—直流回路		

11. 带断路器整组试验

（1）试验条件：将保护装置自发自收，投入主保护、距离保护、零序保护，合上断路器，使重合闸充电，且 TV 断线灯不亮。

（2）模拟故障试验：加入故障电压 U=0V，故障电流 I=20A，模拟各种正方向故障，纵联保护应动作，重合闸应动作。

（3）监控系统中的保护告警、保护异常、保护动作、重合闸动作等信号应正确。

（4）打印保护动作报告和定值，并再次与定值通知单核对。

12. 安全措施恢复

安全措施恢复后必须经第二人检查无误。

（1）所有设备（包括保护压板）恢复至开工前状态。

（2）恢复交流电流回路 A、B、C、N，恢复后应认真检查，防止开路。

（3）恢复交流电压回路 A、B、C、L、N 及电压切换插件，恢复中防止电压回路短路。

（4）恢复端子箱中交流电流回路 A、B、C、N 及接地点。

第三节　220kV、500kV 变压器保护校验

（以额定电流为 5A 的保护装置为例）

一、检验项目

检验项目如下：

（1）安全措施；

（2）回路及保护装置清扫；

（3）保护装置试验；

（4）非电量保护检查；

（5）断路器非全相保护、防跳闭锁、信号和电压切换回路检查；

（6）信号回路检查；

（7）TA 试验；

（8）TA 回路直流电阻测量；

（9）二次回路绝缘检查；

（10）带断路器整组试验；

（11）安全措施恢复。

二、检验方法

1. 安全措施

（1）断开保护所有压板，启动失灵保护、联跳母联、分段断路器的压板上端应用绝缘胶布缠绕。

（2）断开交流电流回路：断开高压侧、中压侧、低压侧差动保护和后备保护 A、B、C、N。

（3）断开交流电压回路：断开高压侧、中压侧、低压侧 A、B、C、L、N，对于带保持的电压切换回路，还应拔出电压切换插件。

（4）断开高压侧、中压侧、低压侧、变压器端子箱中 TA 回路接地点。

（5）如进行 TA 通电试验，在端子箱中断开至母差保护的电流回路 A、B、C、N。

2. 回路及保护装置清扫

用绝缘工具对端子箱、保护屏、测控屏、保护装置、测控装置进行清扫，并检查装置背板、插件无问题。

3. 保护装置试验

（以下以南瑞 RCS-978E 为例，变压器为 YnYn0D/11，采用内部△→Y 变换）

（1）零漂检查。

1）试验条件：交流电流输入回路开路，交流电压输入回路短路。

2）读取每个交流采样通道的采样值。

3）将试验结果填写在表 3-17 中。

表 3-17　　试验结果（一）

侧别／通道	高压侧	中压侧	低压分支Ⅰ	低压分支Ⅱ	误差
I_A					±0.05A
I_B					
I_C					
侧别／通道	高压侧零序	高压侧间隙	中压侧零序	中压侧间隙	误差
I_0L					±0.05A

（2）交流回路精度及线性度检查。

1）试验条件：在保护屏端子排上分别加入三相对称交流电流、电压。

2）读取每个交流采样通道的采样值。

3）将试验结果填写在表 3-18 和表 3-19 中。

表 3-18　　　　　　试验结果（二）

<table>
<tr><th>侧别</th><th>通道</th><th>0.5A</th><th>1A</th><th>3A</th><th>5A</th><th>10A</th><th>误差</th></tr>
<tr><td rowspan="3">高压侧</td><td>I_A</td><td></td><td></td><td></td><td></td><td></td><td rowspan="16">±5%</td></tr>
<tr><td>I_B</td><td></td><td></td><td></td><td></td><td></td></tr>
<tr><td>I_C</td><td></td><td></td><td></td><td></td><td></td></tr>
<tr><td rowspan="3">中压侧</td><td>I_A</td><td></td><td></td><td></td><td></td><td></td></tr>
<tr><td>I_B</td><td></td><td></td><td></td><td></td><td></td></tr>
<tr><td>I_C</td><td></td><td></td><td></td><td></td><td></td></tr>
<tr><td rowspan="3">低压Ⅰ</td><td>I_A</td><td></td><td></td><td></td><td></td><td></td></tr>
<tr><td>I_B</td><td></td><td></td><td></td><td></td><td></td></tr>
<tr><td>I_C</td><td></td><td></td><td></td><td></td><td></td></tr>
<tr><td rowspan="3">低压Ⅱ</td><td>I_A</td><td></td><td></td><td></td><td></td><td></td></tr>
<tr><td>I_B</td><td></td><td></td><td></td><td></td><td></td></tr>
<tr><td>I_C</td><td></td><td></td><td></td><td></td><td></td></tr>
<tr><td>高压零序</td><td>I_0</td><td></td><td></td><td></td><td></td><td></td></tr>
<tr><td>高压间隙</td><td>I_{0jx}</td><td></td><td></td><td></td><td></td><td></td></tr>
<tr><td>中压零序</td><td>I_0</td><td></td><td></td><td></td><td></td><td></td></tr>
<tr><td>中压间隙</td><td>I_{0jx}</td><td></td><td></td><td></td><td></td><td></td></tr>
</table>

注　如果通入单相电流，则 Y 侧该相和超前相有差流，差流为 I_e，△侧只有该相有差流，差流为 I_e；如果通入三相对称电流，则 Y 侧三相有差流，差流为 $1.732I_e$，△侧三相有差流，差流为 I_e。

表 3-19　　　　　　试验结果（三）

<table>
<tr><th>侧别</th><th>通道</th><th>10V</th><th>30V</th><th>40V</th><th>50V</th><th>60V</th><th>误差</th></tr>
<tr><td rowspan="3">高压侧</td><td>U_A</td><td></td><td></td><td></td><td></td><td></td><td rowspan="14">±5%</td></tr>
<tr><td>U_B</td><td></td><td></td><td></td><td></td><td></td></tr>
<tr><td>U_C</td><td></td><td></td><td></td><td></td><td></td></tr>
<tr><td rowspan="3">中压侧</td><td>U_A</td><td></td><td></td><td></td><td></td><td></td></tr>
<tr><td>U_B</td><td></td><td></td><td></td><td></td><td></td></tr>
<tr><td>U_C</td><td></td><td></td><td></td><td></td><td></td></tr>
<tr><td rowspan="4">低压Ⅰ</td><td>U_A</td><td></td><td></td><td></td><td></td><td></td></tr>
<tr><td>U_B</td><td></td><td></td><td></td><td></td><td></td></tr>
<tr><td>U_C</td><td></td><td></td><td></td><td></td><td></td></tr>
<tr><td>$3U_0$</td><td></td><td></td><td></td><td></td><td></td></tr>
<tr><td rowspan="4">低压Ⅱ</td><td>U_A</td><td></td><td></td><td></td><td></td><td></td></tr>
<tr><td>U_B</td><td></td><td></td><td></td><td></td><td></td></tr>
<tr><td>U_C</td><td></td><td></td><td></td><td></td><td></td></tr>
<tr><td>$3U_0$</td><td></td><td></td><td></td><td></td><td></td></tr>
</table>

续表

侧别	相别	10V	60V	120V	150V	180V	误差
高压侧	$3U_0$						±5%
中压侧	$3U_0$						

（3）开入接点检查：使各开入接点动作，在显示屏上观察开入量变化情况。将试验结果填写在表3-20中。

表3-20　　试 验 结 果（四）

开入量								
变位情况								

（4）差动保护试验（以下以南瑞RCS-978E为例）。

1）试验条件：投入主保护。

2）在高压侧、中压侧、低压分支Ⅰ、低压分支Ⅱ分别通入单相电流I=1.05×差动速断定值（如为$6I_e$），差动速断保护应可靠动作跳闸。动作时间小于15ms。

3）加入故障电流I=0.95×差动速断定值（如为$6I_e$），差动速断保护应可靠不动作。

4）在高压侧、中压侧分别通入单相电流I=1.05×1.732×差动电流启动定值（如高压侧为$0.5I_e$），比率差动保护应可靠动作跳闸，动作时间小于25ms。

5）在高压侧、中压侧分别通入单相电流I=0.95×1.732×差动电流启动定值（如为$0.5I_e$），比率差动保护应可靠不动作。

6）在低压分支Ⅰ、低压分支Ⅱ分别通入单相电流I=1.05×差动电流启动定值（如为$0.5I_e$），比率差动保护应可靠动作跳闸，动作时间小于25ms。

7）在低压分支Ⅰ、低压分支Ⅱ分别通入单相电流I=0.95×差动电流启动定值（如为$0.5I_e$），比率差动保护应可靠不动作。

8）将试验结果填写在表3-21中。

表3-21　　试 验 结 果（五）

侧别	故障相	1.05倍差动速断动作时间	0.95倍差动速断动作情况	1.05倍比率差动动作时间	0.95倍比率差动动作情况
高压侧	AN		×		×
	BN		×		×
	CN		×		×
中压侧	AN		×		×
	BN		×		×
	CN		×		×
低压Ⅰ	AN		×		×
	BN		×		×
	CN		×		×

续表

侧别	故障相	1.05 倍差动速断动作时间	0.95 倍差动速断动作情况	1.05 倍比率差动动作时间	0.95 倍比率差动动作情况
低压Ⅱ	AN		×		×
	BN		×		×
	CN		×		×

注 ①南瑞 RCS-978 系列保护。

Y 侧电流：$I'_A = I_A - I_0$，$I'_B = I_B - I_0$，$I'_C = I_C - I_0$。

△侧电流：$I'_A = (I_A - I_C)/\sqrt{3}$，$I'_B = (I_B - I_A)/\sqrt{3}$，$I'_C = (I_C - I_B)/\sqrt{3}$。

其中，I_A、I_B、I_C，I_a、I_b、I_c 为转换前的电流，I'_A、I'_B、I'_C，I'_a、I'_b、I'_c 为转换后的电流。

Y 侧加入至保护动作时的电流为 $1.5I_e$，△侧加入至保护动作时的电流为 $\sqrt{3}I_e$。也就是说，试验时，高压侧、中压侧加入 $1.5I_e$，差动保护应动作；低压侧加入 $\sqrt{3}I_e$，差动保护应动作。

②国电南自 PST-1200 系列保护和四方 CST 系列保护。

Y 侧电流：$I'_A = (I_A - I_B)/\sqrt{3}$，$I'_B = (I_B - I_C)/\sqrt{3}$，$I'_C = (I_C - I_A)/\sqrt{3}$。

△侧电流：$I'_A = I_A$，$I'_C = I_B$，$I'_C = I_C$。

其中，I_A、I_B、I_C，I_a、I_b、I_c 为转换前的电流，I'_A、I'_B、I'_C，I'_a、I'_b、I'_c 为转换后的电流。

Y 侧加入至保护动作时的电流为 $\sqrt{3}I_e$，△侧加入至保护动作时的电流为 I_e。也就是说，试验时，高压侧、中压侧加入 $\sqrt{3}I_e$，差动保护应动作；低压侧加入 I_e，差动保护应动作。

（5）高（中）压侧后备保护试验。

1）复合电压闭锁（方向）过电流。

①试验条件：投入Ⅰ（Ⅱ）后备保护。

②加入三相正序电压 U=30V，单相电流 I=1.05×过电流Ⅰ段定值，保护应可靠动作跳闸。

③加入三相正序电压 U=30V，单相电流 I=0.95×过电流Ⅰ段定值，保护应可靠不动作。

④Ⅱ、Ⅲ段相同。

⑤动作时间误差：＜3%整定值+40ms。

⑥将试验结果填写在表 3-22 中。

表 3-22　　试验结果（六）

段别	相别	1.05 倍动作时间 t_1	1.05 倍动作时间 t_2	0.95 倍动作情况
Ⅰ段	AN			×
	BN			×
	CN			×
Ⅱ段	AN			×
	BN			×
	CN			×
Ⅲ段	AN			×
	BN			×
	CN			×

注 过电流Ⅰ、Ⅱ段可带方向。

方向元件和电流元件接成按相启动方式。方向指向变压器时，方向元件灵敏角为 45°；方向指向系统时，方向元件灵敏角为 225°。

复合电压闭锁过电流保护还可经其他侧复合电压闭锁启动，各侧复合电压为“或”的关系。

2）复合电压闭锁元件。

①试验条件：过电流Ⅲ段时间整定为 0s，投入高压后备保护。

②加入单相电流 I=1.05×过电流Ⅲ段定值，加入三相正序电压 U=0.95 倍低电压定值，保护应可靠动作。

③加入单相电流 I=1.05×过电流Ⅲ段定值，加入三相正序电压 U=1.05 倍低电压定值，保护应可靠不动作。

④加入单相电流 I=1.05×过电流Ⅲ段定值，加入三相负序电压 U=1.05 倍负序电压定值，保护应可靠动作。

⑤加入单相电流 I=1.05×过电流Ⅲ段定值，加入三相负序电压 U=0.95 倍负序电压定值，保护应可靠不动作。

⑥将试验结果填写在表 3-23 中。

表 3-23　　试 验 结 果（七）

保护名称	1.05 倍动作情况	0.95 倍动作情况	
低电压	×	√	
负序电压	√	×	

（6）零序（方向）过电流。

1）试验条件：投入Ⅰ（Ⅱ）后备保护。

2）加入单相电流 I=1.05×零序过电流Ⅰ段定值，保护应可靠动作跳闸。

3）加入单相电流 I=0.95×零序过电流Ⅰ段定值，保护应可靠不动作。

4）Ⅱ、Ⅲ段相同。

5）动作时间误差：＜3%整定值+40ms。

6）将试验结果填写在表 3-24 中。

表 3-24　　试 验 结 果（八）

故障相段	1.05 倍动作时间 t_{01}	1.05 倍动作时间 t_{02}	0.95 倍动作情况
Ⅰ段			
Ⅱ段			
Ⅲ段			

（7）零序过电压。

1）试验条件：投入高压后备保护。

2）不加电流，加入零序电压 U=1.05×零序过电压定值，保护应可靠动作跳闸。

3）不加电流，加入单相电流 I=0.95×零序过电压定值，保护应可靠不动作。

4）动作时间误差：＜3%整定值+40ms。

5）将试验结果填写在表 3-25 中。

表 3-25　　试 验 结 果（九）

保护名称	1.05 倍动作时间 T_{0u1}	1.05 倍动作时间 T_{0u2}	0.95 倍动作情况
零序电压			×

（8）间隙零序过电流。

1）试验条件：投入高压后备保护。

2）加入间隙零序电流 I=1.05×间隙零序过电流定值，保护应可靠动作跳闸。

3）加入间隙零序电流 I=0.95×间隙零序过电流定值，保护应可靠不动作。

4）动作时间误差：＜3%整定值+40ms。

5）将试验结果填写在表 3-26 中。

表 3-26　　试验结果（十）

保护名称	1.05 倍动作时间 T_{0jx1}	1.05 倍动作时间 T_{0jx2}	0.95 倍动作情况
间隙过电流			×

（9）过负荷、启动风冷、闭锁有载调压。

1）加入单相电流 I=1.05×过负荷Ⅰ段定值，应可靠动作。

2）加入单相电流 I=0.95×过负荷Ⅰ段定值，应可靠不动作。

3）动作时间误差：＜3%整定值+40ms。

4）Ⅱ段相同。

5）加入单相电流 I=1.05×启动风冷Ⅰ段定值，应可靠动作。

6）加入单相电流 I=0.95×启动风冷Ⅰ段定值，应可靠不动作。

7）动作时间误差：＜3%整定值+40ms。

8）Ⅱ段相同。

9）加入单相电流 I=1.05×闭锁有载调压定值，应可靠动作。

10）加入单相电流 I=0.95×闭锁有载调压定值，应可靠不动作。

11）动作时间误差：＜3%整定值+40ms。

12）将试验结果填写在表 3-27 中。

表 3-27　　试验结果（十一）

保护名称	段别	1.05 倍动作时间	0.95 倍动作情况
过负荷	Ⅰ段		×
	Ⅱ段		
启动风冷	Ⅰ段		×
	Ⅱ段		
闭锁有载调压			×

（10）交流电压断线检查。

1）加入单相电压大于 8V，延时 10s 发 TV 断线异常信号。

2）三相正序电压小于 30V 时，当任一相电流大于 $0.04I_n$，延时 10s 发 TV 断线异常信号。

3）电压恢复保护自动恢复。

注意，TV 断线信号动作的同时，根据控制选择：退出方向过电流和复合电压闭锁（方向）过电流保护或仅取消方向和复合电压闭锁。当各段复合电压过电流保护都不经复合电压闭锁和方向闭锁时，不判 TV 断线。

（11）低压分支Ⅰ（Ⅱ）后备保护试验（以下以南瑞 RCS-978E 为例）。

1）复合电压闭锁（方向）过电流。

①试验条件：投入Ⅲ（Ⅳ）后备保护。

②加入三相正序电压 U=30V，单相电流 I=1.05×过电流Ⅰ段定值，保护应可靠动作跳闸。

③加入三相正序电压 U=30V，单相电流 I=0.95×过电流Ⅰ段定值，保护应可靠不动作。

④Ⅱ、Ⅲ、Ⅳ、Ⅴ段相同。

⑤动作时间误差：＜3%整定值+40ms。

⑥将试验结果填写在表 3-28 中。

表 3-28　　试验结果（十二）

段别	相别	1.05 倍动作时间	0.95 倍动作情况
Ⅰ段	AN		×
	BN		×
	CN		×
Ⅱ段	AN		×
	BN		×
	CN		×
Ⅲ段	AN		×
	BN		×
	CN		×
Ⅳ段	AN		×
	BN		×
	CN		×
Ⅴ段	AN		×
	BN		×
	CN		×

注　过电流Ⅰ、Ⅱ、Ⅲ段可带方向。方向元件和电流元件接成按相启动方式。方向指向变压器时，方向元件灵敏角为 45°；方向指向系统时，方向元件灵敏角为 225°。复合电压闭锁过电流保护还可经其他侧复合电压闭锁启动，各侧复合电压为“或”的关系。

2）复合电压闭锁元件。

①试验条件：投入中（低）压后备保护。

②加入单相电流 I=1.05×过电流Ⅳ段定值，加入三相正序电压 U=0.95 倍低电压定值，保护应可靠动作。

③加入单相电流 I=1.05×过电流Ⅳ段定值，加入三相正序电压 U=1.05 倍低电压定值，保护应可靠不动作。

④加入单相电流 I=1.05×过电流Ⅳ段定值，加入三相负序电压 U=1.05 倍负序电压定值，保护应可靠动作。

⑤加入单相电流 I=1.05×过电流Ⅳ段定值，加入三相负序电压 U=0.95 倍负序电压定值，保护应可靠不动作。

⑥将试验结果填写在表 3-29 中。

表 3-29　　试验结果（十三）

保护名称	1.05 倍动作情况	0.95 倍动作情况	
低电压	×	√	
负序电压	√	×	

3）零序过电压告警：取自低压侧电压，零序电压 $3U_0$ 由自产得到。

①试验条件：投入中（低）压后备保护。

②加入零序电压 U=1.05×零序电压定值，保护应可靠动作。

③加入单相电压 U=0.95×零序电压定值，保护应可靠不动作。

④加入零序电压 U=1.05×零序电压告警定值，保护应可靠动作。

⑤加入单相电压 U=0.95×零序电压告警定值，保护应可靠不动作。

⑥动作时间误差：＜3%整定值+40ms。

⑦将试验结果填写在表 3-30 中。

表 3-30　　试验结果（十四）

保护名称	1.05 倍动作时间	0.95 倍动作情况	
零序电压		×	
零序电压报警		×	

注　零序电压告警可以用作“母线接地信号”。

4）过负荷。

①加入单相电流 I=1.05×过负荷定值，应可靠动作。

②加入单相电流 I=0.95×过负荷定值，应可靠不动作。

③动作时间误差：＜3%整定值+40ms。

④将试验结果填写在表 3-31 中。

表 3-31　　试验结果（十五）

保护名称	1.05 倍动作时间	0.95 倍动作情况	
过负荷		×	

5）交流电压断线检查。

①加入三相负序电压电压大于 8V，延时 10s 发 TV 断线异常信号。

②加入三相正序电压小于 30V 时，而任一相电流大于 $0.06I_n$，延时 10s 发 TV 断线异常信号。

③电压恢复保护自动恢复。

注意，TV 断线信号动作的同时，根据控制选择：退出方向过电流和复合电压闭锁（方向）过电流保护或仅取消方向和复合电压闭锁。

当各段复合电压过电流保护都不经复合电压闭锁和方向闭锁时，不判 TV 断线。

（12）Ⅲ、Ⅳ侧和电流后备保护试验：和电流保护投入，Ⅲ侧 TA 和Ⅳ侧 TA 电流比必须相同。复合电压闭锁过电流。

1）试验条件：投入Ⅲ、Ⅳ侧后备保护。

2）加入三相正序电压 U=30V，单相电流 I=1.05×过电流定值，保护应可靠动作跳闸。

3）加入三相正序电压 U=30V，单相电流 I=0.95×过电流定值，保护应可靠不动作。

4）加入三相正序电压 U=30V，单相电流 I=1.05×过负荷定值，保护应可靠动作跳闸。

5）加入三相正序电压 U=30V，单相电流 I=0.95×过负荷定值，保护应可靠不动作。

6）动作时间误差：＜3%整定值+40ms。

7）将试验结果填写在表 3-32 中。

表 3-32　　试验结果（十六）

侧别	故障相	1.05 倍动作时间 t_1	0.95 倍动作情况
Ⅲ侧	AN		×
	BN		×
	CN		×
Ⅳ侧	AN		×
	BN		×
	CN		×
过负荷			×

注　过电流保护可经Ⅲ侧或Ⅳ侧复合电压闭锁。

4. 非电量保护检查（以下以南瑞 RCS-974/A 为例）

（1）非电量保护共有 7 路非电量信号接口、5 路非电量直接跳闸接口和 3 路非电量延时跳闸接口。

（2）4 路不按相操作的独立的断路器操作回路。

（3）两个电压切换或电压并列回路，一般使用电压切换回路。

（4）非电量保护检查：将试验结果填写在表 3-33 中。

表 3-33　　试验结果（十七）

非电量名称	信号动作情况	CPU 记录情况	信号、跳闸建议
本体重瓦斯			跳闸
本体轻瓦斯			信号
有载重瓦斯			跳闸

续表

非电量名称	信号动作情况	CPU 记录情况	信号、跳闸建议
有载轻瓦斯			信号
油温高			信号
冷控失电			信号
压力释放			信号

5. 断路器非全相保护、防跳闭锁、信号和电压切换回路检查

（1）非全相保护时间测量：动作时间误差小于 3%整定值，并进行带断路器传动，非全相保护动作跳开断路器，不启动失灵保护，并发出非全相保护动作信号。

（2）将控制开关置于合闸位置，然后短接保护跳闸接点，断路器不应跳跃。

（3）模拟隔离开关位置接点闭合，相应的电压切换继电器应动作。注意，传动前应将保护屏的电压输入回路开路。

6. 信号回路检查

（1）分别模拟差动保护、高压侧后备保护、中压侧后备保护、低压侧后备保护、非电量保护的保护动作、保护告警、保护异常等信号，监控系统应反映正确。

（2）分别模拟变压器各侧断路器 SF_6 压力低告警、SF_6 压力低闭锁、控制回路断线等信号动作，监控系统应反映正确。

7. TA 试验

略。

8. TA 回路直流电阻测量

在保护屏端子排上分别测量保护屏内侧和外侧 TA 回路直流电阻，A、B、C 三相应平衡，将试验结果填写在表 3-34 中。

表 3-34　　试验结果（十八）

保护名称	相别		屏上/Ω	屏下/Ω
差动保护	高压侧	AN		
		BN		
		CN		
	中压侧	AN		
		BN		
		CN		
	低压侧分支 I	AN		
		BN		
		CN		
	低压侧分支 II	AN		
		BN		
		CN		

续表

保护名称	相别	屏上/Ω	屏下/Ω
高压侧零序保护	LN		
高压侧间隙保护	LN		
中压侧零序保护	LN		
中压侧间隙保护	LN		
低压侧分支Ⅰ后备保护	AN		
	BN		
	CN		
低压侧分支Ⅱ后备保护	AN		
	BN		
	CN		

9. 二次回路绝缘检查

断开保护装置电源，在保护屏端子排处用1000V兆欧表分别检查以下回路绝缘。将试验结果填写在表3-35中。

表3-35　　试验结果（十九）

项　目	实测值/MΩ	要求值
交流电流—地		＞1MΩ
交流电压—地		
直流回路—地		
交流电流—直流回路		
交流电压—直流回路		
本体重瓦斯—地		
本体轻瓦斯—地		
有载重瓦斯—地		
有载轻瓦斯—地		
油温高—地		
冷控失电—地		
压力释放—地		
本体重瓦斯接点间		＞500MΩ
本体轻瓦斯接点间		
有载重瓦斯接点间		
有载轻瓦斯接点间		
压力释放接点间		

注　如果非电量保护接点间绝缘电阻降低，则接点之间可能有“积炭”，应查明原因并进行处理，以防止误动。

10. 带断路器整组试验

为减少断路器的跳合闸次数，应尽量使用模拟断路器进行保护跳闸传动。传动项目包括：

（1）差动保护动作跳各侧断路器。

（2）高压侧后备保护各段跳本侧或母联断路器及跳各侧断路器。

（3）中压侧后备保护各段跳本侧或母联断路器及跳各侧断路器。

（4）低压侧后备保护各段跳本侧或分段断路器及跳各侧断路器。

（5）本体重瓦斯跳各侧断路器。

（6）有载重瓦斯跳各侧断路器。

（7）压力释放跳各侧断路器。

11. 安全措施恢复

安全措施恢复后必须经第二人检查无误。

（1）所有设备（包括保护压板）恢复至开工前状态。

（2）恢复高压侧、中压侧、低压分支Ⅰ、低压侧分支Ⅱ差动保护和后备保护交流电流回路 A、B、C、N，恢复后应认真检查，防止开路。

（3）恢复交流电压回路 A、B、C、L、N 及电压切换插件，恢复中防止电压回路短路。

（4）恢复各端子箱中 TA 回路及接地点。

12. 当用于 500kV 变压器时，保护装置增加零序比率差动保护试验项目（零序比率差动保护主要用于自耦变压器）

（1）通入单相电流 I=1.05×零序启动电流定值，差动保护应可靠动作跳闸，动作时间小于 25ms。通入单相电流 I=0.95×零序启动电流定值，差动保护应可靠不动作，将试验结果填写在表 3-36 中。

表 3-36　　试验结果（二十）

故障相别	1.05 倍定值动作时间	0.95 倍定值动作情况
AN		×
BN		×
CN		×

注　零序比率差动保护主要用于自耦变压器。

（2）过励磁保护。

1）过励磁保护主要防止过电压和低频率对变压器造成的损坏，用于 500kV 变压器。

2）过励磁保护包括两端定时限过励磁保护和四段反时限过励磁保护，每段一个跳闸时限，还包括定时限过励磁告警和反时限过励磁告警。过励磁保护一般在变压器非调压侧（500kV 侧），将试验结果填写在表 3-37 中。

表 3-37　　试验结果（二十一）

故障相别	1.05 倍定值动作时间	0.95 倍定值动作情况
AN		×

续表

故障相别	1.05 倍定值动作时间	0.95 倍定值动作情况
BN		×
CN		×

注　过励磁保护主要防止过电压和低频率对变压器造成的损坏，用于 500kV 变压器。

（3）相间阻抗保护。

1）试验条件：投入Ⅰ（Ⅱ）侧后被保护。

2）加入故障电流 I=5A，故障电压 U=0.95×I×阻抗Ⅰ段正向定值，并使 I 落后 U 灵敏角定值，模拟相间故障保护应可靠动作。

3）加入故障电流 I=5A，故障电压 U=1.05×I×阻抗Ⅰ段正向定值，并使 I 落后 U 灵敏角定值，模拟相间故障保护应可靠不动作。

4）加入故障电流 I=5A，故障电压 U=0.95×I×阻抗Ⅰ段正向定值，并使 I 落后 U 灵敏角+180°，模拟相间故障保护应可靠动作。

5）加入故障电流 I=5A，故障电压 U=1.05×I×阻抗Ⅰ段正向定值，并使 I 落后 U 灵敏角+180°，模拟相间故障保护应可靠不动作。

6）动作时间误差：＜3%整定值+40ms。

7）Ⅱ段相同。

8）将试验结果填写在表 3-38 中。

表 3-38　　　　试验结果（二十二）

段别	相别	0.95 倍动作时间	1.05 倍动作情况
Ⅰ段	AB		
	BC		
	CA		
Ⅱ段	AB		
	BC		
	CA		

注　相间阻抗保护为变压器相间故障的后备保护，用于 500kV 变压器。当阻抗指向控制字为“1”时，方向指向变压器；当阻抗指向控制字为“0”时，方向指向系统。

（4）接地阻抗保护。

1）试验条件：投入Ⅰ（Ⅱ）侧后被保护。

2）加入故障电流 I=5A，故障电压 U=0.95×（1+K）I×阻抗Ⅰ段正向定值，并使 I 落后 U 灵敏角定值，模拟相间故障保护应可靠动作。

3）加入故障电流 I=5A，故障电压 U=1.05×（1+K）I×阻抗Ⅰ段正向定值，并使 I 落后 U 灵敏角定值，模拟相间故障保护应可靠不动作。

4）加入故障电流 I=5A，故障电压 U=0.95×（1+K）I×阻抗Ⅰ段正向定值，并使 I 落后 U 灵敏角+180°，模拟相间故障保护应可靠动作。

5）加入故障电流 I=5A，故障电压 U=1.05×（1+K）I×阻抗Ⅰ段正向定值，并使 I 落后 U 灵敏角+180°，模拟相间故障保护应可靠不动作。

6）动作时间误差：＜3%整定值+40ms。

7）Ⅱ段相同。

8）将试验结果填写在表 3-39 中。

表 3-39　　试验结果（二十三）

段别	相别	0.95 倍动作时间	1.05 倍动作情况
Ⅰ段	AB		
	BC		
	CA		
Ⅱ段	AB		
	BC		
	CA		

注　接地阻抗保护为变压器接地故障的后备保护，用于 500kV 变压器。当阻抗指向控制字为“1”时，方向指向变压器；当阻抗指向控制字为“0”时，方向指向系统。

第四节　220kV、500kV 高压电抗器保护校验

（以额定电流为 5A 的保护装置为例）

一、检验项目

检验项目如下：

（1）安全措施；

（2）回路及保护装置清扫；

（3）保护装置试验；

（4）非电量保护检查；

（5）断路器防跳闭锁检查；

（6）信号回路检查；

（7）TA 试验；

（8）TA 回路直流电阻测量；

（9）二次回路绝缘检查；

（10）带断路器整组试验；

（11）安全措施恢复。

二、检验方法

1. 安全措施

（1）断开保护所有压板，联跳运行断路器压板的上端应用绝缘胶布缠绕。

（2）断开交流电流回路：线路侧、中性点侧 A、B、C、N 及中性点电流回路 LN。

（3）断开交流电压回路：A、B、C、N。

（4）断开线路侧、中性点侧端子箱中 TA 回路接地点。

（5）如进行 TA 通电试验，在端子箱中断开至母差保护的电流回路 A、B、C、N。

2. 回路及保护装置清扫

用绝缘工具对端子箱、保护屏、测控屏、保护装置、测控装置进行清扫，并检查装

置背板、插件无问题。

3. 保护装置试验（以下以南瑞 RCS-917 为例）

（1）零漂检查。

1）试验条件：交流电流输入回路开路，交流电压输入回路短路。

2）读取每个交流采样通道的采样值。

3）将试验结果填写在表 3-40 中。

表 3-40　　　　试 验 结 果（一）

通道	线路侧	中性点侧	中性点	误差
I_A				±0.05A
I_B				
I_C				
I_{g0}				
U_A				±0.05V
U_B				
U_C				

（2）交流回路精度及线性度检查。

1）试验条件：在保护屏端子排上分别加入三相对称交流电流、电压。

2）读取每个交流采样通道的采样值。

3）将试验结果填写在表 3-41 和表 3-42 中。

表 3-41　　　　试 验 结 果（二）

侧 别	通道	0.5A	1A	3A	5A	10A	误差
线路侧	I_{A1}						±5%
	I_{B1}						
	I_{C1}						
	I_{n1}						
中性点侧	I_{A2}						
	I_{B2}						
	I_{C2}						
	I_{n2}						
中性点	I_{g0}						

表 3-42　　　　试 验 结 果（三）

保护名称	通道	10V	30V	40V	50V	60V	误差
线路电压	U_A						±5%
	U_B						
	U_C						

（3）开入接点检查：使各开入接点动作，在显示屏上观察开入量变化情况，将试验结果填写在表 3-43 中。

表 3-43　　试验结果（四）

开入量								
变位情况								
开入量								
变位情况								

（4）差动保护试验。

1）试验条件：投入差动保护。

2）在线路侧、中性点侧分别加入单相电流 I=1.05×差动速断定值（如为 6I_e），差动速断保护应可靠动作跳闸。动作时间小于 15ms。

3）在线路侧、中性点侧分别加入故障电流 I=0.95×差动速断定值（如为 6I_e），差动速断保护应可靠不动作。

4）在线路侧、中性点侧分别加入单相电流 I=1.05×差动电流启动定值（如线路侧为 0.5I_e），比率差动保护应可靠动作跳闸，动作时间小于 30ms。

5）在线路侧、中性点侧分别加入单相电流 I=0.95×差动电流启动定值（如为 0.5I_e），比率差动保护应可靠不动作。

6）将试验结果填写在表 3-44 中。

表 3-44　　试验结果（五）

侧别	故障相	1.05 倍差动速断动作时间	0.95 倍差动速断动作情况	1.05 倍比率差动动作时间	0.95 倍比率差动动作情况
线路侧	AN		×		×
	BN		×		×
	CN		×		×
中性点侧	AN		×		×
	BN		×		×
	CN		×		×

（5）零序差动保护试验。

1）试验条件：投入零序差动保护。

2）在线路侧、中性点侧分别加入单相电流 I=1.05×零序差动电流启动定值，保护应可靠动作跳闸，动作时间小于 30ms。

3）在线路侧、中性点侧分别加入单相电流 I=0.95×零序差动电流启动定值，保护应可靠不动作。将试验结果填写在表 3-45 中。

表 3-45　　试验结果（六）

侧别	故障相	1.05 倍零序差动动作时间	0.95 倍零序差动动作情况
线路侧	AN		×

续表

侧别	故障相	1.05 倍零序差动动作时间	0.95 倍零序差动动作情况
线路侧	BN		×
	CN		×
中性点侧	AN		×
	BN		×
	CN		×

（6）匝间保护试验。

1）试验条件：投入匝间保护。

2）加入单相电压大于 2V，线路侧单相电流大于 $0.2I_e$，使零序电压的相角落后电流，匝间保护动作，动作时间小于 60ms。

3）加入单相电压大于 2V，线路侧单相电流大于 $0.2I_e$，使零序电压的相角超前于电流，匝间保护不动作。

4）将试验结果填写在表 3-46 中。

表 3-46　　试 验 结 果（七）

侧别	故障相	电压超前电流的角度差	动作时间
线路侧	AN		
	BN		
	CN		

注　零序电压与零序电流的比值即零序阻抗要远小于装置的电抗器零序阻抗整定值，即模拟区内的情况。改变电压与电流之间的相位角，寻找动作边界。

（7）过电流保护试验。

1）试验条件：投入过电流保护。

2）在线路侧加入单相电流 I=1.05×过电流Ⅰ段定值，保护应可靠动作。

3）在线路侧加入单相电流 I=0.95×过电流Ⅰ段定值，保护应可靠不动作。

4）在线路侧加入单相电流 I=1.05×过电流Ⅱ段定值，保护应可靠动作。

5）在线路侧加入单相电流 I=0.95×过电流Ⅱ段定值，保护应可靠不动作。

6）动作时间误差：＜3%整定值+40ms。

7）将试验结果填写在表 3-47 中。

表 3-47　　试 验 结 果（八）

侧别	段别	相别	1.05 倍动作时间	0.95 倍动作情况
线路侧	Ⅰ段	AN		×
		BN		×
		CN		×
	Ⅱ段	AN		×
		BN		×
		CN		×

（8）过负荷试验。

1）在线路侧加入单相电流 I=1.05×过负荷Ⅰ段定值，保护应可靠动作。

2）在线路侧加入故障电流 I=0.95×过负荷Ⅰ段定值，保护应可靠不动作。

3）在线路侧加入单相电流 I=1.05×过负荷Ⅱ段定值，保护应可靠动作。

4）在线路侧加入故障电流 I=0.95×过负荷Ⅱ段定值，保护应可靠不动作。

5）动作时间误差：＜3%整定值+40ms。

6）将试验结果填写在表 3-48 中。

表 3-48　　　　试验结果（九）

侧别	段别	相别	1.05 倍动作时间	0.95 倍动作情况
线路侧	Ⅰ段	AN		×
		BN		×
		CN		×
	Ⅱ段	AN		×
		BN		×
		CN		×

（9）零序过电流保护试验。

1）试验条件：投入零序过电流保护。

2）在线路侧加入单相电流 I=1.05×零序过电流Ⅰ段定值，保护应可靠动作。

3）在线路侧加入单相电流 I=0.95×零序过电流Ⅰ段定值，保护应可靠不动作。

4）在线路侧加入单相电流 I=1.05×零序过电流Ⅱ段定值，保护应可靠动作。

5）在线路侧加入单相电流 I=0.95×零序过电流Ⅱ段定值，保护应可靠不动作。

6）动作时间误差：＜3%整定值+40ms。

7）将试验结果填写在表 3-49 中。

表 3-49　　　　试验结果（十）

侧别	段别	相别	1.05 倍动作时间	0.95 倍动作情况
线路侧	Ⅰ段	AN		×
		BN		×
		CN		×
	Ⅱ段	AN		×
		BN		×
		CN		×

（10）中性点过电流保护试验。

1）试验条件：投入中性点过电流保护。

2）加入电流 I=1.05×中性点过电流Ⅰ段定值，保护应可靠动作。

3）加入电流 I=0.95×中性点过电流Ⅰ段定值，保护应可靠不动作。

4）加入电流 I=1.05×中性点过电流Ⅱ段定值，保护应可靠动作。

5）加入电流 I=0.95×中性点过电流Ⅱ段定值，保护应可靠不动作。

6）加入电流 I=1.05×中性点过负荷定值，保护应可靠动作。

7）加入电流 I=0.95×中性点过负荷定值，保护应可靠不动作。

8）动作时间误差：＜3%整定值+40ms。

9）将试验结果填写在表 3-50 中。

表 3-50　　　　　　　　　　　试验结果（十一）

段别	1.05 倍动作时间	0.95 倍动作情况
Ⅰ段		×
Ⅱ段		×
过负荷		

（11）TV 异常及断线报警。

1）加正序电压小于 30V，且任一相加入电流大于 $0.04I_n$，保护启动元件未启动，延时 1.25s 报该 TV 异常。

2）加负序电压大于 8V，同时保护启动元件未启动，延时 1.25s 报该 TV 异常。

3）在电压恢复正常后延时 10s 返回。

（12）TA 异常报警。

1）当负序电流（零序电流）大于 $0.06I_n$ 后，延时 10s 报该侧 TA 异常，并发出报警信号，在电流恢复正常后延时 10s 返回。

2）当电抗器差动回路差流大于 $0.1I_e$ 和 0.18 倍制动电流中的大者时，延时 10s 发差动保护差流异常报警信号（不闭锁差动保护），差流消失，延时 10s 返回。

4. 非电量保护检查

非电量保护共有 16 路输入回路，其中 4 路可带延时，分别为非电量 1、非电量 2、非电量 3 和冷控失电，非电量 1 和非电量 2 延时跳闸的延时范围为 0～100min，非电量 3 延时跳闸的延时范围为 0～25s。非电量 4（冷控失电）可以整定为经油温控制，并经固定延时或整定延时跳闸。将试验结果填写在表 3-51 中。

表 3-51　　　　　　　　　　　试验结果（十二）

非电量名称	信号动作情况	CPU 记录情况	信号、跳闸建议
本体重瓦斯			跳闸
本体轻瓦斯			信号
有载重瓦斯			跳闸
有载轻瓦斯			信号
油温高			信号
冷控失电			信号
压力释放			信号

5. 断路器防跳闭锁检查

将控制开关置于合闸位置，然后短接保护跳闸接点，断路器不应跳跃。

6. 信号回路检查

（1）分别模拟各种保护及非电量保护的保护动作、保护告警、保护异常等信号，监控系统应反映正确。

（2）分别模拟变压器各侧断路器 SF_6 压力低告警、SF_6 压力低闭锁、控制回路断线等信号动作，监控系统应反映正确。

7. TA 试验

略。

8. TA 回路直流电阻测量

在保护屏端子排上分别测量保护屏内侧和外侧 TA 回路直流电阻，A、B、C 三相应平衡，将试验结果填写在表 3-52 中。

表 3-52　　试验结果（十三）

保护名称	相别		屏上/Ω	屏下/Ω
差动保护	线路侧	AN		
		BN		
		CN		
	中性点侧	AN		
		BN		
		CN		
中性点电流 I_{g0}	LN			

9. 二次回路绝缘检查

断开保护装置电源，在保护屏端子排处用 1000V 兆欧表分别检查各回路绝缘，将试验结果填写在表 3-53 中。

表 3-53　　试验结果（十四）

项　目	实测值/MΩ	要求值
交流电流—地		>1MΩ
交流电压—地		
直流回路—地		
交流电流—直流回路		
交流电压—直流回路		
本体重瓦斯—地		
本体轻瓦斯—地		
有载重瓦斯—地		
有载轻瓦斯—地		
油温高—地		
冷控失电—地		
压力释放—地		
本体重瓦斯接点间		>500MΩ
本体轻瓦斯接点间		

续表

项　目	实测值/MΩ	要求值
有载重瓦斯接点间		＞500MΩ
有载轻瓦斯接点间		
压力释放接点间		

注　如果非电量保护接点绝缘电阻降低，则接点之间可能有“积炭”，应查明原因并进行处理，以防止误动。

10. 带断路器整组试验

为减少断路器的跳合闸次数，应尽量使用模拟断路器进行保护跳闸传动。

11. 安全措施恢复

安全措施恢复后必须经第二人检查无误。

（1）所有设备（包括保护压板），恢复至开工前状态。

（2）恢复线路侧、中性点侧差动保护交流电流回路 A、B、C、N 和中性点 LN，恢复后应认真检查，防止开路。

（3）恢复交流电压回路 A、B、C、N，恢复中防止电压回路短路。

（4）恢复线路侧、中性点端子箱中 TA 回路及接地点。

第五节　$1\frac{1}{2}$接线的断路器保护校验

（以额定电流为 5A 的南瑞 RCS-921A 为例）

一、检验项目

检验项目如下：

（1）安全措施；

（2）回路及保护装置清扫；

（3）零漂检查；

（4）交流回路精度及线性度检查；

（5）开入接点检查；

（6）定值试验；

（7）断路器防跳闭锁、信号回路检查；

（8）TA 试验；

（9）TA 回路直流电阻测量；

（10）二次回路绝缘检查；

（11）带断路器整组试验；

（12）安全措施恢复。

二、检验方法

1. 安全措施

（1）断开保护所有压板，联跳运行断路器和启动母差保护的压板上端应用绝缘胶布缠绕。

（2）断开保护屏上交流电流回路 A、B、C、N。

（3）断开保护屏上交流电压回路 A、B、C、N 及 U_{tq}（同期电压）回路。

（4）如进行 TA 通电试验，在端子箱中断开至母差保护的电流回路 A、B、C、N。

（5）断开端子箱中 TA 回路接地点。

2. 回路及保护装置清扫

用绝缘工具对端子箱、保护屏、测控屏、保护装置、测控装置进行清扫，并检查装置背板、插件无问题。

3. 零漂检查

（1）试验条件：交流电流输入回路开路，交流电压输入回路短路。

（2）读取每个交流采样通道的采样值。

（3）将试验结果填写在表 3-54 中。

表 3-54　　　　试 验 结 果（一）

通道	I_A	I_B	I_C	$3I_0$	U_A	U_B	U_C	U_{tq}
误　差	±0.05A				±0.05V			
实际值								

4. 交流回路精度及线性度检查

（1）试验条件：在保护屏端子排上分别加入三相交流电流、电压。

（2）读取每个交流采样通道的采样值。

（3）将试验结果填写在表 3-55 和表 3-56 中。

表 3-55　　　　试 验 结 果（二）

通　道	0.5A	1A	3A	5A	10A	误差
I_A						±5%
I_B						
I_C						
$3I_0$						

表 3-56　　　　试 验 结 果（三）

通　道	10V	20V	30V	50V	60V	误差
U_A						±5%
U_B						
U_C						
U_{tq}						

5. 开入接点检查

使各开入接点动作，在显示屏上观察开入量变化情况，将试验结果填写在表 3-57 中。

表 3-57　　　　试 验 结 果（四）

开入量								
变位情况								

6. 定值试验

（1）跟跳本开关（以 A 相为例）。

1）将定值控制字“投跟跳本开关”置 1，退出其他保护。

2）在 A 相加 1.05 倍失灵电流高定值，同时给上 A 相的外部分相跳闸输入接点；“A 相跟跳”应可靠动作。

3）在 A 相加 0.95 倍失灵电流高定值，同时给上 A 相的外部分相跳闸输入接点，“A 相跟跳”应可靠不动作。

4）按照第 2）步和第 3）步做 B、C 相故障试验。

5）在任一相加 1.05 倍失灵电流高定值，同时给上外部三相跳闸输入接点；“三相跟跳”应可靠动作。

6）在任一相加 1.05 倍失灵电流高定值，同时给上外部三相跳闸输入接点；“三相跟跳”应可靠动作。

7）动作时间误差：＜3%整定值+40ms。

8）将试验结果填写在表 3-58 中。

表 3-58　　试 验 结 果（五）

段别	相别	1.05 倍动作时间	0.95 倍动作情况
单相跟跳	AN		×
	BN		×
	CN		×
三相跟跳	AN		×

（2）失灵保护（以 A 相为例）。

1）定值控制字“投失灵保护”置 1，退出其他保护。

2）在 A 相加 1.05 倍失灵电流高定值，同时给上 A 相的外部分相或三相跳闸输入接点。

3）在 A 相加 0.95 倍失灵电流高定值，同时给上 A 相的外部分相跳闸输入接点或三相跳闸输入接点，“失灵跳本开关”及“失灵动作”应可靠不动作。

4）按照第 2）步和第 3）步做 B、C 相故障试验。

5）将试验结果填写在表 3-59 中。

表 3-59　　试 验 结 果（六）

相别	1.05 倍动作时间		0.95 倍动作情况
AN			×
BN			×
CN			×

注　失灵保护以较短时限跳本开关，以较长时限跳所有相关断路器（简称“失灵动作”）。

6）定值控制字“投失灵保护”“经零序发变失灵”置 1，将定值“失灵电流高定值”整定成最大值（$20I_n$）。

7）加 1.05 倍失灵保护零序电流定值，同时给上“发变三跳”（发电机、变压器三相跳闸接点）输入接点，“失灵跳本开关”及“失灵动作”应可靠动作。

8）加 0.95 倍失灵保护零序定值，同时给上“发变三跳”输入接点，“失灵跳本开关”及“失灵动作”应可靠不动作。

9）定值控制字“投失灵保护”“经负序发变失灵”置 1。

10）加 1.05 倍负序过电流定值，同时给上“发变三跳”输入接点，“失灵跳本开关”及“失灵动作”应可靠动作。

11）加 0.95 倍负序过电流定值，同时给上“发变三跳”输入接点，“失灵跳本开关”及“失灵动作”应可靠不动作。

12）定值控制字“投失灵保护”“低 COS 发变失灵”置 1。

13）加 50V 对称电压，1.05 倍低功率因数过电流定值，电压超前电流的角度=低功率因数角定值+20°（注意：角度差应小于 90°），同时给上“发变三跳”输入接点，“失灵跳本开关”及“失灵动作”应可靠动作。

14）加 50V 对称电压，1.05 倍低功率因数过电流定值，电压超前电流的角度=低功率因数角定值-20°（注意：角度差应小于 90°），同时给上“发变三跳”输入接点，“失灵跳本开关”及“失灵动作”应可靠不动作。

15）动作时间误差：＜3%整定值+40ms。

16）将试验结果填写在表 3-60 中。

表 3-60　　试验结果（七）

闭锁元件	1.05 倍动作时间		0.95 倍动作情况
零序过电流闭锁			×
负序过电流闭锁			×
低功率因数闭锁			×

注　失灵保护以较短时限跳本开关，以较长时限跳所有相关断路器（简称“失灵动作”）。

（3）死区保护（以 A 相为例）。

1）定值控制字“投死区保护”置 1，退出其他保护。

2）加死区保护电流定值的 1.05 倍电流，同时给上外部三相跳闸接点与三相跳闸位置，“死区保护”应可靠动作。

3）加死区保护电流定值的 0.95 倍电流，同时给上外部三相跳闸开入与三相跳闸位置开入，应可靠不动作。

4）按照第 2）步和第 3）步做 B、C 相故障试验。

5）动作时间误差：＜3%整定值+40ms。

6）将试验结果填写在表 3-61 中。

表 3-61　　试验结果（八）

相别	1.05 倍动作时间		0.95 倍动作情况
AN			×
BN			×
CN			×

（4）充电保护（以 A 相为例）。

1）投充电保护压板，退出其他保护。

2）加充电保护过电流Ⅰ段定值的 1.05 倍电流，“充电保护Ⅰ段”应可靠动作。

3）加 0.95 倍充电保护过电流Ⅰ段定值，“充电保护Ⅰ段”应可靠不动作。

4）加充电保护过电流Ⅰ段定值的 1.05 倍电流，“充电保护Ⅱ段”应可靠动作。

5）加 0.95 倍充电保护过电流Ⅰ段定值，“充电保护Ⅱ段”应可不动作。

6）动作时间误差：＜3%整定值+40ms。

7）将试验结果填写在表 3-62 中。

表 3-62　　　　试验结果（九）

段别	相别	1.05 倍动作时间	0.95 倍动作情况
Ⅰ段	AN		×
	BN		×
	CN		×
Ⅱ段	AN		×
	BN		×
	CN		×

（5）不一致保护。

1）整定定值控制字中“投不一致保护”置 1，退出其他保护。

2）给上任一相跳闸位置开入，“不一致动作”应可靠动作。

3）整定定值控制字中“投不一致保护”“不一致经零负序”置 1，退出其他保护。

4）加不一致零序过电流值的 1.05 倍零序电流，同时给上任一相跳闸位置开入（该相应无流，否则不满足不一致条件），“不一致动作”应可靠动作。

5）加不一致零序过电流值的 0.95 倍零序电流，同时给上任一相跳闸位置开入（该相应无流，否则不满足不一致条件），“不一致动作”应可靠不动作。

6）加不一致负序过电流值的 1.05 倍负序电流，同时给上任一相跳闸位置开入（该相应无流，否则不满足不一致条件），“不一致动作”应可靠动作。

7）加不一致负序过电流值的 0.95 倍负序电流，同时给上任一相跳闸位置开入（该相应无流，否则不满足不一致条件），“不一致动作”应可靠不动作。

8）动作时间误差：＜3%整定值+40ms。

9）将试验结果填写在表 3-63 中。

表 3-63　　　　试验结果（十）

闭锁元件	1.05 倍动作时间	0.95 倍动作情况
不闭锁		×
零序过流闭锁		×
负序过流闭锁		×

（6）沟通三跳。

1）投重合闸方式为“三重方式”，退出其他保护。

2）加上故障电流，保证零序或突变量启动元件动作，给上外部跳闸接点 TA2、TB2、TC2 或“发变三跳”，“沟通三跳”（沟通三相跳闸）应可靠动作（注意：不应接 TA1、TB1、TC1）。

3）投重合闸方式为“单重方式”，整定定值控制字中“投未充电沟三跳”置 1，退出其他保护。

4）加上故障电流，保证零序或突变量启动元件动作，给上外部单跳接点 TA1、TB1、TC1、TA2、TB2、TC2 或“发变三跳”，“沟通三跳”应可靠动作。

5）将试验结果填写在表 3-64 中。

表 3-64　　　　试验结果（十一）

外部输入节点	动作情况
TA2、TB2、TC2	
“发变三跳”	
TA1、TB1、TC1+零序电流	
“发变三跳”+零序电流	

（7）后合跳闸。

1）重合把手切在“单重方式”，退先合开入压板。

2）整定定值控制字中“后合检线路有压”置 1，“投重合闸”置 1，“投重合闸不检”置 1。等保护充电，直至“充电”灯亮。

3）给上线路单相跳闸开入接点（TA2、TB2、TC2）并返回。

4）等待单相重合闸时间后，在保护整组复归前加上电流（不要加电压），使线路满足有流条件，“后合跳闸”应可靠动作。

5）将试验结果填写在表 3-65 中。

表 3-65　　　　试验结果（十二）

外部输入节点	后合跳闸动作时间
TA2、TB2、TC2 动作并返回	

（8）分相重合闸。

1）投自适应重合闸压板。整定定值控制字与软压板中“投自适应重合闸”置 1。

2）当充电保护灯亮后，给上 TA1 跳闸开入形成 A 相跳闸固定，在保护整组复归前给上 HA 开入，“A 相合闸”应可靠动作。

3）同第 2）步做 B、C 相。

4）将试验结果填写在表 3-66 中。

表 3-66　　　　试验结果（十三）

外部输入节点	重合闸动作时间
TA1+HA	
TB1+HB	
TC1+HB	

（9）交流电压断线检查。

1）加入单相电压大于 12V，保护不启动，延时 1.25s 发 TV 断线异常信号。

2）TV 断线信号动作的同时，退出低功率因数控制字。

3）三相电压正常后，经 10s 延时 TV 断线信号复归。

（10）线路电压断线。

1）当重合闸投入且装置整定为重合闸检同期或检无压方式，开关在合闸位置时检查输入的同期电压小于 40V，经 10s 延时报线路 TV 异常。

2）线路电压正常后，经 10s 延时线路 TV 断线信号复归。

3）如重合闸不投或不检同期或无压时，线路电压可以不接入本装置，装置也不进行线路电压断线判别。

7. 断路器防跳闭锁、信号回路检查

（1）将控制开关置于合闸位置，然后短接保护跳闸接点，断路器不应跳跃。

（2）模拟 SF_6 压力低告警、SF_6 压力低闭锁、控制回路断线等各种信号动作，监控系统应反映正确，SF_6 压力低闭锁时同时闭锁重合闸。

8. TA 试验

略。

9. TA 回路直流电阻测量

在保护屏端子排上分别测量保护屏内侧和外侧 TA 回路直流电阻，A、B、C 三相应平衡，将试验结果填写在表 3-67 中。

表 3-67　试验结果（十四）

相　别	屏　上/Ω	屏　下/Ω
AN		
BN		
CN		

10. 二次回路绝缘检查

断开保护装置电源，在保护屏端子排处用 1000V 兆欧表分别检查各回路绝缘，将试验结果填写在表 3-68 中。

表 3-68　试验结果（十五）

项　目	实测值/MΩ	要求值
交流电流—地		＞1MΩ
交流电压—地		
直流回路—地		
交流电流—直流回路		
交流电压—直流回路		

11. 带断路器整组试验

（1）模拟各种故障。

（2）使断路器单跳、单合，注意断路器先合、后合顺序应正确。多相故障跳三相不重合。

（3）两相故障跳三相。

（4）沟通三相跳闸。

（5）失灵保护、死区保护、不一致保护、充电保护动作均闭锁重合闸。

（6）监控系统中保护告警、保护异常、保护动作、重合闸动作等信号应正确。

（7）打印保护动作报告和定值，并再次与定值通知单核对。

12. 安全措施恢复

安全措施恢复后必须经第二人检查无误。

（1）所有设备（包括保护压板）恢复至开工前状态。

（2）恢复交流电流回路 A、B、C、N，恢复后应认真检查，防止开路。

（3）恢复交流电压回路 A、B、C、N、U_{tq}，恢复中防止电压回路短路。

（4）恢复端子箱中交流电流回路 A、B、C、N 及接地点。

第六节　$1\frac{1}{2}$接线的短引线保护校验

（以额定电流为 5A 的南瑞 RCS-922A 为例）

一、检验项目

检验项目如下：

（1）安全措施；

（2）回路及保护装置清扫；

（3）零漂检查；

（4）交流回路精度及线性度检查；

（5）开入接点检查；

（6）定值试验；

（7）TA 回路直流电阻测量；

（8）二次回路绝缘检查；

（9）带断路器整组试验；

（10）安全措施恢复。

二、检验方法

1. 安全措施

（1）断开保护所有压板，联跳运行断路器压板上端应用绝缘胶布缠绕。

（2）断开保护屏上交流电流回路 A、B、C、N。

（3）断开端子箱中 TA 回路接地点。

2. 回路及保护装置清扫

用绝缘工具对端子箱、保护屏、保护装置进行清扫，并检查装置背板、插件无问题。

3. 零漂检查

（1）试验条件：交流电流输入回路开路。

（2）读取每个交流采样通道的采样值。

（3）将试验结果填写在表 3-69 中。

表 3-69　　试验结果（一）

通道	I_{A1}	I_{B1}	I_{C1}	$3I_{01}$	I_{A2}	I_{B2}	I_{C2}
误　差	±0.05A						
实际值							

4. 交流回路精度及线性度检查

（1）试验条件：在保护屏端子排上分别加入三相交流电流、电压。

（2）读取每个交流采样通道的采样值。

（3）将试验结果填写在表 3-70 中。

表 3-70　　试验结果（二）

通道	0.5A	1A	3A	5A	10A	误差
I_{A1}						±5%
I_{B1}						
I_{C1}						
$3I_{01}$						
I_{A2}						
I_{B2}						
I_{C2}						

5. 开入接点检查

使各开入接点动作，在显示屏上观察开入量变化情况，将试验结果填写在表 3-71 中。

表 3-71　　试验结果（三）

开入量								
变位情况								

6. 定值试验

（1）差动保护（以 A 相为例）。

1）定值控制字“投死区保护”置 1，退出其他保护。

2）加 $I_{A1}=I_{A2}=1.05$ 倍差动过电流定值，且 I_{A1} 和 I_{A2} 电流同向，差动保护应可靠动作。

3）加 $I_{A1}=I_{A2}=0.95$ 倍差动过电流定值，且 I_{A1} 和 I_{A2} 电流同向，差动保护应可靠不动作。

4）加 $I_{A1}=I_{A2}=2$ 倍差动过电流定值，且 I_{A1} 和 I_{A2} 电流反向，差动保护应可靠不动作。

5）按照第 2）～4）步做 B、C 相故障试验。

6）动作时间误差：＜3%整定值+40ms。

7）将试验结果填写在表 3-72 中。

表 3-72　　试验结果（四）

相别	1.05 倍动作时间	0.95 倍动作情况	2 倍动作情况
AN		×	×

续表

相别	1.05 倍动作时间	0.95 倍动作情况	2 倍动作情况
BN		×	×
CN		×	×

（2）充电保护（以 A 相为例）。

1）投充电保护压板，退出其他保护。

2）加 I_{A1}=1.05 倍充电过电流 I 段定值，充电保护 I 段应可靠动作。

3）加 I_{A1}=0.95 倍充电过电流 I 段定值，充电保护 I 段应可靠不动作。

4）加 I_{A1}=1.05 倍充电过电流 II 段定值，充电保护 II 段应可靠动作。

5）加 I_{A1}=0.95 倍充电过电流 II 段定值，充电保护 II 段应可靠不动作。

6）按照第 2）～4）步做 B、C 相故障试验。

7）同理模拟 I_{A2}、I_{B2}、I_{C2} 通道故障。

8）动作时间误差：＜3%整定值+40ms。

9）将试验结果填写在表 3-73 中。

表 3-73　　试验结果（五）

段别	通道	1.05 倍动作时间	0.95 倍动作情况
I 段	I_{A1}		×
	I_{B1}		×
	I_{C1}		×
II 段	I_{A1}		×
	I_{B1}		×
	I_{C1}		×
I 段	I_{A2}		×
	I_{B2}		×
	I_{C2}		×
II 段	I_{A2}		×
	I_{B2}		×
	I_{C2}		×

（3）交流电流断线检查。

1）当零序和电流启动元件长期启动时间超过 10s 发 TA 断线告警信号。

2）只有在某侧电流同时满足下列条件时，方认为是 TA 断线：

①只有一相电流为零（小于 $0.1I_n$）。

②其他二相电流与启动前电流相等（小于 $0.1I_n$）。

③TA 断线闭锁保护装置出口。

3）满足下述任一条件不进行该侧 TA 断线判别：

①启动前某侧最大相电流小于 $0.2I_n$。

②启动后最大相电流大于 $2I_n$。

③启动后该侧电流比启动前增加 0.1I_n 以上。

7. TA 回路直流电阻测量

在保护屏端子排上分别测量保护屏内侧和外侧 TA 回路直流电阻，A、B、C 三相应平衡，将试验结果填写在表 3-74 中。

表 3-74　　　　试 验 结 果（六）

通道	屏　上/Ω	屏　下/Ω
I_{A1}		
I_{B1}		
I_{C1}		
I_{A2}		
I_{B2}		
I_{C2}		

8. 二次回路绝缘检查

断开保护装置电源，在保护屏端子排处用 1000V 兆欧表分别检查各回路绝缘，将试验结果填写在表 3-75 中。

表 3-75　　　　试 验 结 果（七）

项　目	实测值/MΩ	要求值
交流电流—地		＞1MΩ
交流电压—地		
直流回路—地		
交流电流—直流回路		
交流电压—直流回路		

9. 带断路器整组试验

（1）模拟故障使断路器三相跳闸不重合。

（2）监控系统中保护告警、保护异常、保护动作等信号应正确。

（3）打印保护动作报告和定值，并再次与定值通知单核对。

10. 安全措施恢复

安全措施恢复后必须经第二人检查无误。

（1）所有设备（包括保护压板），恢复至开工前状态。

（2）恢复交流电流回路 A、B、C、N，恢复后应认真检查，防止开路。

（3）恢复端子箱中 TA 接地点。

第七节　220kV、500kV 过电压保护及故障启动装置校验

一、检验项目

检验项目如下：

（1）安全措施；

（2）回路及保护装置清扫；

（3）零漂检查；
（4）交流回路精度及线性度检查；
（5）开入接点检查；
（6）过电压保护试验；
（7）就地判据试验；
（8）远方跳闸试验；
（9）TA 回路直流电阻测量；
（10）二次回路绝缘检查；
（11）带断路器整组试验；
（12）安全措施恢复。

二、检验方法（以 RCS-925A 为例）

1. 安全措施

（1）断开保护所有压板，联跳运行断路器压板的上端应用绝缘胶布缠绕。
（2）断开保护回路 A、B、C、N。
（3）断开交流电压回路 A、B、C、N，对于带保持的电压切换回路，还应拔出电压切换插件。
（4）如进行 TA 通电试验，在端子箱中或开关室断开至母差保护的电流回路 A、B、C、N。
（5）断开端子箱中或开关室断开 TA 回路接地点。

2. 回路及保护装置清扫

用绝缘工具对端子箱、保护屏、保护装置进行清扫，并检查装置背板、插件无问题。

3. 零漂检查

（1）试验条件：交流电流输入回路开路，交流电压输入回路短路。
（2）读取每个交流采样通道的采样值。
（3）将试验结果填写在表 3-76 中。

表 3-76　　试验结果（一）

通道	实测值	误差	相　别	实测值	误差
I_A		±0.05A	U_A		±0.05V
I_B			U_B		
I_C			U_C		
I_0					

4. 交流回路精度及线性度检查

（1）试验条件：在保护屏端子排上分别加入三相交流电流、电压。
（2）读取每个交流采样通道的采样值。
（3）将试验结果填写在表 3-77 和表 3-78 中。

表 3-77　　试验结果（二）

通道	0.5A	1A	3A	5A	10A	误差
I_A						±5%
I_B						

续表

通道	0.5A	1A	3A	5A	10A	误差
I_C						±5%
I_0						

表 3-78　　试 验 结 果（三）

通道	10V	20V	30V	50V	60V	误差
U_A						±5%
U_B						
U_C						

5. 开入接点检查

使各开入接点动作，在显示屏上观察开入量变化情况，将试验结果填写在表 3-79 中。

表 3-79　　试 验 结 果（四）

开入量					
变位情况					

6. 过电压保护试验

（1）投过电压保护压板，整定保护定值控制字“过压跳本侧投入”置 1，“电压三取一方式”置 1。

（2）任一相上加 1.05 倍过电压定值，过电压保护应可靠跳闸。加 0.95 倍过电压定值，过电压保护应可靠不动作。

（3）整定保护定值控制字“过压跳本侧投入”置 1，“电压三取一方式”置 0。

（4）A、B、C 三相同时加上 1.05 倍过电压定值，过电压保护应可靠跳闸。加 0.95 倍过电压定值，过电压保护应可靠不动作。

（5）动作时间误差：＜3%整定值+40ms。

（6）将试验结果填写在表 3-80 中。

表 3-80　　试 验 结 果（五）

段别	通道	1.05 倍定值动作时间	0.95 倍定值动作情况
电压三取一方式	U_A		×
	U_B		×
	U_C		×
电压三取三方式	U_{ABC}		×

7. 就地判据试验

（1）补偿过电压、补偿欠电压。

1）整定保护定值控制字“电抗补偿投入”置 1，“补偿过电压投入”置 1，线路正序容抗值整定为 100Ω，并联电抗值整定为 200Ω。

2）加故障电流 I=1A，电流滞后电压角度为线路阻抗灵敏角。加电压=1.05×（$U_{ZD}+I\times Z_{ZD}$），式中，U_{ZD} 为补偿过电压定值，Z_{ZD} 为线路阻抗值。此时补偿过电压就地判据应满足。

3）加故障电流 I=1A，电流滞后电压角度为线路阻抗灵敏角，加电压=0.95×（U_{ZD}+I×Z_{ZD}），式中，U_{ZD}为补偿过电压定值，Z_{ZD}为线路阻抗值。此时补偿过电压就地判据不满足。

4）参照上述校验补偿欠电压就地判据。

5）动作时间误差：<3%整定值+40ms。

6）将试验结果填写在表 3-81 中。

表 3-81　　试验结果（六）

保护	相别	1.05 倍动作时间	0.95 倍动作时间
过电压	A 相		×
	B 相		×
	C 相		×
欠电压	A 相	×	
	B 相	×	
	C 相	×	

注　TV 断线时补偿欠电压就地判据退出。

（2）零、负序电流试验。

1）整定保护定值控制字“零负序电流投入”置 1。

2）加零序电流整定值的 1.05 倍零序电流，零序电流就地判据应满足。

3）加零序电流整定值的 0.95 倍零序电流，零序电流就地判据应不满足。

4）加负序电流整定值的 1.05 倍负序电流，负序电流就地判据满足。

5）加负序电流整定值的 0.95 倍负序电流，负序电流就地判据应不满足。

6）动作时间误差：<3%整定值+40ms。

7）将试验结果填写在表 3-82 中。

表 3-82　　试验结果（七）

保护	1.05 倍动作时间	0.95 倍动作时间
零序电流		×
负序电流		×

（3）低电流试验。

整定保护定值控制字“低电流投入”置 1。

1）三相均加入 0.95×（0.04×I_n）倍电流，低电流就地判据应满足。

2）三相均加入 1.05×（0.04×I_n）倍电流，低电流就地判据应不满足。

3）动作时间误差：<3%整定值+40ms。

4）将试验结果填写在表 3-83 中。

表 3-83　　试验结果（八）

保护	0.95 倍动作时间	1.05 倍动作时间
低电流		×

（4）低功率因数。

1）整定保护定值控制字“低功率因数投入”置 1 。

2）加三相额定电压 57.7V，待 TV 断线消失后加 5A 电流，电压超前电流的角度为低功率因数角度定值。

3）加三相额定电压 57.7V，待 TV 断线消失后加 5A 电流，电压超前电流的角度为低功率因数角定值–2°（电压电流角度差≤90°），低功率因数就地判据应不满足。

4）动作时间误差：＜3%整定值+40ms。

5）将试验结果填写在表 3-84 中。

表 3-84　　　　试验结果（九）

保护	低功率因数角定值+2°动作时间	低功率因数角定值+2°动作情况
低功率因数		×

（5）低有功功率。

1）整定保护定值控制字“低有功功率投入”置 1。

2）加三相额定电压 57.7V，待 TV 断线消失后，加 0.95×（低有功功率定值/57.7 电流，电压电流相角差为 0°，低有功功率就地判据应满足。

3）加三相额定电压 57.7V，待 TV 断线消失后，加 1.05×（低有功功率定值/57.7 电流，电压电流相角差为 0°，低有功功率就地判据应不满足。

4）动作时间误差：＜3%整定值+40ms。

5）将试验结果填写在表 3-85 中。

表 3-85　　　　试验结果（十）

保护	1.05 倍电流动作时间	0.95 倍电流动作情况
低功率因数		×

注　测试仪精度越高，则误差越小。在正常电压下，0.01A 的电流偏差则会产生 0.577W 的功率偏差，相位偏差对有功的计算也会产生影响，因此在有功定值较小的情况下，测试误差可能较大。建议用户在校验低有功功率判据时，采用高精度测试仪。

8. 远方跳闸试验

（1）RCS-925A（B）型保护装置。

1）二取二有判据：整定保护定值控制字“二取二有判据”置 1，投且仅投任一就地判据，给上通道Ⅰ、通道Ⅱ收信开入，同时使该就地判据满足，显示“二取二有判据”。

2）二取一有判据：整定保护定值控制字“二取一有判据”置 1，仅投任一就地判据，则跳闸灯亮，显示“二取一有判据”。

3）二取二无判据：整定保护定值控制字“二取二无判据”置 1，给上通道Ⅰ、通道Ⅱ收信开入，则跳闸灯亮，显示“二取二无判据”。

4）二取一无判据：整定保护定值控制字“二取一无判据”置 1，给上通道Ⅰ或通道Ⅱ收信开入，则跳闸灯亮，显示“二取一无判据”。

（2）RCS-925AFF（AMM）型保护装置。

1）远跳有判据：整定保护定值控制字“远跳有判据”置 1，仅投任一就地判据，给上对侧装置远跳Ⅰ、远跳Ⅱ开入，同时使本侧就地判据满足，则跳闸灯亮，显示“远跳有判据”。

2）远跳无判据：整定保护定值控制字“远跳无判据”置 1，退出所有就地判据，给上对侧装置远跳Ⅰ、远跳Ⅱ开入，则跳闸灯亮，显示“远跳无判据”。

3）过电压远跳试验［RCS-925AFF（AMM）］。

①整定保护定值控制字“远跳有判据”置 1，仅投补偿过电压就地判据，对侧装置模拟过电压，同时使本侧补偿过电压判据满足，则跳闸灯亮，显示“远跳有判据”。

②整定保护定值控制字“远跳无判据”置 1，退出所有就地判据，对侧装置模拟过电压，则跳闸灯亮，显示“远跳无判据”。

③由于“远跳有判据”功能始终投入，因此“远跳有判据”也会动作。

9. TA 回路直流电阻测量

在保护屏端子排上分别测量保护屏内侧和外侧 TA 回路直流电阻，A、B、C 三相应平衡，将试验结果填写在表 3-86 中。

表 3-86　　试验结果（十一）

相别		屏上/Ω	屏下/Ω
保护回路	AN		
	BN		
	CN		

10. 二次回路绝缘检查

断开保护装置电源，在保护屏端子排处用 1000V 兆欧表分别检查各回路绝缘，将试验结果填写在表 3-87 中。

表 3-87　　试验结果（十二）

项目	实测值/MΩ	要求值
交流电流—地		＞1MΩ
交流电压—地		
直流回路—地		
交流电流—直流回路		
交流电压—直流回路		

11. 带断路器整组试验

（1）模拟故障断路器应正确动作。

（2）监控系统中保护告警、保护异常、保护动作等信号应正确。

（3）打印保护动作报告和定值，并再次与定值通知单核对。

12. 安全措施恢复

安全措施恢复后必须经第二人检查无误。

（1）所有设备（包括保护压板），恢复至开工前状态。

（2）恢复保护屏上保护回路 A、B、C、N，恢复后应认真检查，防止开路。

（3）恢复保护屏上交流电压回路 A、B、C、N，恢复中防止电压回路短路。
（4）恢复端子箱中 TA 接地点。

第八节　220kV 断路器辅助保护校验

（以额定电流为 1A 的南瑞 RCS-923A 为例）

一、检验项目

检验项目如下：
（1）安全措施。
（2）回路及保护装置清扫。
（3）零漂检查。
（4）交流回路精度及线性度检查。
（5）开入接点检查。
（6）定值试验。
（7）TA 回路直流电阻测量。
（8）二次回路绝缘检查。
（9）带断路器整组试验。
（10）安全措施恢复。

二、检验方法

1. 安全措施
（1）断开保护所有压板，联跳运行断路器压板的上端应用绝缘胶布缠绕。
（2）断开保护屏上交流电流回路 A、B、C、N。
（3）断开端子箱中 TA 回路接地点。
2. 回路及保护装置清扫
用绝缘工具对端子箱、保护屏、保护装置进行清扫，并检查装置背板、插件无问题。
3. 零漂检查
（1）试验条件：交流电流输入回路开路。
（2）读取每个交流采样通道的采样值。
（3）将试验结果填写在表 3-88 中。

表 3-88　　试验结果（一）

通道	I_{A1}	I_{B1}	I_{C1}	$3I_0$
I_A				
I_B				
I_C				
$3I_0$				

4. 交流回路精度及线性度检查
（1）试验条件：在保护屏端子排上分别加入三相交流电流、电压。
（2）读取每个交流采样通道的采样值。
（3）将试验结果填写在表 3-89 中。

表 3-89　　　　　　　　　　　　　试 验 结 果（二）

通道	0.5A	1A	3A	5A	10A	误差
I_A						±5%
I_B						
I_C						
$3I_0$						

5. 开入接点检查

使各开入接点动作，在显示屏上观察开入量变化情况，将试验结果填写在表 3-90 中。

表 3-90　　　　　　　　　　　　　试 验 结 果（三）

开入量								
变位情况								

6. 定值试验

（1）失灵启动保护（以 A 相为例）。

1）加 I_A=1.05 倍失灵启动电流定值，失灵启动应可靠动作。

2）加 I_A=0.95 倍失灵启动电流定值，失灵启动应可靠不动作。

3）按照第 1）～2）步做 B、C 相故障试验。

4）将试验结果填写在表 3-91 中。

表 3-91　　　　　　　　　　　　　试 验 结 果（四）

相别	1.05 倍动作情况	0.95 倍动作情况
AN		×
BN		×
CN		×

（2）过电流保护（以 A 相为例）。

1）加 I_A=1.05 倍过电流 I 段定值，过电流保护 I 段应可靠动作。

2）加 I_A=0.95 倍过电流 I 段定值，过电流保护 I 段应可靠不动作。

3）加 I_A=1.05 倍过电流 II 段定值，过电流保护 II 段应可靠动作。

4）加 I_A=0.95 倍过电流 II 段定值，过电流保护 II 段应可靠不动作。

5）按照第 2）～4）步做 B、C 相故障试验。

6）动作时间误差：＜3%整定值+40ms。

7）将试验结果填写在表 3-92 中。

表 3-92　　　　　　　　　　　　　试 验 结 果（五）

段别	通道	1.05 倍动作时间	0.95 倍动作情况
I 1 段	I_{A1}		×
	I_{B1}		×
	I_{C1}		×

续表

段别	通道	1.05 倍动作时间	0.95 倍动作情况
I 2 段	I_{A1}		×
	I_{B1}		×
	I_{C1}		×

（3）零序过电流保护（以 A 相为例）。

1）加 I_A=1.05 倍零序过电流 I 段定值，零序过电流保护 I 段应可靠动作。

2）加 I_A=0.95 倍零序过电流 I 段定值，零序过电流保护 I 段应可靠不动作。

3）加 I_A=1.05 倍零序过电流 II 段定值，零序过电流保护 II 段应可靠动作。

4）加 I_A=0.95 倍零序过电流 II 段定值，零序过电流保护 II 段应可靠不动作。

5）按照第 2）～4）步做 B、C 相故障试验。

6）动作时间误差：<3%整定值+40ms。

7）将试验结果填写在表 3-93 中。

表 3-93　　　　试 验 结 果（六）

段别	通道	1.05 倍动作时间	0.95 倍动作情况
I 01 段	I_{A1}		×
	I_{B1}		×
	I_{C1}		×
I 02 段	I_{A1}		×
	I_{B1}		×
	I_{C1}		×

（4）不一致保护。

1）给上任一相跳闸位置开入，“不一致动作”应可靠动作。

2）整定定值控制字中“投不一致保护”“不一致经零序”置 1，退出其他保护。

3）加 I_A=1.05 倍不一致零序电流定值，同时给上任一相跳闸位置开入，“不一致动作”应可靠动作。

4）加 I_A=0.95 倍不一致零序电流定值，同时给上任一相跳闸位置开入，“不一致动作”应可靠不动作。

5）整定定值控制字中“投不一致保护”“不一致经负序”置 1，退出其他保护。

6）加负序电流为 1.05 倍不一致负序电流定值，同时给上任一相跳闸位置开入，“不一致动作”应可靠动作。

7）加负序电流为 0.95 倍负序电流定值，同时给上任一相跳闸位置开入“不一致动作”应可靠不动作。

8）动作时间误差：<3%整定值+40ms。

9）将试验结果填写在表 3-94 中。

表 3-94　　　　试 验 结 果（七）

闭锁元件	1.05 倍动作时间	0.95 倍动作情况
不闭锁		×
零序过流闭锁		×
负序过流闭锁		×

（5）充电保护（以 A 相为例）。

1）投充电保护压板，退出其他保护。

2）加 I_{A1}=1.05 倍充电过电流定值，同时给上手合接地开入，充电保护应可靠动作。

3）加 I_{A1}=0.95 倍充电过电流定值，同时给上手合接地开入，充电保护应可靠不动作。

4）按照第 2）～3）步做 B、C 相故障试验。

5）动作时间误差：＜3%整定值+40ms。

6）将试验结果填写在表 3-95 中。

表 3-95　　　　试 验 结 果（八）

通道	1.05 倍动作时间	0.95 倍动作情况
I_A		×
I_B		×
I_C		×

7. TA 回路直流电阻测量

在保护屏端子排上分别测量保护屏内侧和外侧 TA 回路直流电阻，A、B、C 三相应平衡，将试验结果填写在表 3-96 中。

表 3-96　　　　试 验 结 果（九）

相　别	屏　上/Ω	屏　下/Ω
AN		
BN		
CN		

8. 二次回路绝缘检查

断开保护装置电源，在保护屏端子排处用 1000V 绝缘电阻表分别检查各回路绝缘，将试验结果填写在表 3-97 中。

表 3-97　　　　试 验 结 果（十）

项　目	实测值/MΩ	要求值
交流电流—地		＞1MΩ
交流电压—地		
直流回路—地		
交流电流—直流回路		
交流电压—直流回路		

9. 带断路器整组试验

（1）模拟故障使断路器三相跳闸不重合。

（2）监控系统中保护告警、保护异常、保护动作等信号应正确。

（3）打印保护动作报告和定值，并再次与定值通知单核对。

10. 安全措施恢复

安全措施恢复后必须经第二人检查无误。

（1）所有设备（包括保护压板），恢复至开工前状态。

（2）恢复交流电流回路 A、B、C、N，恢复后应认真检查，防止开路。

（3）恢复端子箱中 TA 接地点。

第九节 母差保护校验

（以下以南瑞 RCS-915AB 为例）

一、检验项目

检验项目如下：

（1）安全措施；

（2）回路及保护装置清扫；

（3）母差保护试验；

（4）母联充电保护和母联过电流保护试验；

（5）母联失灵保护试验；

（6）母联死区保护试验；

（7）母联非全相保护试验；

（8）失灵保护试验；

（9）交流电压断线报警试验；

（10）交流电流断线报警试验；

（11）各支路刀闸位置对应关系检查；

（12）TA 回路直流电阻测量；

（13）二次回路绝缘检查；

（14）带断路器整组试验；

（15）带负荷试验；

（16）安全措施恢复。

二、检验方法

1. 安全措施

（1）断开保护所有压板，联跳母联、线路、变压器运行断路器压板的上端应用绝缘胶布缠绕。

（2）断开交流电流回路：断开各线路和母联的 TA 回路 A、B、C、N，在短接电流回路时一定要防止 TA 回路开路，将所有电流回路全部短接好后，应经工作负责人检查无误后方可拆封。

（3）断开交流电压回路：Ⅰ母、Ⅱ母交流电压 A、B、C、N。

（4）断开各端子箱中 TA 回路接地点。

2. 回路及保护装置清扫

用绝缘工具对端子箱、保护屏、保护装置进行清扫，并检查装置背板、插件无问题。

3. 母差保护试验

（1）零漂检查。

1）试验条件：交流电流输入回路开路，交流电压输入回路短路。

2）读取每个交流采样通道的采样值。

3）将试验结果填写在表 3-98 和表 3-99 中。

表 3-98　　试 验 结 果（一）

通道	支路 1	支路 2	……	母联电流	误差
I_A					±0.05A
I_B					
I_C					
I_n					

表 3-99　　试 验 结 果（二）

通道	Ⅰ母电压	Ⅱ母电压	误差
U_A			±0.05V
U_B			
U_C			

（2）交流回路精度及线性度检查。

1）试验条件：在保护屏端子排上分别加入三相对称交流电流、电压。

2）读取每个交流采样通道的采样值。

3）将试验结果填写在表 3-100 和表 3-101 中。

表 3-100　　试 验 结 果（三）

侧 别	通道	0.5A	1A	3A	5A	10A	误差
支路 1	I_A						±5%
	I_B						
	I_C						
支路 2	I_A						
	I_B						
	I_C						
……	I_A						
	I_B						
	I_C						
母联	I_A						
	I_B						
	I_C						

表 3-101　　　　　　　　　　试 验 结 果（四）

<table>
<tr><th>侧 别</th><th>通道</th><th>10V</th><th>30V</th><th>40V</th><th>50V</th><th>60V</th><th>误差</th></tr>
<tr><td rowspan="3">Ⅰ母</td><td>U_A</td><td></td><td></td><td></td><td></td><td></td><td rowspan="6">±5%</td></tr>
<tr><td>U_B</td><td></td><td></td><td></td><td></td><td></td></tr>
<tr><td>U_C</td><td></td><td></td><td></td><td></td><td></td></tr>
<tr><td rowspan="3">Ⅱ母</td><td>U_A</td><td></td><td></td><td></td><td></td><td></td></tr>
<tr><td>U_B</td><td></td><td></td><td></td><td></td><td></td></tr>
<tr><td>U_C</td><td></td><td></td><td></td><td></td><td></td></tr>
</table>

（3）开入接点检查。使各开入接点动作，在显示屏上观察开入量变化情况，将试验结果填写在表 3-102 中。

表 3-102　　　　　　　　　　试 验 结 果（五）

开入量								
变位情况								

（4）母差保护试验。

1）试验条件：投入母差保护，短接元件 1 的Ⅰ母刀闸位置及元件 2 的Ⅱ母刀闸位置接点。

2）区外故障：

①将元件 2TA 与母联 TA 同极性串联，再与元件 1TA 反极性串联，模拟母线区外故障。

②通入大于差流启动高定值的电流，并保证母差电压闭锁条件开放，保护启动。

3）区内故障：

①将元件 1TA、母联 TA 和元件 2TA 同极性串联，模拟Ⅰ母故障。

②通入大于差流启动高定值的电流，并保证母差电压闭锁条件开放，保护动作跳Ⅰ母。

③将元件 1TA 和元件 2TA 同极性串联，再与母联 TA 反极性串联，模拟Ⅱ母故障。

④通入大于差流启动高定值的电流，并保证母差电压闭锁条件开放，保护动作跳Ⅱ母。

⑤投入单母压板及投单母控制字。重复上述区内故障，保护动作切除两母线上所有的连接元件。

⑥动作时间小于 15ms。

4）将试验结果填写在表 3-103 中。

表 3-103　　　　　　　　　　试 验 结 果（六）

<table>
<tr><th rowspan="2">故障类型</th><th colspan="2">双母线方式</th><th colspan="2">单母线方式</th></tr>
<tr><th>Ⅰ母故障</th><th>Ⅱ母故障</th><th>Ⅰ母故障</th><th>Ⅱ母故障</th></tr>
<tr><td>区外</td><td colspan="2">×</td><td colspan="2">×</td></tr>
<tr><td>区内</td><td></td><td></td><td></td><td></td></tr>
</table>

（5）比率制动特性。

①短接元件 1 及元件 2 的 I 母刀闸位置接点。

②向元件 1TA 和元件 2TA 加入方向相反、大小可调的一相电流，则

$$差动电流=|I_1+I_2|$$

$$制动电流=K\times(|I_1|+|I_2|)$$

③分别检验差动电流高定值启动定值 I_{Hcd} 和比率制动特性。

（6）母差保护电压闭锁元件（以 I 母为例）。在满足比率差动元件动作的条件下，分别检验保护的电压闭锁元件中相电压、负序和零序电压定值，误差应在±5%以内。

1）将负序和零序电压整定为 60V，加入单相电压 I=0.95×低电压定值，保护应可靠动作。

2）将负序和零序电压整定为 60V，加入单相电压 I=1.05×低电压定值，保护应可靠不动作。

3）将低电压整定为 0V，加入单相电压 I=1.05×零序电压定值/3，保护应可靠动作。

4）将低电压整定为 0V，加入单相电压 I=0.95×零序电压定值/3，保护应可靠不动作。

5）将低电压整定为 0V，加入三相负序电压 I=1.05×负序电压定值，保护应可靠动作。

6）将低电压整定为 0V，加入三相负序电压 I=0.95×负序电压定值，保护应可靠不动作。

7）按同样操作进行 II 母电压试验。

8）将试验结果填写在表 3-104 中。

表 3-104　　　　试 验 结 果（七）

母线	名称	通道	1.05 倍动作情况	0.95 倍动作情况
I 母	低电压	U_A		
		U_B		
		U_C		
	零序电压	U_A		
		U_B		
		U_C		
	负序电压	U_2		
II 母	低电压	U_A		
		U_B		
		U_C		
	零序电压	U_A		
		U_B		
		U_C		
	负序电压	U_2		

（7）投母联带路方式（以母联 I 母带路为例）。

1）将“投母联兼旁路主接线”控制字整定为 1，投入母联带路压板，短接元件 1 的 I 母刀闸位置和 I 母带路开入。

2）将元件 1TA 和母联 TA 反极性串联通入电流 I，装置差流采样值均为零。

3）将元件 1TA 和母联 TA 同极性串联通入电流 I，装置大差及 I 母小差电流均为两倍试验电流。

4）投入带路 TA 极性负压板，将元件 1TA 和母联 TA 同极性串联通入电流 I，装置差流采样值均为零。

5）投入带路 TA 极性负压板，将元件 1TA 和母联 TA 反极性串联通入电流 I，装置大差及 I 母小差电流均为两倍试验电流。

6）按同样操作进行母联Ⅱ母带路差流试验。

7）将试验结果填写在表 3-105 中。

表 3-105　　试 验 结 果（八）

带路母线	极性连接方式	通道	1TA 和 TA 反极性	1TA 和 TA 同极性
Ⅰ母	不投带路 TA 极性负压板	I_A		
		I_B		
		I_C		
Ⅱ母	投入带路 TA 极性负压板	I_A		
		I_B		
		I_C		

4. 母联充电保护和母联过电流保护试验

（1）投入母联充电保护压板及投母联充电保护控制字。

（2）短接母联 TWJ 开入（TWJ 为 1），向母联 TA 通入 1.05 倍母联充电保护定值，同时将母联 TWJ 变为 0，母联充电保护应可靠动作；通入 0.95 倍母联充电保护定值，母联充电保护应可靠不动作。

（3）投入母联过电流保护压板及投母联过电流保护控制字。

（4）向母联 TA 通入 1.05 倍母联过电流保护定值，母联过电流保护经整定延时应可靠动作；通入 0.95 倍母联过电流保护定值，母联过电流保护应可靠不动作。

（5）动作时间误差：＜3%整定值+40ms。

（6）将试验结果填写在表 3-106 中。

表 3-106　　试 验 结 果（九）

通道	1.05 倍充电保护定值动作时间	0.95 倍充电保护定值动作情况	1.05 倍过电流保护定值动作时间	0.95 倍过电流保护定值动作情况
I_A		×		×
I_B		×		×
I_C		×		×

5. 母联失灵保护试验

（1）按上述试验步骤模拟母线区内故障，保护向母联发跳令后，向母联 TA 继续通入 1.05 倍母联失灵电流定值，并保证两母差电压闭锁条件均开放，经母联失灵保护整定延时，母联失灵保护应可靠动作切除两母线上所有的连接元件。

（2）通入 0.95 倍母联失灵电流定值，保护应可靠不动作。

（3）将试验结果填写在表 3-107 中。

表 3-107　　试 验 结 果（十）

通道	1.05 倍失灵保护定值动作时间	0.95 倍失灵保护定值动作情况
I_A		×
I_B		×
I_C		×

6. 母联死区保护试验

（1）母联开关处于合位时的死区故障，用母联跳闸接点模拟母联跳位开入接点，按上述试验步骤模拟母线区内故障，保护发母线跳令后，继续通入故障电流，经整定延时 T_{sq} 母联死区保护动作将另一条母线切除。

（2）母联开关处于跳位时的死区故障，短接母联 TWJ 开入（TWJ 为 1），按上述试验步骤模拟母线区内故障，保护应只跳死区侧母线。

（3）故障前两母线电压必须均满足电压闭锁条件。

（4）动作时间误差：＜3%整定值+40ms。

（5）将试验结果填写在表 3-108 中。

表 3-108　　试 验 结 果（十一）

故障类型	通道	死区保护动作时间
母联开关处于合位时的死区故障	I_A	
	I_B	
	I_C	
母联开关处于跳位时的死区故障	I_A	
	I_B	
	I_C	

7. 母联非全相保护试验

（1）投入母联的非全相保护压板及投母联非全相保护控制字。

（2）加入单相 1.05 倍非全相零序定值/3，短接母联的 THWJ 开入，非全相保护应可靠动作。

（3）加入单相 0.95 倍非全相零序定值/3，短接母联的 THWJ 开入，非全相保护应可靠不动作。

（4）加入三相负序电流为 1.05 倍非全相负序定值，短接母联的 THWJ 开入，非全相保护应可靠动作。

（5）加入三相负序电流为 0.95 倍非全相负序定值，短接母联的 THWJ 开入，非全相保护应可靠不动作。

（6）动作时间误差：＜3%整定值+40ms。

（7）将试验结果填写在表 3-109 中。

表 3-109　　试验结果（十二）

故障类型	通道	1.05 倍定值动作时间	0.95 倍定值动作情况
零序电流闭锁	I_A		
	I_B		
	I_C		
负序电流闭锁	I_2		

8. 失灵保护试验（以 1 个支路为例）

（1）投入断路器失灵保护压板及投失灵保护控制字，并保证失灵保护电压闭锁条件开放。

（2）对于分相跳闸接点的启动方式：短接任一分相跳闸接点，并在对应元件的对应相别 TA 中通入 1.05 倍失灵相电流定值的电流，失灵保护应可靠动作。通入 0.95 倍失灵相电流定值，失灵保护应可靠不动作。

（3）对于三相跳闸接点的启动方式：通入 1.05 倍失灵相电流定值的电流，失灵保护应可靠动作。通入 0.95 倍失灵相电流定值，失灵保护应可靠不动作。

（4）若整定了经零序/负序电流闭锁，则还应保证对应元件中通入的零序/负序电流大于相应的零序/负序电流整定值，失灵保护可靠动作。

（5）失灵保护启动后经跟跳延时再次动作于该线路断路器，经跳母联延时动作于母联，经失灵延时切除该元件所在母线的各个连接元件。

（6）动作时间误差：＜3%整定值+40ms。

（7）将试验结果填写在表 3-110 中。

表 3-110　　试验结果（十三）

故障类型	通道	1.05 倍定值动作时间		0.95 倍定值动作情况
		跳母联 T	失灵动作 T	
分相跳闸接点启动方式	I_A			
	I_B			
	I_C			
三相跳闸接点启动方式	I_A			
	I_B			
	I_C			

（8）失灵保护电压闭锁元件（以 I 母为例）：在满足失灵电流元件动作的条件下，分别检验保护的电压闭锁元件中相电压、负序和零序电压定值。

1）将负序和零序电压整定为 60V，加入单相电压 I=0.95×低电压定值，保护应可靠动作。

2）将负序和零序电压整定为 60V，加入单相电压 I=1.05×低电压定值，保护应可靠不动作。

3）将低电压整定为 0V，加入单相电压 I=1.05×零序电压定值/3，保护应可靠动作。

4）将低电压整定为 0V，加入单相电压 I=0.95×零序电压定值/3，保护应可靠不动作。

5）将低电压整定为 0V，加入三相负序电压 I=1.05×负序电压定值，保护应可靠动作。

6）将低电压整定为0V，加入三相负序电压 $I=0.95\times$负序电压定值，保护应可靠不动作。

7）按同样操作进行Ⅱ母电压试验。

8）将试验结果填写在表3-111中。

表 3-111　　　　　　　　　　　　试验结果（十四）

母线	名称	通道	1.05 倍动作情况	0.95 倍动作情况
Ⅰ母	低电压	U_A		
		U_B		
		U_C		
	零序电压	U_A		
		U_B		
		U_C		
	负序电压	U_2		
Ⅱ母	低电压	U_A		
		U_B		
		U_C		
	零序电压	U_A		
		U_B		
		U_C		
	负序电压	U_2		

9. 交流电压断线报警试验

（1）模拟单相断线，母线电压 $3U_2$ 大于12V，即断线相残压小于46V时，延时1.25s报该母线TV断线。

（2）模拟三相断线，$|U_A|=|U_B|=|U_C|<18$V，并在母联TA通入大于 $0.04I_n$ 电流，延时1.25s报该母线TV断线。

10. 交流电流断线报警试验

（1）在电压回路施加三相平衡电压，向任一支路通入单相电流大于 $0.06I_n$，延时5s发TA断线报警信号。

（2）在电压回路施加三相平衡电压，在任一支路通入三相平衡电流大于 I_{DX}，延时5s发TA断线报警信号。

（3）在任一支路通入电流大于 I_{DXBJ}，延时5s发TA异常报警信号。

11. 各支路刀闸位置对应关系检查

从保护装置中检查各支路刀闸位置应与现场实际相一致。

12. TA回路直流电阻测量

在保护屏端子排上分别测量保护屏内侧和外侧TA回路直流电阻，A、B、C三相应平衡。如果支路处于运行状态，则屏下不测，将试验结果填写在表3-112中。

表 3-112　　　　试　验　结　果（十五）

支路名称	相别	屏上/Ω	屏下/Ω
支路 1	AN		
	BN		
	CN		
支路 2	AN		
	BN		
	CN		
……	AN		
	BN		
	CN		
母联电流	AN		
	BN		
	CN		

13. 二次回路绝缘检查

断开保护装置电源，在保护屏端子排处用 1000V 绝缘电阻表分别检查各回路绝缘。如果支路处于运行状态，则屏下不测，将试验结果填写在表 3-113 中。

表 3-113　　　　试　验　结　果（十六）

项　目	实测值/MΩ	要求值
交流电流—地		>1MΩ
交流电压—地		
直流回路—地		
交流电流—直流回路		
交流电压—直流回路		

14. 带断路器整组试验

投入母差保护压板及投母差保护控制字，投入跳闸出口压板，模拟母线区内故障进行开关传动试验。母差保护、母联保护、失灵保护动作、保护告警、保护异常等信号监控系统应反映正确。

15. 带负荷试验

母线充电成功带负荷运行后，进入“保护状态”菜单查看保护的采样值及相位关系是否正确。

16. 安全措施恢复

安全措施恢复后必须经第二人检查无误。

（1）所有设备（包括保护压板），恢复至开工前状态。

（2）恢复交流电流回路：将各支路电流回路恢复接入装置，应经工作负责人检查无误后方可拆除短接线，恢复时防止开路。

（3）恢复交流电压回路：恢复Ⅰ母、Ⅱ母交流电压 A、B、C、N，恢复中防止电压回路短路。

（4）恢复各端子箱中 TA 回路及接地点。

第十节　失灵保护校验

一、检验项目

检验项目如下：

（1）安全措施；

（2）回路及保护装置清扫；

（3）零漂检查；

（4）交流回路精度及线性度检查；

（5）开入接点检查；

（6）失灵保护试验；

（7）母联失灵保护试验；

（8）电压闭锁元件试验；

（9）解除电压闭锁试验；

（10）母联带路运行方式试验；

（11）交流电压断线报警试验；

（12）二次回路绝缘检查；

（13）带断路器整组试验；

（14）带负荷试验；

（15）安全措施恢复。

二、检验方法

1. 安全措施

（1）断开保护所有压板，联跳母联、线路、变压器运行断路器压板的上端应用绝缘胶布缠绕。

（2）断开交流电流回路：断开母联的 TA 回路 A、B、C、N，在短接电流回路时一定要防止 TA 回路开路，将电流回路短接好后，应经工作负责人检查无误后方可拆封。

（3）断开交流电压回路：Ⅰ母、Ⅱ母交流电压 A、B、C、N。

（4）断开母联端子箱中 TA 回路接地点。

2. 回路及保护装置清扫

用绝缘工具对端子箱、保护屏、保护装置进行清扫，并检查装置背板、插件无问题。

3. 零漂检查

（1）试验条件：交流电压输入回路短路。

（2）读取每个交流采样通道的采样值。

（3）将试验结果填写在表 3-114 中。

表 3-114　　试验结果（一）

通道	Ⅰ母电压	Ⅱ母电压	误差
U_A			±0.05V

续表

通道	Ⅰ母电压	Ⅱ母电压	误差
U_B			±0.05V
U_C			

4. 交流回路精度及线性度检查

（1）试验条件：在保护屏端子排上分别加入三相对称交流电压。

（2）读取每个交流采样通道的采样值。

（3）将试验结果填写在表 3-115 中。

表 3-115　　　　　　　　　　　　试 验 结 果（二）

侧 别	通道	10V	30V	40V	50V	60V	误差
Ⅰ母	U_A						±5%
	U_B						
	U_C						
Ⅱ母	U_A						
	U_B						
	U_C						

5. 开入接点检查

检查方法：使各开入接点动作，在显示屏上观察开入量变化情况，将试验结果填写在表 3-116 中。

表 3-116　　　　　　　　　　　　试 验 结 果（三）

开入量								
变位情况								

6. 失灵保护试验（以 1 个支路为例）

（1）投入断路器失灵保护压板及投失灵保护控制字，并保证失灵保护电压闭锁条件开放。

（2）分别短接各母线失灵开入，断路器失灵保护经跳母联时限跳开母联，经失灵保护动作时限切除相应母线。

（3）投入互联方式压板，重复进行上述试验，保护将同时切除互联的两段母线。

（4）动作时间误差：＜3%整定值+40ms。

（5）将试验结果填写在表 3-117 中。

表 3-117　　　　　　　　　　　　试 验 结 果（四）

通道	跳母联时间	失灵保护动作时间
TA		
TB		
TC		
TS		

7. 母联失灵保护试验

（1）投入断路器失灵保护压板及投失灵保护控制字，保证失灵母联连接的两条母线的电压闭锁条件均开放。

（2）分别短接母联失灵开入，断路器失灵保护经母联失灵动作时限跳开失灵母联连接的两条母线及与其相连的母联和分段开关。

（3）动作时间误差：＜3%整定值+40ms。

（4）将试验结果填写在表 3-118 中。

表 3-118　　　　试验结果（五）

通道	母联失灵动作时间
TA	
TB	
TC	

8. 电压闭锁元件试验

在满足失灵电流元件动作的条件下，分别检验保护的电压闭锁元件中相电压、负序和零序电压定值（以 I 母为例）。

（1）将负序和零序电压整定为 60V，加入单相电压 $I=0.95\times$低电压定值，保护应可靠动作。

（2）将负序和零序电压整定为 60V，加入单相电压 $I=1.05\times$低电压定值，保护应可靠不动作。

（3）将低电压整定为 0V，加入单相电压 $I=1.05\times$零序电压定值/3，保护应可靠动作。

（4）将低电压整定为 0V，加入单相电压 $I=0.95\times$零序电压定值/3，保护应可靠不动作。

（5）将低电压整定为 0V，加入三相负序电压 $I=1.05\times$负序电压定值，保护应可靠动作。

（6）将低电压整定为 0V，加入三相负序电压 $I=0.95\times$负序电压定值，保护应可靠不动作。

（7）按同样操作进行 II 母电压试验。

（8）将试验结果填写在表 3-119 中。

表 3-119　　　　试验结果（六）

母线	名称	通道	1.05 倍动作情况	0.95 倍动作情况
I 母	低电压	U_A		
		U_B		
		U_C		
	零序电压	U_A		
		U_B		
		U_C		
	负序电压	U_2		

续表

母线	名称	通道	1.05 倍动作情况	0.95 倍动作情况
Ⅱ母	低电压	U_A		
		U_B		
		U_C		
	零序电压	U_A		
		U_B		
		U_C		
	负序电压	U_2		

9. 解除电压闭锁试验

投入断路器失灵保护压板及投失灵保护控制字。在装置上通入健全母线电压，短接相应的母线失灵开入，保护应启动但不出口，此时短接相应的投母线解除电压闭锁开入，断路器失灵保护动作。

10. 母联带路运行方式试验

投入母联带路压板和母联带路位置压板，重复失灵保护试验，保护在跳母联时限不会跳开带路母联，在失灵保护动作时限除了切除相应母线外，还将根据母联带路位置开入决定是否同时跳开带路母联。

11. 交流电压断线报警试验

（1）模拟单相断线，母线电压 $3U_2$ 大于 12V，即断线相残压小于 46V 时，延时 1.25s 报该母线 TV 断线。

（2）模拟三相断线，$|U_A|=|U_B|=|U_C|<18V$，并在母联 TA 通入大于 $0.04I_n$ 电流。延时 1.25s 报该母线 TV 断线。

12. 二次回路绝缘检查

断开保护装置电源，在保护屏端子排处用 1000V 绝缘电阻表分别检查各回路绝缘，将试验结果填写在表 3-120 中。

表 3-120　　试验结果（七）

项　目	实测值/MΩ	要求值
交流电压—地		＞1MΩ
直流回路—地		
交流电压—直流回路		

13. 带断路器整组试验

投入跳闸出口压板，模拟故障进行开关传动试验。失灵保护动作、保护告警、保护异常等信号监控系统应反映正确。

14. 带负荷试验

母线充电成功带负荷运行后，进入“保护状态”菜单查看保护的采样值及相位关系是否正确。

15. 安全措施恢复

安全措施恢复后必须经第二人检查无误。

（1）所有设备（包括保护压板），恢复至开工前状态。

（2）恢复交流电流回路：将各支路电流回路恢复接入装置，应经工作负责人检查无误后方可拆除短接线，恢复时防止开路。

（3）恢复交流电压回路：恢复Ⅰ母、Ⅱ母交流电压 A、B、C、N，恢复中防止电压回路短路。

（4）恢复各端子箱中 TA 回路及接地点。

第十一节　110kV 线路保护校验

（以额定电流为 5A 的南瑞保护装置为例）

一、检验项目

检验项目如下：

（1）安全措施；

（2）回路及保护装置清扫；

（3）零漂检查；

（4）交流回路精度及线性度检查；

（5）开入接点检查；

（6）定值试验；

（7）断路器防跳闭锁、信号和电压切换回路检查；

（8）TA 试验；

（9）TA 回路直流电阻测量；

（10）二次回路绝缘检查；

（11）带断路器整组试验；

（12）安全措施恢复。

二、检验方法

1. 安全措施

（1）断开保护所有压板，联跳运行断路器压板的上端应用绝缘胶布缠绕。

（2）断开保护屏上交流电流回路 A、B、C、N。

（3）断开保护屏上交流电压回路 A、B、C、L、N，对于带保持的电压切换回路，还应拔出电压切换插件。

（4）如进行 TA 通电试验，在端子箱中断开至母差保护的电流回路 A、B、C、N。

（5）断开端子箱中 TA 回路接地点。

2. 回路及保护装置清扫

用绝缘工具对端子箱、保护屏、测控屏、保护装置、测控装置进行清扫，并检查装置背板、插件无问题。

3. 零漂检查

（1）试验条件：交流电流输入回路开路，交流电压输入回路短路。

（2）读取每个交流采样通道的采样值。

（3）将试验结果填写在表 3-121 中。

表 3-121　　　　　　　　　试 验 结 果（一）

通道	I_A	I_B	I_C	$3I_0$	U_A	U_B	U_C	$3U_0$
误　差	±0.05A				±0.05V			
实际值								

4. 交流回路精度及线性度检查

（1）试验条件：在保护屏端子排上分别加入三相交流电流、电压。

（2）读取每个交流采样通道的采样值。

（3）将试验结果填写在表 3-122 和表 3-123 中。

表 3-122　　　　　　　　　试 验 结 果（二）

通道	0.5A	1A	3A	5A	10A	误差
I_A						±5%
I_B						
I_C						
$3I_0$						

表 3-123　　　　　　　　　试 验 结 果（三）

通道	10V	20V	30V	50V	60V	误差
U_A						±5%
U_B						
U_C						
$3U_0$						

5. 开入接点检查

使各开入接点动作，在显示屏上观察开入量变化情况，将试验结果填写在表 3-124 中。

表 3-124　　　　　　　　　试 验 结 果（四）

开入量								
变位情况								

6. 定值试验

（1）光纤纵联电流差动保护（以 RCS-943A 为例）。

1）试验条件：将光端机（在 CPU 插件上）的接收“RX”和发送“TX”用尾纤短接，构成自发自收方式，仅投入纵联电流差动保护，并使重合闸充电，且 TV 断线灯不亮。

2）加入故障电流 I=1.05×0.5×差动电流高定值。分别模拟单相、两相、三相瞬时故障，面板上相应跳闸灯应亮，动作时间为 10～25ms。

3）加入故障电流 I=1.05×0.5×差动电流低定值。分别模拟单相、两相、三相瞬时故障，面板上相应跳闸灯应亮，动作时间为 40～60ms。

4）加入故障电流 I=0.95×0.5×差动电流低定值。分别模拟单相、两相、三相瞬时故障，纵联保护不动作。

5）将试验结果填写在表 3-125 中。

表 3-125　　试 验 结 果（五）

故障相别	1.05 倍高定值 动作时间	1.05 倍低定值 动作时间	0.95 倍低定值 动作情况
AN			×
BN			×
CN			×
AB			×
BC			×
CA			×
ABC			×

（2）纵联距离保护（以闭锁式 RCS-941B 为例）。

1）试验条件：将保护装置自发自收，仅投入纵联距离保护，并使重合闸充电，且 TV 断线灯不亮。

2）加入故障电流 I=5A，故障电压 U=0.95×I×距离方向阻抗定值，并使 I 落后 U 灵敏角定值。

3）分别模拟单相、两相、三相正方向瞬时故障，面板上相应跳闸灯应亮，动作时间为 15～30ms。

4）模拟上述反方向瞬时故障时纵联保护不动作。

5）将试验结果填写在表 3-126 中。

表 3-126　　试 验 结 果（六）

故障相别	动作时间	故障相别	动作时间	故障相别	动作时间
AN		AB		ABC 正方向	
BN		BC			
CN		CA		反方向	×

（3）纵联零序保护（以闭锁式 RCS-941B 为例）。

1）试验条件：将保护装置自发自收，仅投入纵联零序保护，并使重合闸充电，且 TV 断线灯不亮。

2）加入故障电压 U=30V，故障电流 I 大于零序方向过电流定值。

3）模拟单相正方向瞬时故障，面板上相应跳闸灯应亮，动作时间为 15～30ms。

4）模拟上述反方向瞬时故障时纵联保护不动作。

5）将试验结果填写在表 3-127 中。

表 3-127　　试 验 结 果（七）

故障相别	动作时间	故障相别	动作情况
AN 正方向		AN 反方向	×
BN 正方向		BN 反方向	×
CN 正方向		CN 反方向	×

（4）相间距离保护（以Ⅰ段为例，Ⅱ、Ⅲ段相同）。

1）试验条件：仅投入距离保护。

2）加入故障电流 I=5A，故障电压 U=0.95×I×相间距离Ⅰ段阻抗定值，并使 I 落后 U 灵敏角定值。

3）模拟三相正方向瞬时故障，面板上相应跳闸灯应亮。

4）动作时间误差：＜3%整定值+40ms。

5）加入故障电流 I=5A，故障电压 U=1.05×I×相间距离Ⅰ段阻抗定值，不动作。试验条件：投入Ⅰ（Ⅱ）侧后备保护。

6）将试验结果填写在表 3-128 中。

表 3-128　　　　试验结果（八）

段别	相别	0.95 倍动作时间	1.05 倍动作情况
Ⅰ段	AB		×
	BC		×
	CA		×
Ⅱ段	AB		×
	BC		×
	CA		×
Ⅲ段	AB		×
	BC		×
	CA		×

（5）接地距离保护（以Ⅰ段为例，Ⅱ、Ⅲ段相同）。

1）试验条件：仅投入距离保护，并使重合闸充电，且 TV 断线灯不亮。

2）加入故障电流 I=5A，故障电压 U=0.95×（1+K）I×接地距离Ⅰ段阻抗定值，并使 I 落后 U 灵敏角定值。

3）模拟单相正方向瞬时故障，面板上相应跳闸灯应亮。

4）动作时间误差：＜3%整定值+40ms

5）加入故障电流 I=5A，故障电压 U=1.05×（1+K）I×接地距离Ⅰ段阻抗定值，不动作。

6）将试验结果填写在表 3-129 中。

表 3-129　　　　试验结果（九）

段别	相别	0.95 倍动作时间	1.05 倍动作情况
Ⅰ段	AB		×
	BC		×
	CA		×
Ⅱ段	AB		×
	BC		×
	CA		×

续表

段别	相别	0.95 倍动作时间	1.05 倍动作情况
Ⅲ段	AB		×
	BC		×
	CA		×

（6）距离保护反方向故障。

1）试验条件：仅投入距离保护，并使重合闸充电，且 TV 断线灯不亮。

2）加入故障电流 I=20A，故障电压 U=0V，并使 I 落后 U 灵敏角+180°。

3）分别模拟单相、两相、三相反方向瞬时故障时保护不动作。

4）将试验结果填写在表 3-130 中。

表 3-130　　试 验 结 果（十）

故障相别	动作情况	故障相别	动作情况	故障相别	动作情况
A 相		AB		ABC 相	

（7）零序过电流保护（以Ⅰ段为例，Ⅱ、Ⅲ、Ⅳ段相同）。

1）试验条件：仅投入零序保护，并使重合闸充电，且 TV 断线灯不亮。

2）加入故障电压 U=30V，故障电流 I=1.05×零序过电流Ⅰ段定值。模拟单相正方向瞬时故障，面板上相应跳闸灯应亮。

3）加入故障电压 U=30V，故障电流 I=0.95×零序过电流Ⅰ段定值。模拟单相正方向瞬时故障，保护应不动作。

4）加入故障电压 U=30V，故障电流 I=2×零序过电流Ⅰ段定值。模拟单相反方向瞬时故障，保护应不动作。

5）动作时间误差：＜3%整定值+40ms。

6）将试验结果填写在表 3-131 中。

表 3-131　　试 验 结 果（十 一）

段别	相别	1.05 倍动作时间	0.95 倍动作情况
Ⅰ段	AN		×
	BN		×
	CN		×
Ⅱ段	AN		×
	BN		×
	CN		×
Ⅲ段	AN		×
	BN		×
	CN		×
Ⅳ段	AN		×
	BN		×
	CN		×

（8）低周保护。

1）试验条件：仅投入低周保护，并使重合闸充电，且 TV 断线灯不亮。

2）加入三相对称电压（大于低周电压闭锁定值）、三相电流（大于低周电流闭锁定值）。

3）模拟系统频率平滑（小于滑差闭锁定值）下降至低周定值，面板上相应跳闸灯应亮，且重合闸不动作。误差不大于 0.03Hz。

4）模拟系统频率快速（大于滑差闭锁定值）下降至低周定值，低周保护应不动作。

5）动作时间误差：＜3%整定值+40ms。

（9）低压保护（以 RCS-941AU 为例）。

1）试验条件：仅投入低周低压保护，并使重合闸充电，且 TV 断线灯不亮。

2）加入三相对称电压（大于 50V）、三相电流（大于 $0.06I_n$），并使重合闸充电。

3）模拟系统三相电压同时平滑（小于滑差压锁定值）下降至低压保护Ⅰ段（或Ⅱ段）定值，面板上相应跳闸灯应亮，且重合闸不动作，误差＜±5%。

4）模拟系统三相电压快速（大于滑压闭锁定值）下降至低压保护Ⅰ段（或Ⅱ段），低压保护应不动作。

5）动作时间误差：＜3%整定值+40ms。

（10）交流电流断线检查。

1）加入单相电流 I'_{AA}＞0.75A，延时 200ms 发 TA 断线异常信号。

2）加入零序电流 I'_{nN}＞0.75A，延时 200ms 发 TA 断线异常信号。

3）只加自产零序电流而无零序电压，延时 10s 发 TA 断线异常信号。

（11）交流电压断线检查。

1）加入单相电压大于 8V，保护不启动，延时 1.25s 发 TV 断线异常信号。

2）三相正序电压小于 33V 时，当任一相有流元件动作或 TWJ 不动作时，延时 1.25s 发 TV 断线异常信号。

3）TV 断线信号动作的同时，退出距离保护，自动投入两段 TV 断线相过电流保护，零序过流元件退出方向判别，零序过电流Ⅰ段可经控制字选择是否退出。TV 断线时可经控制字选择是否闭锁重合闸。TV 断线相过电流保护受距离压板的控制。

4）三相电压正常后，经 10s 延时 TV 断线信号复归。

（12）线路电压断线。

1）若重合闸投入且装置整定为重合闸检同期或检无压方式，则要用到线路电压，TWJ 不动作或线路有流时检查输入的线路电压小于 40V，经 10s 延时报线路 TV 异常。

2）线路电压正常后，经 10s 延时线路 TV 断线信号复归。

3）如重合闸不投或不检同期或无压，线路电压可以不接入本装置，装置也不进行线路电压断线判别。

（13）通道联调（以闭锁式 RCS-941B 为例）。

1）试验条件：将两侧保护装置和收发讯机电源打开，投入主保护、距离保护、零序保护，合上断路器，使重合闸充电，TV 断线灯不亮。

2）通道试验：按保护屏上“通道试验”按钮，本侧立即发讯，连续发 200ms 后停讯，对侧经远方起讯回路向本侧连续发讯 10s 后停讯，本侧连续收 5s 后，本侧在连续发讯 10s 后停讯。

3）模拟故障试验：加入故障电压 U=0V，故障电流 I=20A，模拟各种正方向故障，纵联保护应不动作，关掉对侧收发讯机电源，再模拟上述故障，纵联保护应动作。

对于光纤专用通道，还应测量收信功率，校验收信裕度及通道误码率。收信裕度最好大于 10dB，不得小于 6dB，如表 3-13 所示。

如果为光纤复用通道，还应测量 MUX 和保护装置的发信功率、收信功率，校验收信裕度以及通道误码率。收信裕度最好大于 10dB，不得小于 6 dB，如表 3-14 所示。

7. 断路器防跳闭锁、信号和电压切换回路检查

（1）将控制开关置于合闸位置，然后短接保护跳闸接点，断路器不应跳跃。

（2）模拟 SF_6 压力低告警、SF_6 压力低闭锁、控制回路断线等各种信号动作，监控系统应反映正确，SF_6 压力低闭锁时同时闭锁重合闸。

（3）模拟隔离开关位置接点闭合，相应的电压切换继电器应动作。注意，传动前应将保护屏上电压输入回路开路。

8. TA 试验

略。

9. TA 回路直流电阻测量

在保护屏端子排上分别测量保护屏内侧和外侧 TA 回路直流电阻，A、B、C 三相应平衡，将试验结果填写在表 3-132 中。

表 3-132　　试验结果（十二）

相　别	屏　上/Ω	屏　下/Ω
AN		
BN		
CN		

10. 二次回路绝缘检查

断开保护装置电源，在保护屏端子排处用 1000V 绝缘电阻表分别检查各回路绝缘，将试验结果填写在表 3-133 中。

表 3-133　　试验结果（十三）

项　目	实测值/MΩ	要求值
交流电流—地		＞1MΩ
交流电压—地		
直流回路—地		
交流电流—直流回路		
交流电压—直流回路		

11. 带断路器整组试验

（1）试验条件：将保护装置自发自收，投入主保护、距离保护、零序保护，合上断路器，使重合闸充电。

（2）模拟故障试验：加入故障电压 U=0V，故障电流 I=20A，模拟各种正方向故障，

纵联保护应动作，重合闸应动作。

（3）监控系统中保护告警、保护异常、保护动作、重合闸动作等信号应正确。

（4）打印保护动作报告和定值，并再次与定值通知单核对。

12. 安全措施恢复

安全措施恢复后必须经第二人检查无误。

（1）所有设备（包括保护压板），恢复至开工前状态。

（2）恢复交流电流回路 A、B、C、N，恢复后应认真检查，防止开路。

（3）恢复交流电压回路 A、B、C、L、N 及电压切换插件，恢复中防止电压回路短路。

（4）恢复端子箱中交流电流回路 A、B、C、N 及接地点。

第十二节　110kV 变压器保护校验

（以额定电流为 5A 的保护装置为例）

一、检验项目

检验项目如下：

（1）安全措施；

（2）回路及保护装置清扫；

（3）差动保护试验；

（4）高压侧后备保护试验；

（5）中（低）压侧后备保护试验；

（6）非电量保护检查；

（7）断路器防跳闭锁和电压切换回路检查；

（8）信号回路检查；

（9）TA 试验；

（10）TA 回路直流电阻测量；

（11）二次回路绝缘检查；

（12）带断路器整组试验；

（13）安全措施恢复。

二、检验方法

1. 安全措施

（1）断开保护所有压板，联跳母联、分段断路器压板的上端应用绝缘胶布缠绕。

（2）断开交流电流回路：高压侧、桥侧、中压侧、低压侧差动保护和后备保护 A、B、C、N。

（3）断开交流电压回路：高压侧、中压侧、低压侧 A、B、C、L、N，对于带保持的电压切换回路，还应拔出电压切换插件。

（4）断开高压侧、中压侧、低压侧、变压器端子箱中 TA 回路接地点。

（5）如进行 TA 通电试验，在端子箱中断开至母差保护的电流回路 A、B、C、N。

2. 回路及保护装置清扫

用绝缘工具对端子箱、保护屏、测控屏、保护装置、测控装置进行清扫，并检查装置背板、插件无问题。

3. 差动保护试验

（以下以南瑞 RCS-9671 为例，变压器为 YnYn0D/11，采用内部△→Y 变换）

（1）零漂检查。

1）试验条件：交流电流输入回路开路，交流电压输入回路短路。

2）读取每个交流采样通道的采样值。

3）将试验结果填写在表 3-134 中。

表 3-134　　　　试验结果（一）

通道	高压侧	桥侧	中压侧	低压侧	误差
I_A					±0.05A
I_B					
I_C					
通道	高压侧零序	高压侧间隙			误差
I_{0L}					±0.05A

（2）交流回路精度及线性度检查。

1）试验条件：在保护屏端子排上分别加入三相对称交流电流、电压。

2）读取每个交流采样通道的采样值。

3）将试验结果填写在表 3-135 和表 3-136 中。

表 3-135　　　　试验结果（二）

侧 别	通道	0.5A	1A	3A	5A	10A	误差
高压侧	I_A						±5%
	I_B						
	I_C						
桥侧	I_A						
	I_B						
	I_C						
中压侧	I_A						
	I_B						
	I_C						
低压侧	I_A						
	I_B						
	I_C						
高压零序	I_0						±5%
高压间隙	I_{0jx}						

注　如果通入单项电流，则菜单中 Y 侧本相和超前相有差流，差流为 I_e，△侧只有本相有差流，差流为 I_e；如果通入三相对称电流，则菜单中 Y 侧三相有差流，差流为 $1.732I_e$，△侧三相有差流，差流为 I_e。

表 3-136　　　　　　　　　　　　　试 验 结 果（三）

侧 别	通道	10V	30V	40V	50V	60V	误差
高压侧	U_A						±5%
	U_B						
	U_C						
中压侧	U_A						
	U_B						
	U_C						
低压侧	U_A						
	U_B						
	U_C						
	$3U_0$						
侧别	通道	10V	60V	120V	150V	180V	误差
高压侧	$3U_0$						±5%
中压侧	$3U_0$						

（3）开入接点检查：使各开入接点动作，在显示屏上观察开入量变化情况，将试验结果填写在表 3-137 中。

表 3-137　　　　　　　　　　　　　试 验 结 果（四）

开入量								
变位情况								

（4）定值试验。

1）试验条件：投入差动保护。

2）在高压侧、中压侧、低压侧分别通入单相电流 I=1.05×差动速断定值（如为 $6I_e$），差动速断保护应可靠动作跳闸。动作时间小于 15ms。

3）加入故障电流 I=0.95×差动速断定值（如为 $6I_e$），差动速断保护应可靠不动作。

4）在高压侧、中压侧分别通入单相电流 I=1.05×差动电流启动定值（如高压侧为 $0.5I_e$），比率差动保护应可靠动作跳闸，动作时间小于 25ms。

5）在高压侧、中压侧分别通入单相电流 I=0.95×差动电流启动定值（如为 $0.5I_e$），比率差动保护应可靠不动作。

6）在低压侧分别通入单相电流 I=1.05×差动电流启动定值（如为 $0.5I_e$），比率差动保护应可靠动作跳闸，动作时间小于 25ms。

7）在低压侧分别通入单相电流 I=0.95×差动电流启动定值（如为 $0.5I_e$），比率差动保护应可靠不动作。

8）将试验结果填写在表 3-128 中。

表 3-138　　　　　　　　　　　　　试 验 结 果（五）

侧别	故障相	1.05 倍差动速断动作时间	0.95 倍差动速断动作情况	1.05 倍比率差动动作时间	0.95 倍比率差动动作情况
高压侧	AN				

续表

侧别	故障相	1.05 倍差动速断动作时间	0.95 倍差动速断动作情况	1.05 倍比率差动动作时间	0.95 倍比率差动动作情况
高压侧	BN				
	CN				
桥侧	AN				
	BN				
	CN				
中压侧	AN				
	BN				
	CN				
低压侧	AN				
	BN				
	CN				

注 ①南瑞 RCS-978 系列保护：

Y 侧电流：$I'_A=I_A-I_0$，$I'_B=I_B-I_0$，$I'_C=I_C-I_0$。

△侧电流：$I'_a=(I_a-I_c)/\sqrt{3}$，$I'_b=(I_b-I_a)/\sqrt{3}$，$I'_c=(I_c-I_b)/\sqrt{3}$。

其中，I_A、I_B、I_C，I_a、I_b、I_c 为转换前的电流，I'_A、I'_B、I'_C，I'_a、I'_b、I'_c 为转换后的电流。

Y 侧加入至保护动作时的电流为 $1.5I_e$，△侧加入至保护动作时的电流为 $\sqrt{3}\,I_e$。也就是说，试验时，高压侧、中压侧加入 $1.5I_e$，差动保护应动作；低压侧加入 $\sqrt{3}\,I_e$，差动保护应动作。

②南瑞 RCS-9671（3）系列保护、国电南自 PST-1200 系列保护和四方 CST 系列保护：

Y 侧电流：$I'_A=(I_A-I_B)/\sqrt{3}$，$I'_B=(I_B-I_C)/\sqrt{3}$，$I'_C=(I_C-I_A)/\sqrt{3}$。

△侧电流：$I'_a=I_a$，$I'_b=I_b$，$I'_c=I_c$。

其中，I_A、I_B、I_C，I_a、I_b、I_c 为转换前的电流，I'_A、I'_B、I'_C，I'_a、I'_b、I'_c 为转换后的电流。

Y 侧加入至保护动作时的电流为 $\sqrt{3}\,I_e$，△侧加入至保护动作时的电流为 I_e。也就是说，试验时，高压侧、中压侧加入 $\sqrt{3}\,I_e$，差动保护应动作；低压侧加入 I_e，差动保护应动作。

③以上变压器各侧二次额定电流 $I_e=P/\sqrt{3}\times U_e$，不考虑接线系数。对于南瑞 RCS-9671（3）、南自 PST-600 系列变压器保护，在其说明书中，变压器各侧二次额定电流的计算时已经考虑了接线系数，所以在试验时高压侧、中压侧、低压侧加入 I_e，差动保护应动作。

（5）三、四侧过电流保护：中压侧、低压侧分别通入单相电流 I=1.05×过电流定值，过电流保护应可靠动作跳闸，动作时间小于 3%整定值+40ms。通入单相电流 I=0.95×过电流定值，过电流保护应可靠不动作，将试验结果填写在表 3-139 中。

表 3-139　　试 验 结 果（六）

故障相别	1.05 倍三侧过电流动作时间	0.95 倍三侧过电流动作情况	1.05 倍四侧过电流动作时间	0.95 倍四侧过电流动作情况
AN		×		×
BN		×		×
CN		×		×

（6）比率制动系数试验。

1）试验条件：投入差动保护。

2）Y 侧通入 A 相电流 $I=I_{e1}$（如高压侧），△侧通入相应的 A、C 相电流 $I=I_{e4}$（如低压侧），而且使高压侧 A 相电流与低压侧 A 相电流反向，低压侧 A、C 相电流反向。此时差流应为 0。

3）保持低压侧电流不变，减小高压侧电流，直到比率差动保护动作，记下 I_{a1}。

依据差动电流、制动电流计算公式：

$$I_{Cd}(标幺值)=I_{A4}/I_{e4}-I_{A1}/I_{e1}$$

$$I_{zd}(标幺值)=(I_{A4}/I_{e4}+I_{A1}/I_{e1})/2$$

得到一组差动电流和制动电流（I_{Cd1}，I_{zd1}（标幺值））。

4）Y 侧通入 A 相电流 $I=3I_{e1}$（如高压侧），△侧通入相应的 A、C 相电流 $I=3I_{e4}$（如低压侧），而且使高压侧 A 相电流与低压侧 A 相电流反向，低压侧 A、C 相电流反向。此时差动电流应为 0。

5）保持低压侧电流不变，减小高压侧电流，直到比率差动保护动作，记下 I_{a1}。

依据差动电流、制动电流计算公式：

$$I_{Cd}(标幺值)=I_{A4}/I_{e4}-I_{A1}/I_{e1}$$

$$I_{zd}(标幺值)=(I_{A4}/I_{e4}+I_{A1}/I_{e1})/2$$

得到二组差动电流和制动电流（I_{Cd2}，I_{zd2}（标幺值））。

6）计算出比率制动系数：

$$K=(I_{Cd2}-I_{Cd1})/(I_{zd2}-I_{zd1})$$

此系数应与整定值相等。

（7）二次谐波制动校验。

投入差动保护，在某侧通入单相大小为 3 倍本侧二次额定值的电流。若其中二次谐波含量大于整定值，则比率差动应不动作；若其中二次谐波含量小于整定值，则比率差动应动作。

4. 高压侧后备保护试验（以下以南瑞 RCS-9681 为例）

（1）零漂检查。

1）试验条件：交流电流输入回路开路，交流电压输入回路短路。

2）读取每个交流采样通道的采样值。

3）将试验结果填写在表 3-140 中。

表 3-140　　试验结果（七）

相别	实测值	误差	相别	实测值	误差
I_A		±0.05A	U_A		±0.05V
I_B			U_B		
I_C			U_C		
$3I_0$			$3U_0$		
$3I_{0jx}$					

（2）交流回路精度及线性度检查。

1）试验条件：在保护屏端子排上分别加入三相对称交流电流、电压。

2）读取每个交流采样通道的采样值。

3）将试验结果填写在表 3-141 和表 3-142 中。

表 3-141　　　　试 验 结 果（八）

通道	0.5A	1A	3A	5A	10A	误差
I_A						
I_B						
I_C						±5%
$3I_0$						
$3I_{0jx}$						

表 3-142　　　　试 验 结 果（九）

通道	10V	20V	30V	50V	60V	误差
U_A						
U_B						
U_C						±5%
通道	30V	60V	120V	150V	180V	
$3U_0$						

（3）开入接点检查：使各开入接点动作，在显示屏上观察开入量变化情况，将试验结果填写在表 3-143 中。

表 3-143　　　　试 验 结 果（十）

开入量								
变位情况								

（4）复合电压闭锁（方向）过电流定值试验。

1）试验条件：投入高压后备保护。

2）加入三相正序电压 U=30V，单相电流 I=1.05×过电流Ⅰ段定值，保护应可靠动作跳闸。

3）加入三相正序电压 U=30V，单相电流 I=0.95×过电流Ⅰ段定值，保护应可靠不动作。

4）Ⅱ、Ⅲ段相同。

5）动作时间误差：＜3%整定值+40ms。

6）将试验结果填写在表 3-144 中。

表 3-144　　　　试 验 结 果（十一）

段别	相别	1.05 倍动作时间	0.95 倍动作情况
	AN		×
Ⅰ段	BN		×
	CN		×

续表

段别	相别	1.05 倍动作时间	0.95 倍动作情况
Ⅱ段	AN		×
	BN		×
	CN		×
Ⅲ段	AN		×
	BN		×
	CN		×

注 过电流Ⅰ、Ⅱ段可带方向，方向元件和电流元件接成按相启动方式。当电流方向指向变压器，方向元件指向变压器时，方向元件灵敏角为 45°。复合电压闭锁过电流保护还可经中压侧或低压侧复合电压闭锁启动，三侧复合电压为“或”的关系。

（5）复合电压闭锁元件定值试验。

1）试验条件：过电流Ⅲ段时间整定为 0s，投入高压后备保护。

2）加入单相电流 I=1.05×过电流Ⅲ段定值，加入三相正序电压 U=0.95 倍低电压定值，保护应可靠动作。

3）加入单相电流 I=1.05×过电流Ⅲ段定值，加入三相正序电压 U=1.05 倍低电压定值，保护应可靠不动作。

4）加入单相电流 I=1.05×过电流Ⅲ段定值，加入三相负序电压 U=1.05 倍负序电压定值，保护应可靠动作。

5）加入单相电流 I=1.05×过电流Ⅲ段定值，加入三相负序电压 U=0.95 倍负序电压定值，保护应可靠不动作。

6）将试验结果填写在表 3-145 中。

表 3-145　　试验结果（十二）

保护名称	1.05 倍动作情况	0.95 倍动作情况	
低电压	×	√	
负序电压	√	×	

（6）零序过电流。

1）试验条件：投入高压后备保护。

2）加入单相电流 I=1.05×零序过电流Ⅰ段定值，保护应可靠动作跳闸。

3）加入单相电流 I=0.95×零序过电流Ⅰ段定值，保护应可靠不动作。

4）Ⅱ、Ⅲ段相同。

5）动作时间误差：＜3%整定值+40ms。

6）将试验结果填写在表 3-146 中。

表 3-146　　试验结果（十三）

故障相段	1.05 倍动作时间	0.95 倍动作情况	
Ⅰ段		×	

续表

故障相段	1.05 倍动作时间	0.95 倍动作情况	
Ⅱ段		×	
Ⅲ段		×	

（7）零序过电压。

1）试验条件：投入高压后备保护。

2）不加电流，加入零序电压 U=1.05×零序过电压定值，保护应可靠动作跳闸。

3）不加电流，加入单相电压 I=0.95×零序过电压定值，保护应可靠不动作。

4）动作时间误差：＜3%整定值+40ms。

5）将试验结果填写在表 3-147 中。

表 3-147　　　　试 验 结 果（十 四）

保护名称	1.05 倍动作时间 T_{0u1}	1.05 倍动作时间 T_{0u2}	0.95 倍动作情况
零序电压			×

（8）间隙零序过电流。

1）试验条件：投入高压后备保护。

2）加入间隙零序电流 I=1.05×间隙零序过电流定值，保护应可靠动作跳闸。

3）加入间隙零序电流 I=0.95×间隙零序过电流定值，保护应可靠不动作。

4）动作时间误差：＜3%整定值+40ms。

5）将试验结果填写在表 3-148 中。

表 3-148　　　　试 验 结 果（十 五）

故障相段	1.05 倍动作时间 T_{0jx1}	1.05 倍动作时间 T_{0jx2}	0.95 倍动作情况
间隙过电流			×

（9）过负荷、启动风冷、闭锁有载调压。

1）加入单相电流 I=1.05×过负荷定值，应可靠动作。

2）加入单相电流 I=0.95×过负荷定值，应可靠不动作。

3）加入单相电流 I=1.05×启动风冷定值，应可靠动作。

4）加入单相电流 I=0.95×启动风冷定值，应可靠不动作。

5）加入单相电流 I=1.05×闭锁有载调压定值，应可靠动作。

6）加入单相电流 I=0.95×闭锁有载调压定值，应可靠不动作。

7）动作时间误差：＜3%整定值+40ms。

8）将试验结果填写在表 3-149 中。

表 3-149　　　　试 验 结 果（十 六）

保护名称	相别	1.05 倍动作时间	0.95 倍动作情况
过负荷	AN		×
	BN		×
	CN		×

续表

保护名称	相别	1.05 倍动作时间	0.95 倍动作情况
启动风冷	AN		×
	BN		×
	CN		×
闭锁有载调压	AN		×
	BN		×
	CN		×

（10）交流电压断线检查。

1）加入单相电压大于 8V，延时 10s 发 TV 断线异常信号。

2）三相正序电压小于 30V 时，若任一相电流大于 $0.06I_n$，则延时 10s 发 TV 断线异常信号。

3）电压断线恢复保护自动恢复。

注意，TV 断线信号动作的同时，根据控制选择退出方向过电流和复合电压闭锁（方向）过电流保护或仅取消方向和复合电压闭锁。当各段复合电压过电流保护都不经复合电压闭锁和方向闭锁时，不判 TV 断线。

5. 中（低）压侧后备保护试验（以下以南瑞 RCS-9682 为例）

（1）零漂检查。

1）试验条件：交流电流输入回路开路，交流电压输入回路短路。

2）读取每个交流采样通道的采样值。

3）将试验结果填写在表 3-150 中。

表 3-150　　　　试验结果（十七）

通道	实测值	误差	通道	实测值	误差
I_A		±0.05A	U_A		±0.05V
I_B			U_B		
I_C			U_C		
			$3U_0$		

（2）交流回路精度及线性度检查。

1）试验条件：在保护屏端子排上分别加入三相对称交流电流、电压。

2）读取每个交流采样通道的采样值。

3）将试验结果填写在表 3-151 和表 3-152 中。

表 3-151　　　　试验结果（十八）

通道	0.5A	1A	3A	5A	10A	误差
I_A						±5%
I_B						
I_C						

表 3-152　　试验结果（十九）

通道	10V	20V	30V	50V	60V	误差
U_A						±5%
U_B						
U_C						
$3U_0$						

（3）开入接点检查：使各开入接点动作，在显示屏上观察开入量变化情况，将试验结果填写在表 3-153 中。

表 3-153　　试验结果（二十）

开入量								
变位情况								

（4）复合电压闭锁（方向）过电流定值试验。

1）试验条件：投入中（低）压后备保护。

2）加入三相正序电压 U=30V，单相电流 I=1.05×过电流Ⅰ段定值，保护应可靠动作跳闸。

3）加入三相正序电压 U=30V，单相电流 I=0.95×过电流Ⅰ段定值，保护应可靠不动作。

4）Ⅱ、Ⅲ、Ⅳ段相同。

5）动作时间误差：＜3%整定值+40ms。

6）将试验结果填写在表 3-154 中。

表 3-154　　试验结果（二十一）

段别	相别	1.05 倍动作时间	0.95 倍动作情况
Ⅰ段	AN		×
	BN		×
	CN		×
Ⅱ段	AN		×
	BN		×
	CN		×
Ⅲ段	AN		×
	BN		×
	CN		×
Ⅳ段	AN		×
	BN		×
	CN		×

注　过电流Ⅰ、Ⅱ、Ⅲ段可带方向，方向元件和电流元件接成按相启动方式。当电流方向指向变压器，方向元件指向本侧系统时，方向元件灵敏角为 225°。复合电压闭锁过电流保护只经本侧电压闭锁启动，不经其他两侧电压闭锁启动。

（5）复合电压闭锁元件。

1）试验条件：投入中（低）压后备保护。

2）加入单相电流 I=1.05×过电流Ⅲ段定值，加入三相正序电压 U=0.95 倍低电压定值，保护应可靠动作。

3）加入单相电流 I=1.05×过电流Ⅲ段定值，加入三相正序电压 U=1.05 倍低电压定值，保护应可靠不动作。

4）加入单相电流 I=1.05×过电流Ⅲ段定值，加入三相负序电压 U=1.05 倍负序电压定值，保护应可靠动作。

5）加入单相电流 I=1.05×过电流Ⅲ段定值，加入三相负序电压 U=0.95 倍负序电压定值，保护应可靠不动作。

6）将试验结果填写在表 3-155 中。

表 3-155　　试验结果（二十二）

保护名称	1.05 倍动作情况	0.95 倍动作情况	
低电压	×	√	
负序电压	√	×	

（6）零序过电压告警：取自低压侧电压，零序电压 $3U_0$ 由自产得到。

1）试验条件：投入中（低）压后备保护。

2）加入零序电压 U=1.05×零序电压告警定值，保护应可靠动作跳闸。

3）加入单相电压 U=0.95×零序电压告警定值，保护应可靠不动作。

4）动作时间误差：＜3%整定值+40ms。

5）将试验结果填写在表 3-156 中。

表 3-156　　试验结果（二十三）

保护名称	1.05 倍动作时间	0.95 倍动作情况	
零序电压		×	

注　零序电压告警可以用作“母线接地信号”。

（7）交流电压断线检查。

1）加入三相负序电压电压大于 8V，延时 10s 发 TV 断线异常信号。

2）加入三相正序电压大于 30V 时，若任一相电流大于 $0.06I_n$，延时 10s 发 TV 断线异常信号。

3）电压断线恢复保护自动恢复。

注意，TV 断线信号动作的同时，根据控制选择退出方向过电流和复合电压闭锁（方向）过电流保护或仅取消方向和复合电压闭锁。当各段复合电压过电流保护都不经复合电压闭锁和方向闭锁时，不判 TV 断线。

6. 非电量保护检查（以下以南瑞 RCS-9661/A 为例）

（1）非电量保护共有 10 路输入回路，其中 4 路为信号，6 路可以跳闸。

（2）四路不按相操作的独立的断路器操作回路。

（3）两个电压切换或电压并列回路，一般使用电压切换回路。

（4）将试验结果填写在表 3-157 中。

表 3-157　　　　试验结果（二十四）

非电量名称	信号动作情况	CPU 记录情况	信号、跳闸建议
本体重瓦斯			跳闸
本体轻瓦斯			信号
有载重瓦斯			跳闸
有载轻瓦斯			信号
油温高			信号
冷控失电			信号
压力释放			信号

7. 断路器防跳闭锁和电压切换回路检查

（1）将控制开关置于合闸位置，然后短接保护跳闸接点，断路器不应跳跃。

（2）模拟隔离开关位置接点闭合，相应的电压切换继电器应动作。注意，传动前应将保护屏上电压输入回路开路。

8. 信号回路检查

（1）分别模拟差动保护、高压侧后备保护、中压侧后备保护、低压侧后备保护、非电量保护的保护动作、保护告警、保护异常等信号，监控系统应反映正确。

（2）分别模拟变压器各侧断路器 SF_6 压力低告警、SF_6 压力低闭锁、控制回路断线等信号动作，监控系统应反映正确。

9. TA 试验

略。

10. TA 回路直流电阻测量

在保护屏端子排上分别测量保护屏内侧和外侧 TA 回路直流电阻，A、B、C 三相应平衡，将试验结果填写在表 3-158 中。

表 3-158　　　　试验结果（二十五）

保护名称	相别		屏上/Ω	屏下/Ω
差动保护	高压侧	AN		
		BN		
		CN		
	桥侧	AN		
		BN		
		CN		
	中压侧	AN		
		BN		
		CN		
	低压侧	AN		
		BN		
		CN		

续表

保护名称	相别	屏上/Ω	屏下/Ω
高压侧后备保护	AN		
	BN		
	CN		
高压侧零序保护	LN		
高压侧间隙保护	LN		
中压侧后备保护	AN		
	BN		
	CN		
低压侧后备保护	AN		
	BN		
	CN		

11. 二次回路绝缘检查

断开保护装置电源，在保护屏端子排处用1000V兆欧表分别检查各回路绝缘，将试验结果填写在表3-159中。

表3-159　　试验结果（二十六）

项　目	实测值/MΩ	要求值
交流电流—地		＞1MΩ
交流电压—地		
直流回路—地		
交流电流—直流回路		
交流电压—直流回路		
本体重瓦斯—地		＞1MΩ
本体轻瓦斯—地		
有载重瓦斯—地		
有载轻瓦斯—地		
油温高—地		
冷控失电—地		
压力释放—地		
本体重瓦斯接点间		＞500MΩ
本体轻瓦斯接点间		
有载重瓦斯接点间		
有载轻瓦斯接点间		
压力释放接点间		

注　如果绝缘降低，则接点之间可能有“积炭”，应查明原因并进行处理，以防止误动。

12. 带断路器整组试验

为减少断路器的跳合闸次数，应尽量使用模拟断路器进行保护跳闸传动。传动项目包括：

（1）差动保护动作跳各侧断路器。

（2）高压侧后备保护各段跳本侧或母联断路器及跳各侧断路器。

（3）中压侧后备保护各段跳本侧或母联断路器及跳各侧断路器。

（4）低压侧后备保护各段跳本侧或分段断路器及跳各侧断路器。

（5）本体重瓦斯跳各侧断路器。

（6）有载重瓦斯跳各侧断路器。

（7）压力释放跳各侧断路器。

13. 安全措施恢复

安全措施恢复后必须经第二人检查无误。

（1）所有设备（包括保护压板），恢复至开工前状态。

（2）恢复高压侧、桥侧、中压侧、低压侧差动保护和后备保护交流电流回路 A、B、C、N，恢复后应认真检查，防止开路。

（3）恢复交流电压回路 A、B、C、L、N 及电压切换插件，恢复中防止电压回路短路。

（4）恢复各端子箱中 TA 回路及接地点。

第十三节 35kV、10kV 线路保护校验

（以额定电流为 5A 的南瑞保护装置为例）

一、检验项目

检查项目如下：

（1）安全措施；

（2）回路及保护装置清扫；

（3）零漂检查；

（4）交流回路精度及线性度检查；

（5）开入接点检查；

（6）定值试验；

（7）断路器防跳闭锁、信号和电压切换回路检查；

（8）TA 试验；

（9）TA 回路直流电阻测量；

（10）二次回路绝缘检查；

（11）带断路器整组试验；

（12）安全措施恢复。

二、检验方法

1. 安全措施

（1）断开保护所有压板，联跳运行断路器压板的上端应用绝缘胶布缠绕。

（2）断开保护回路 A、B、C、N，测量回路 A、C。

（3）断开交流电压回路 A、B、C、N，对于带保持的电压切换回路还应拔出电压切

换插件。

（4）如进行 TA 通电试验，在端子箱中或开关室断开至母差保护的电流回路 A、B、C、N。

（5）断开端子箱中或开关室 TA 回路接地点。

2. 回路及保护装置清扫

用绝缘工具对端子箱、保护屏、保护装置进行清扫，并检查装置背板、插件无问题。

3. 零漂检查

（1）试验条件：交流电流输入回路开路，交流电压输入回路短路。

（2）读取每个交流采样通道的采样值。

（3）将试验结果填写在表 3-160 中。

表 3-160　　试验结果（一）

通道	实测值	误差	通道	实测值	误差
I_A			U_A		
I_B			U_B		
I_C		±0.05A	U_C		±0.05V
I_{AC}					
I_{CC}					

4. 交流回路精度及线性度检查

（1）试验条件：在保护屏端子排上分别加入三相交流电流、电压。

（2）读取每个交流采样通道的采样值。

（3）将试验结果填写在表 3-161 和表 3-162 中。

表 3-161　　试验结果（二）

通道	0.5A	1A	3A	5A	10A	误差
I_A						
I_B						
I_C						±5%
I_{AC}						
I_{CC}						

表 3-162　　试验结果（三）

通道	10V	20V	30V	50V	60V	误差
U_A						
U_B						±5%
U_C						

5. 开入接点检查

使各开入接点动作，在显示屏上观察开入量变化情况，将试验结果填写在表 3-163 中。

表 3-163　　试 验 结 果（四）

开入量					
变位情况					

6. 定值试验

（1）过电流保护（以Ⅰ段为例，Ⅱ、Ⅲ段相同）。

1）加入单相故障电流 I=1.05×过电流Ⅰ段定值，保护应可靠动作。

2）加入单相故障电流 I=0.95×过电流Ⅰ段定值，保护应可靠不动作。

3）动作时间误差：＜3%整定值+40ms。

4）将试验结果填写在表 3-164 中。

表 3-164　　试 验 结 果（五）

段别	相别	1.05 倍动作时间	0.95 倍动作情况
Ⅰ段	AN		×
	BN		×
	CN		×
Ⅱ段	AN		×
	BN		×
	CN		×

（2）低周保护。

1）试验条件：仅投入低周保护，并使重合闸充电。

2）加入三相对称电压（大于低周电压闭锁定值）、三相电流（大于低周电流闭锁定值）。

3）模拟系统频率平滑（小于滑差闭锁定值）下降至低周定值，面板上相应跳闸灯应亮，且重合闸不动作。误差不大于 0.03Hz。

4）模拟系统频率快速（大于滑差闭锁定值）下降至低周定值，低周保护应不动作。

5）动作时间误差：＜3%整定值+40ms。

7. 断路器防跳闭锁、信号和电压切换回路检查

（1）将控制开关置于合闸位置，然后短接保护跳闸接点，断路器不应跳跃。

（2）模拟 SF_6 压力低告警、SF_6 压力低闭锁、控制回路断线等各种信号动作，监控系统应反映正确，SF_6 压力低闭锁时同时闭锁重合闸。

（3）模拟隔离开关位置接点闭合，相应的电压切换继电器应动作。注意，传动前应将保护屏上电压输入回路开路。

8. TA 试验

略。

9. TA 回路直流电阻测量

在保护屏端子排上分别测量保护屏内侧和外侧 TA 回路直流电阻，A、B、C 三相应平衡，将试验结果填写在表 3-165 中。

表 3-165　　　　　　　　　　试 验 结 果（六）

相别		屏上/Ω	屏下/Ω
保护回路	AN		
	BN		
	CN		
测量回路	AN		
	CN		

10. 二次回路绝缘检查

断开保护装置电源，在保护屏端子排处用 1000V 兆欧表分别检查各回路绝缘，将试验结果填写在表 3-166 中。

表 3-166　　　　　　　　　　试 验 结 果（七）

项目	实测值/MΩ	要求值
交流电流—地		＞1MΩ
交流电压—地		
直流回路—地		
交流电流—直流回路		
交流电压—直流回路		

11. 带断路器整组试验

（1）试验条件：投入过电流保护，合上断路器，使重合闸充电。

（2）模拟故障试验：加入故障电流（＞2×过电流 I 段定值）。模拟单相正方向瞬时故障，面板上相应跳闸灯应亮，保护应动作，重合闸应动作。

（3）监控系统中保护告警、保护异常、保护动作、重合闸动作等信号应正确。

（4）打印保护动作报告和定值，并再次与定值通知单核对。

12. 安全措施恢复

安全措施恢复后必须经第二人检查无误。

（1）所有设备（包括保护压板）恢复至开工前状态。

（2）恢复保护屏上保护回路 A、B、C、N 和测量回路 A、C，恢复后应认真检查，防止开路。

（3）恢复保护屏上交流电压回路 A、B、C、N 及电压切换插件，恢复中防止电压回路短路。

（4）恢复端子箱中或开关室交流电流回路 A、B、C、N 及接地点。

第十四节　35kV 变压器保护校验

（以额定电流为 5A 的保护装置为例）

一、检验项目

检查项目如下：

（1）安全措施；
（2）回路及保护装置清扫；
（3）零漂检查；
（4）交流回路精度及线性度检查；
（5）开入接点检查；
（6）差动保护定值试验；
（7）高压侧复合电压闭锁过电流定值试验；
（8）低压侧复合电压闭锁过电流定值试验；
（9）复合电压闭锁元件试验；
（10）零序过电压告警试验；
（11）过负荷、启动风冷、闭锁有载调压；
（12）交流电压断线检查；
（13）非电量保护检查；
（14）各侧断路器防跳闭锁检查；
（15）信号回路检查；
（16）TA 试验；
（17）TA 回路直流电阻测量；
（18）二次回路绝缘检查；
（19）带断路器整组试验；
（20）安全措施恢复。

二、检验方法

1. 安全措施

（1）断开保护所有压板，联跳母联、分段断路器压板的上端应用绝缘胶布缠绕。
（2）断开交流电流回路：高压侧、桥侧、低压侧差动保护和后备保护 A、B、C、N。
（3）断开交流电压回路：高压侧、低压侧 A、B、C、L、N。
（4）断开高压侧、低压侧、变压器端子箱中 TA 回路接地点。
（5）如进行 TA 通电试验，在端子箱中断开至母差保护的电流回路 A、B、C、N。

2. 回路及保护装置清扫

用绝缘工具对端子箱、保护屏、保护装置、测控装置进行清扫，并检查装置背板、插件无问题。

3. 零漂检查（以下以南瑞 RCS-9679 为例，变压器为 Y/△-12-11，采用内部△-Y 变换）

（1）试验条件：交流电流输入回路开路，交流电压输入回路短路。
（2）读取每个交流采样通道的采样值。
（3）将试验结果填写在表 3-167 中。

表 3-167　　试验结果（一）

通道	高压侧	桥侧	低压侧	误差
I_A				±0.05A
I_B				
I_C				

4. 交流回路精度及线性度检查

（1）试验条件：在保护屏端子排上分别加入三相对称交流电流、电压。

（2）读取每个交流采样通道的采样值。

（3）将试验结果填写在表 3-168 和表 3-169 中。

表 3-168　　　　试 验 结 果（二）

侧 别	通道	0.5A	1A	3A	5A	10A	误差
高压侧	I_A						±5%
	I_B						
	I_C						
桥侧	I_A						
	I_B						
	I_C						
低压侧	I_A						
	I_B						
	I_C						

注　如果通入单项电流，则菜单中 Y 侧本相和超前相有差动电流，差动电流为 I_e，△侧只有本相有差动电流，差动电流为 I_e；如果通入三相对称电流，则菜单中 Y 侧三相有差流，差动电流为 $1.732I_e$，△侧三相有差流，差动电流为 I_e。

表 3-169　　　　试 验 结 果（三）

侧 别	通道	10V	30V	40V	50V	60V	误差
低压侧	U_A						±5%
	U_B						
	U_C						
	$3U_0$						

5. 开入接点检查

使各开入接点动作，在显示屏上观察开入量变化情况，将试验结果填写在表 3-170 中。

表 3-170　　　　试 验 结 果（四）

开入量								
变位情况								

6. 差动保护定值试验

（1）试验条件：投入差动保护。

（2）在高压侧、低压侧分别通入单相电流 I=1.05×差动速断定值（如高压侧为 $6I_e$），差动速断保护应可靠动作跳闸。动作时间小于 15ms。

（3）加入故障电流 I=0.95×差动速断定值（如高压侧为 $6I_e$），差动速断保护应可靠不动作。

（4）在高压侧分别通入单相电流 I=1.05×差动电流启动定值（如高压侧为 $0.5I_e$），比率差动保护应可靠动作跳闸，动作时间小于 25ms。

（5）在高压侧分别通入单相电流 I=0.95×差动电流启动定值（如为 0.5I_e），比率差动保护应可靠不动作。

（6）在低压侧分别通入单相电流 I=1.05×差动电流启动定值（如为 0.5I_e），比率差动保护应可靠动作跳闸，动作时间小于 25ms。

（7）在低压侧分别通入单相电流 I=0.95×差动电流启动定值（如为 0.5I_e），比率差动保护应可靠不动作。

（8）将试验结果填写在表 3-171 中。

表 3-171　　　　试 验 结 果（五）

侧别	故障相	1.05 倍差动速断动作时间	0.95 倍差动速断动作情况	1.05 倍比率差动动作时间	0.95 倍比率差动动作情况
高压侧	AN		×		×
	BN		×		×
	CN		×		×
低压侧	AN				
	BN				
	CN				

（9）比率制动系数试验。

1）试验条件：投入差动保护。

2）Y 侧通入 A 相电流 $I=I_{e1}$（如高压侧），△侧通入相应的 A、C 相电流 $I=I_{e3}$（如低压侧），而且使高压侧 A 相电流与低压侧 A 相电流反向，低压侧 A、C 相电流反向。此时差动电流应为 0。

3）保持低压侧电流不变，减小高压侧电流，直到比率差动保护动作，记下 I_{a1}。依据差动电流、制动电流计算公式：

$$I_{Cd}(\text{标幺值})=I_{A3}/I_{e3}-I_{A1}/I_{e1}$$

$$I_{zd}(\text{标幺值})=(I_{A3}/I_{e3}+I_{A1}/I_{e1})/2$$

得到一组差动电流和制动电流（I_{Cd1}，I_{zd1}（标幺值））。

4）Y 侧通入 A 相电流 $I=3I_{e1}$（如高压侧），△侧通入相应的 A、C 相电流 $I=3I_{e3}$（如低压侧），而且使高压侧 A 相电流与低压侧 A 相电流反向，低压侧 A、C 相电流反向。此时差动电流应为 0。

5）保持低压侧电流不变，减小高压侧电流，直到比率差动保护动作，记下 I_{a1}。依据差动电流、制动电流计算公式：

$$I_{Cd}(\text{标幺值})=I_{A3}/I_{e3}-I_{A1}/I_{e1}$$

$$I_{zd}(\text{标幺值})=(I_{A4}/I_{e4}+I_{A1}/I_{e1})/2$$

得到二组差动电流和制动电流（I_{Cd2}，I_{zd2}（标幺值））。

6）计算出比率制动系数：

$$K=(I_{Cd2}-I_{Cd1})/(I_{zd2}-I_{zd1})$$

此系数应与整定值相等。

（10）二次谐波制动校验

投入差动保护，在某侧通入单相大小为 2 倍本侧二次额定值的电流。若其中二次谐波含量大于整定值，则比率差动应不动作；若其中二次谐波含量小于整定值，则比率差动应动作。

7. 高压侧复合电压闭锁过电流定值试验

（1）试验条件：投入高压后备保护。

（2）加入三相正序电压 U=30V，单相电流 I=1.05×过电流Ⅰ段定值，保护应可靠动作跳闸。

（3）加入三相正序电压 U=30V，单相电流 I=0.95×过电流Ⅰ段定值，保护应可靠不动作。

（4）Ⅱ、Ⅲ段相同。

（5）动作时间误差：＜3%整定值+40ms。

（6）将试验结果填写在表 3-172 中。

表 3-172　　试 验 结 果（六）

段别	相别	1.05 倍动作时间	0.95 倍动作情况
Ⅰ段	AN		×
	BN		×
	CN		×
Ⅱ段	AN		×
	BN		×
	CN		×
Ⅲ段	AN		×
	BN		×
	CN		×

8. 低压侧复合电压闭锁过电流定值试验

（1）试验条件：投入低压后备保护。

（2）加入三相正序电压 U=30V，单相电流 I=1.05×过电流Ⅰ段定值，保护应可靠动作跳闸。

（3）加入三相正序电压 U=30V，单相电流 I=0.95×过电流Ⅰ段定值，保护应可靠不动作。

（4）Ⅱ、Ⅲ段相同。

（5）动作时间误差：＜3%整定值+40ms。

（6）将试验结果填写在表 3-173 中。

表 3-173　　试 验 结 果（七）

段别	相别	1.05 倍动作时间	0.95 倍动作情况
Ⅰ段	AN		×
	BN		×
	CN		×

续表

段别	相别	1.05 倍动作时间	0.95 倍动作情况
Ⅱ段	AN		×
	BN		×
	CN		×
Ⅲ段	AN		×
	BN		×
	CN		×

9. 复合电压闭锁元件试验

（1）试验条件：过电流Ⅲ段时间整定为 0s，投入高压后备保护。

（2）加入单相电流 I=1.05×过电流Ⅲ段定值，加入三相正序电压 U=0.95 倍低电压定值，保护应可靠动作。

（3）加入单相电流 I=1.05×过电流Ⅲ段定值，加入三相正序电压 U=1.05 倍低电压定值，保护应可靠不动作。

（4）加入单相电流 I=1.05×过电流Ⅲ段定值，加入三相负序电压 U=1.05 倍负序电压定值，保护应可靠动作。

（5）加入单相电流 I=1.05×过电流Ⅲ段定值，加入三相负序电压 U=0.95 倍负序电压定值，保护应可靠不动作。

（6）将试验结果填写在表 3-174 中。

表 3-174　　试 验 结 果（八）

保护名称	1.05 倍动作情况	0.95 倍动作情况	
低电压	×	√	
负序电压	√	×	

10. 零序过电压告警试验

取自低压侧电压，零序电压 $3U_0$ 由自产得到：（U_A+U_B+U_C）/ $\sqrt{3}$。

（1）加入零序电压 U=1.05×零序过电压定值，保护应可靠动作跳闸。

（2）加入单相电压 U=0.95×零序过电压定值，保护应可靠不动作。

（3）动作时间误差：＜3%整定值+40ms。

（4）将试验结果填写在表 3-175 中。

表 3-175　　试 验 结 果（九）

保护名称	1.05 倍动作时间	0.95 倍动作情况	
零序电压		×	

注　零序电压告警可以用作“母线接地信号”。

11. 过负荷、启动风冷、闭锁有载调压

（1）加入单相电流 I=1.05×过负荷定值，应可靠动作。

（2）加入单相电流 I=0.95×过负荷定值，应可靠不动作。
（3）加入单相电流 I=1.05×启动风冷定值，应可靠动作。
（4）加入单相电流 I=0.95×启动风冷定值，应可靠不动作。
（5）加入单相电流 I=1.05×闭锁有载调压定值，应可靠动作。
（6）加入单相电流 I=0.95×闭锁有载调压定值，应可靠不动作。
（7）动作时间误差：＜3%整定值+40ms。
（8）将试验结果填写在表 3-176 中。

表 3-176　　试验结果（十）

保护名称	相别	1.05 倍动作时间	0.95 倍动作情况
过负荷	AN		×
	BN		×
	CN		×
启动风冷	AN		×
	BN		×
	CN		×
闭锁有载调压	AN		×
	BN		×
	CN		×

12. 交流电压断线检查

（1）加入三相负序电压大于 8V，延时 10s 发 TV 断线异常信号。

（2）加入三相正序电压，若任一线电压小于 30V，而低压侧任一相电流大于 $0.06I_n$，则延时 10s 发 TV 断线异常信号。

（3）电压恢复保护自动恢复。

注意，TV 断线信号动作的同时，根据控制选择退出复合电压闭锁（方向）过电流保护或仅取消复合电压闭锁。

13. 非电量保护检查

非电量保护共有 10 路输入回路，其中 4 路为信号，6 路可以跳闸。3 路不按相操作的独立的断路器操作回路。将试验结果填写在表 3-177 中。

表 3-177　　试验结果（十一）

非电量名称	信号动作情况	CPU 记录情况	信号、跳闸建议
本体重瓦斯			跳闸
本体轻瓦斯			信号
有载重瓦斯			跳闸
有载轻瓦斯			信号
油温高			信号

续表

非电量名称	信号动作情况	CPU 记录情况	信号、跳闸建议
冷控失电			信号
压力释放			信号

14. 各侧断路器防跳闭锁检查

将控制开关置于合闸位置，然后短接保护跳闸接点，断路器不应跳跃。

15. 信号回路检查

（1）分别模拟差动保护、高压侧后备保护、低压侧后备保护、非电量保护的保护动作、保护告警、保护异常等信号，监控系统应反映正确。

（2）分别模拟变压器各侧断路器 SF_6 压力低告警、SF_6 压力低闭锁、控制回路断线等信号动作，监控系统应反映正确。

16. TA 试验

略。

17. TA 回路直流电阻测量

在保护屏端子排上分别测量保护屏内侧和外侧 TA 回路直流电阻，A、B、C 三相应平衡，将试验结果填写在表 3-178 中。

表 3-178　　　　试验结果（十二）

保护名称	相别		屏上/Ω	屏下/Ω
差动保护	高压侧	AN		
		BN		
		CN		
	桥侧	AN		
		BN		
		CN		
	低压侧	AN		
		BN		
		CN		
高压侧后备保护	AN			
	BN			
	CN			
	AN			
	BN			
	CN			

18. 二次回路绝缘检查

断开保护装置电源，在保护屏端子排处用 1000V 兆欧表分别检查各回路绝缘，将试验结果填写在表 3-179 中。

表 3-179　　　　　　　　　　试 验 结 果（十 三）

项　目	实测值/MΩ	要求值
交流电流—地		＞1MΩ
交流电压—地		
直流回路—地		
交流电流—直流回路		＞1MΩ
交流电压—直流回路		
本体重瓦斯—地		
本体轻瓦斯—地		
有载重瓦斯—地		
有载轻瓦斯—地		
油温高—地		
冷控失电—地		
压力释放—地		
本体重瓦斯接点间		＞500MΩ
本体轻瓦斯接点间		
有载重瓦斯接点间		
有载轻瓦斯接点间		
压力释放接点间		

注　如果绝缘降低，则接点之间可能有“积炭”，应查明原因并进行处理，以防止误动。

19．带断路器整组试验

为减少断路器的跳合闸次数，应尽量使用模拟断路器进行保护跳闸传动。传动项目包括：

（1）差动保护动作跳各侧断路器。

（2）高压侧后备保护各段跳本侧或母联断路器及跳各侧断路器。

（3）低压侧后备保护各段跳本侧或分段断路器及跳各侧断路器。

（4）本体重瓦斯跳各侧断路器。

（5）有载重瓦斯跳各侧断路器。

（6）压力释放跳各侧断路器。

20．安全措施恢复

安全措施恢复后必须经第二人检查无误。

（1）所有设备（包括保护压板）恢复至开工前状态。

（2）恢复高压侧、桥侧、低压侧差动保护交流电流回路 A、B、C、N，恢复后应认真检查，防止开路。

（3）恢复交流电压回路 A、B、C、N，恢复中防止电压回路短路。

（4）恢复各端子箱中 TA 回路及接地点。

第十五节　35kV、10kV站用变压器、电抗器保护校验

（以额定电流为5A的南瑞RCS-9621保护装置为例）

一、检验项目

检验项目如下：

（1）安全措施；

（2）回路及保护装置清扫；

（3）零漂检查；

（4）交流回路精度及线性度检查；

（5）开入接点检查；

（6）定值试验；

（7）非电量保护检查；

（8）断路器防跳闭锁、信号回路检查；

（9）TA试验；

（10）TA回路直流电阻测量；

（11）二次回路绝缘检查；

（12）带断路器整组试验；

（13）安全措施恢复。

二、检验方法

1. 安全措施

（1）断开保护所有压板。

（2）断开保护回路A、B、C、N，测量回路A、C及零序电流回路I_{0S}。

（3）断开交流电压回路A、B、C、N及零序电压回路U_0。

（4）如进行TA通电试验，在端子箱中或开关室断开至母差保护的电流回路A、B、C、N。

（5）断开端子箱中或开关室断开TA回路接地点。

2. 回路及保护装置清扫

用绝缘工具对端子箱、保护屏、保护装置进行清扫，并检查装置背板、插件无问题。

3. 零漂检查

（1）试验条件：交流电流输入回路开路，交流电压输入回路短路。

（2）读取每个交流采样通道的采样值。

（3）将试验结果填写在表3-180中。

表3-180　　试验结果（一）

通道	实测值	误差	通道	实测值	误差
I_A		±0.05A	U_A		±0.05V
I_B			U_B		
I_C			U_C		
I_{AC}			U_0		

续表

通道	实测值	误差	通道	实测值	误差
I_{CC}					
I_{0S}					

4. 交流回路精度及线性度检查

（1）试验条件：在保护屏端子排上分别加入三相交流电流、电压。

（2）读取每个交流采样通道的采样值。

（3）将试验结果填写在表3-181和表3-182中。

表3-181　　试验结果（二）

通道	0.5A	1A	3A	5A	10A	误差
I_A						±5%
I_B						
I_C						
I_{AC}						
I_{CC}						
I_{0S}						

表3-182　　试验结果（三）

通道	10V	20V	30V	50V	60V	误差
U_A						±5%
U_B						
U_C						
U_0						

5. 开入接点检查

使各开入接点动作，在显示屏上观察开入量变化情况，将试验结果填写在表3-183中。

表3-183　　试验结果（四）

开入量					
变位情况					

6. 定值试验

（1）过电流保护Ⅰ段、Ⅱ段：

1）加入单相故障电流 I=1.05×过电流Ⅰ段定值，保护应可靠动作。

2）加入单相故障电流 I=0.95×过电流Ⅰ段定值，保护应可靠不动作。

3）动作时间误差：＜3%整定值+40ms。

4）Ⅱ段同Ⅰ段。

5）将试验结果填写在表 3-184 中。

表 3-184　　　　试 验 结 果（五）

段别	相别	1.05 倍动作时间	0.95 倍动作情况
Ⅰ段	AN		×
	BN		×
	CN		×
Ⅱ段	AN		×
	BN		×
	CN		×

（2）零序过电流保护Ⅰ段、Ⅱ段、Ⅲ段：

1）加入单相故障电流 I=1.05×过电流Ⅰ段定值，保护应可靠动作。

2）加入单相故障电流 I=0.95×过电流Ⅰ段定值，保护应可靠不动作。

3）动作时间误差：＜3%整定值+40ms。

4）Ⅱ、Ⅲ段同Ⅰ段。

5）将试验结果填写在表 3-185 中。

表 3-185　　　　试 验 结 果（六）

段别	相别	1.05 倍动作时间	0.95 倍动作情况
Ⅰ段	AN		×
	BN		×
	CN		×
Ⅱ段	AN		×
	BN		×
	CN		×
Ⅲ段	AN		×
	BN		×
	CN		×

7. 非电量保护检查

模拟非电量保护动作，保护应可靠动作，监控系统中信号正确。

8. 断路器防跳闭锁、信号回路检查

（1）将控制开关置于合闸位置，然后短接保护跳闸接点，断路器不应跳跃。

（2）模拟 SF_6 压力低告警、SF_6 压力低闭锁、控制回路断线等各种信号动作，监控系统应反映正确，SF_6 压力低闭锁时同时闭锁重合闸。

9. TA 试验

略。

10. TA 回路直流电阻测量

在保护屏端子排上分别测量保护屏内侧和外侧 TA 回路直流电阻，A、B、C 三相应平衡，将试验结果填写在表 3-186 中。

表 3-186 试验结果（七）

相别		屏上/Ω	屏下/Ω
保护回路	AN		
	BN		
	CN		
测量回路	AN		
	CN		
零序回路	I_{0S}		

11. 二次回路绝缘检查

断开保护装置电源，在保护屏端子排处用 1000V 兆欧表分别检查各回路绝缘，将试验结果填写在表 3-187 中。

表 3-187 试验结果（八）

项目	实测值/MΩ	要求值
交流电流—地		>1MΩ
交流电压—地		
直流回路—地		
交流电流—直流回路		
交流电压—直流回路		
非电量接点间		>500MΩ

12. 带断路器整组试验

（1）模拟各种故障试验：加入故障电流大于过电流 I 段定值，保护应动作于断路器跳闸。

（2）监控系统中保护告警、保护异常、保护动作等信号应正确。

（3）打印保护动作报告和定值，并再次与定值通知单核对。

13. 安全措施恢复

安全措施恢复后必须经第二人检查无误。

（1）所有设备（包括保护压板）恢复至开工前状态。

（2）恢复保护屏上保护回路 A、B、C、N，测量回路 A、C，零序电流回路 I_{0S}，恢复后应认真检查、防止开路。

（3）恢复保护屏上交流电压回路 A、B、C、N，零序电压回路 U_0，恢复中防止电压回路短路。

（4）恢复端子箱中或开关室至母差保护的电流回路 A、B、C、N 及接地点。

第十六节 35kV、10kV电容器保护校验

（以额定电流为5A的南瑞保护装置为例）

一、检验项目

检验项目如下：

（1）安全措施；

（2）回路及保护装置清扫；

（3）零漂检查；

（4）交流回路精度及线性度检查；

（5）开入接点检查；

（6）定值试验；

（7）断路器防跳闭锁、信号和电压切换回路检查；

（8）TA试验；

（9）TA回路直流电阻测量；

（10）二次回路绝缘检查；

（11）带断路器整组试验；

（12）安全措施恢复。

二、检验方法

1. 安全措施

（1）断开保护所有压板。

（2）断开保护回路A、B、C、N及测量回路A、C。

（3）断开交流电压回路A、B、C、N。

（4）如进行TA通电试验，在端子箱中或开关室断开至母差保护的电流回路A、B、C、N。

（5）断开端子箱中或开关室TA回路接地点。

2. 回路及保护装置清扫

用绝缘工具对端子箱、保护屏、保护装置进行清扫，并检查装置背板、插件无问题。

3. 零漂检查

（1）试验条件：交流电流输入回路开路，交流电压输入回路短路。

（2）读取每个交流采样通道的采样值。

（3）将试验结果填写在表3-188中。

表3-188　　试验结果（一）

通道	实测值	误差	通道	实测值	误差
I_A		±0.05A	U_A		±0.05V
I_B			U_B		
I_C			U_C		
I_{AC}			U_{AC}		
I_{CC}			U_{BC}		
			U_{CC}		

4. 交流回路精度及线性度检查

（1）试验条件：在保护屏端子排上分别加入三相交流电流、电压。

（2）读取每个交流采样通道的采样值。

（3）将试验结果填写在表3-189和表3-190中。

表3-189　　试验结果（二）

通道	0.5A	1A	3A	5A	10A	误差
I_A						±5%
I_B						
I_C						
I_{AC}						
I_{CC}						

表3-190　　试验结果（三）

通道	10V	20V	30V	50V	60V	误差
U_A						±5%
U_B						
U_C						
通道	1V	3V	5V	7V	10V	误差
U_{AC}						
U_{BC}						
U_{CC}						

5. 开入接点检查

使各开入接点动作，在显示屏上观察开入量变化情况，将试验结果填写在表3-191中。

表3-191　　试验结果（四）

开入量					
变位情况					

6. 定值试验

（1）过流保护试验。

1）加入单相故障电流I=1.05×过电流Ⅰ段定值，保护应可靠动作。

2）加入单相故障电流I=0.95×过电流Ⅰ段定值，保护应可靠不动作。

3）加入单相故障电流I=1.05×过电流Ⅱ段定值，保护应可靠动作。

4）加入单相故障电流I=0.95×过电流Ⅱ段定值，保护应可靠不动作。

5）动作时间误差：＜3%整定值+40ms。

6）将试验结果填写在表3-192中。

表3-192　　试验结果（五）

段别	相别	1.05倍动作时间	0.95倍动作情况
Ⅰ段	AN		×

续表

段别	相别	1.05 倍动作时间	0.95 倍动作情况
Ⅰ段	BN		×
	CN		×
Ⅱ段	AN		×
	BN		×
	CN		×

（2）过电压保护、低电压保护试验。

1）加入三相对称电压 U=1.05×过电压定值，保护应可靠动作。

2）加入三相对称电压 U=0.95×过电压定值，保护应可靠不动作。

3）加入三相对称电压 U=0.95×低电压定值，保护应可靠动作。

4）加入三相对称电压 U=1.05×低电压定值，保护应可靠不动作。

5）动作时间误差：＜3%整定值+40ms。

6）将试验结果填写在表 3-193 中。

表 3-193　　　　试 验 结 果（六）

故障相别	1.05 倍过电压定值动作时间	0.95 倍过电压定值动作情况	0.95 倍低电压定值动作情况	1.05 倍低电压定值动作情况
ABC		×		×

（3）低电压保护电流闭锁试验。

加入三相对称电压 U=0.95×低电压定值，单相电流大于低电压电流闭锁定值，保护应不动作，然后平滑减小电流，保护应动作，将试验结果填写在表 3-194 中。

表 3-194　　　　试 验 结 果（七）

故障相别	A 相	B 相	C 相
动作情况	√	√	√

（4）差压保护试验。

1）加入单相电压 U=1.05×差压定值，保护应可靠动作。

2）加入三相对称电压 U=0.95×差压定值，保护应可靠不动作。

3）将试验结果填写在表 3-195 中。

表 3-195　　　　试 验 结 果（八）

故障相别	1.05 倍差压定值动作时间	0.95 倍差压定值动作情况	
U_{AC}		×	
U_{BC}		×	
U_{CC}		×	

7. 断路器防跳闭锁、信号和电压切换回路检查

（1）将控制开关置于合闸位置，然后短接保护跳闸接点，断路器不应跳跃。

（2）模拟 SF_6 压力低告警、SF_6 压力低闭锁、控制回路断线等各种信号动作，监控系统应反映正确，SF_6 压力低闭锁时同时闭锁重合闸。

（3）模拟隔离开关位置接点闭合，相应的电压切换继电器应动作。注意，传动前应将保护屏上电压输入回路开路。

8. TA 试验

略。

9. TA 回路直流电阻测量

在保护屏端子排上分别测量保护屏内侧和外侧 TA 回路直流电阻，A、B、C 三相应平衡，将试验结果填写在表 3-196 中。

表 3-196　　试验结果（九）

相别		屏上/Ω	屏下/Ω
保护回路	AN		
	BN		
	CN		
测量回路	AN		
	CN		

10. 二次回路绝缘检查

断开保护装置电源，在保护屏端子排处用 1000V 绝缘电阻表分别检查各回路绝缘，将试验结果填写在表 3-197 中。

表 3-197　　试验结果（十）

项目	实测值/MΩ	要求值
交流电流—地		＞1MΩ
交流电压—地		
直流回路—地		
交流电流—直流回路		
交流电压—直流回路		

11. 带断路器整组试验

（1）模拟各种故障保护应正确动作，断路器应正确跳闸。

（2）监控系统中保护告警、保护异常、保护动作等信号应正确。

（3）打印保护动作报告和定值，并再次与定值通知单核对。

12. 安全措施恢复

安全措施恢复后必须经第二人检查无误。

（1）所有设备（包括保护压板）恢复至开工前状态。

（2）恢复保护屏上交流电流回路 A、B、C、N 及测量回路 A、C，恢复后应认真检查，防止开路。

（3）恢复保护屏上交流电压回路 A、B、C、N 及电压切换插件，恢复中防止电压回路短路。

（4）恢复端子箱中或开关室交流电流回路A、B、C、N及接地点。

第十七节　分段（母联）自投校验

（以额定电流为5A的南瑞RCS-9651装置为例）

一、检验项目

检验项目如下：

（1）安全措施；

（2）回路及保护装置清扫；

（3）零漂检查；

（4）交流回路精度及线性度检查；

（5）开入接点检查；

（6）自投逻辑试验；

（7）复合电压闭锁过电流保护试验；

（8）复合电压闭锁元件试验；

（9）零序过电流保护；

（10）TV断线；

（11）断路器防跳闭锁、信号回路检查；

（12）TA试验；

（13）TA回路直流电阻测量；

（14）二次回路绝缘检查；

（15）带断路器整组试验；

（16）安全措施恢复。

二、检验方法

1．安全措施

（1）断开保护所有压板，联跳运行断路器压板的上端应用绝缘胶布缠绕。

（2）断开保护回路A、B、C、N、I_{0S}，测控回路A、C。

（3）断开Ⅰ母、Ⅱ母电压回路A、B、C、N。

（4）断开端子箱中或开关室TA回路接地点。

2．回路及保护装置清扫

用绝缘工具对端子箱、保护屏、保护装置进行清扫，并检查装置背板、插件无问题。

3．零漂检查

（1）试验条件：交流电流输入回路开路，交流电压输入回路短路。

（2）读取每个交流采样通道的采样值。

（3）将试验结果填写在表3-198中。

表3-198　　试验结果（一）

通道	实测值	误差	通道	实测值	误差
I_A		±0.05A	U_{A1}		±0.05V
I_B			U_{B1}		

续表

通道	实测值	误差	通道	实测值	误差
I_C		±0.05A	U_{C1}		±0.05V
I_{0S}			U_{A2}		
I_{AC}			U_{B2}		
I_{CC}			U_{C2}		

4. 交流回路精度及线性度检查

（1）试验条件：在保护屏端子排上分别加入三相交流电流、电压。

（2）读取每个交流采样通道的采样值。

（3）将试验结果填写在表 3-199 和表 3-200 中。

表 3-199　　试 验 结 果（二）

通道	0.5A	1A	3A	5A	10A	误差
I_A						±5%
I_B						
I_C						
I_{0S}						
I_{AC}						
I_{CC}						

表 3-200　　试 验 结 果（三）

通道	10V	20V	30V	50V	60V	误差
U_{A1}						±5%
U_{B1}						
U_{C1}						
U_{A2}						
U_{B2}						
U_{C2}						

5. 开入接点检查

使各开入接点动作，在显示屏上观察开入量变化情况，将试验结果填写在表 3-201 中。

表 3-201　　试 验 结 果（四）

开入量					
变位情况					

6. 自投逻辑试验

（1）自投方式 1、方式 2：分段开关自投。

1）充电条件：

①Ⅰ母、Ⅱ母均三相有压。

②1DL、2DL 在合位，3DL 在分位。

③经 15s 后充电完成。

2）放电条件：

①3DL 在合位。

②Ⅰ母、Ⅱ母均无压。

③有外部闭锁信号。

④手跳 1DL、2DL（KKJ 闭锁备投开入=0）。

⑤1DL、2DL、3DL 的 TWJ 异常。

3）动作过程：

①模拟Ⅰ母无电压，1 号进线无电流，Ⅱ母有电压，则经过自投跳闸延时跳开 1DL，确认 1DL 跳开（1TWJ 为 1）后，合上 3DL。

②模拟Ⅱ母无电压，2 号进线无电流，Ⅰ母有电压，则经过自投跳闸延时跳开 2DL，确认 2DL 跳开（2TWJ 为 1）后，合上 3DL。

③如果自投于故障，则动作，加速跳开 3DL。

注意，过电流加速段保护或零序加速段保护在自投或重合闸发出合闸命令时自动投入 3s。

（2）自投方式 3、方式 4：分段开关自投。

1）充电条件：

①1DL、2DL 在合位，3DL 在分位。

②经 15s 后充电完成。

2）放电条件：

①3DL 在合位。

②有外部闭锁信号。

③手跳 1DL、2DL（KKJ 闭锁备投开入=0）。

④1DL、2DL、3DL 的 TWJ 异常。

3）动作过程：

①模拟 1DL 跳开，1 号进线无电流，经延时，再次确认 1DL 跳开（1TWJ=1）后，合上 3DL。

②模拟 2DL 跳开，2 号进线无电流，经延时，再次确认 2DL 跳开（2TWJ=1）后，合上 3DL。

③如果自投于故障，则动作，加速跳开 3DL。

注意，过电流加速段保护或零序加速段保护在自投或重合闸发出合闸命令时自动投入 3s。

7. 复合电压闭锁过电流保护试验

（1）加入三相正序电压 U=30V，单相电流 I=1.05×过电流Ⅰ段定值，保护应可靠动作跳闸。

（2）加入三相正序电压 U=30V，单相电流 I=0.95×过电流Ⅰ段定值，保护应可靠不动作。

（3）Ⅱ段相同。

（4）动作时间误差：＜3%整定值+40ms。

（5）将试验结果填写在表 3-202 中。

表 3-202　　试 验 结 果（五）

段别	相别	1.05 倍动作时间	0.95 倍动作情况
Ⅰ段	AN		×
	BN		×
	CN		×
Ⅱ段	AN		×
	BN		×
	CN		×
Ⅲ段	AN		×
	BN		×
	CN		×

8. 复合电压闭锁元件试验

（1）试验条件：过电流Ⅲ段时间整定为 0s。

（2）加入单相电流 I=1.05×过电流Ⅲ段定值，加入三相正序电压 U=0.95 倍低电压定值，保护应可靠动作。

（3）加入单相电流 I=1.05×过电流Ⅲ段定值，加入三相正序电压 U=1.05 倍低电压定值，保护应可靠不动作。

（4）加入单相电流 I=1.05×过电流Ⅲ段定值，加入三相负序电压 U=1.05 倍负序电压定值，保护应可靠动作。

（5）加入单相电流 I=1.05×过电流Ⅲ段定值，加入三相负序电压 U=0.95 倍负序电压定值，保护应可靠不动作。

（6）将试验结果填写在表 3-203 中。

表 3-203　　试 验 结 果（六）

保护名称	1.05 倍动作情况	0.95 倍动作情况	
低电压	×	√	
负序电压	√	×	

9. 零序过电流保护

（1）加入单相故障电流 I=1.05×零序过电流定值，保护应可靠动作。

（2）加入单相故障电流 I=0.95×零序过电流定值，保护应可靠不动作。

（3）动作时间误差：＜3%整定值+40ms。

（4）将试验结果填写在表 3-204 中。

表 3-204　　试 验 结 果（七）

通道	动作时间	0.95 倍动作情况
I_{0S}		×

10. TV 断线

（1）Ⅰ母 TV 断线判据。

1）正序电压小于 30V，且 $I_1>0.02I_n$ 或 1DL 在跳位、3D 在合位且 $I_2>0.02I_n$。

2）负序电压大于 8V。

（2）Ⅱ母 TV 断线判据。

1）正序电压小于 30V，且 $I_2>0.02I_n$ 或 2DL 在跳位、3D 在合位且 $I_1>0.02I_n$。

2）负序电压大于 8V。

3）Ⅰ母、Ⅱ母 TV 断线时退出复合电压闭锁功能。

11. 断路器防跳闭锁、信号回路检查

（1）将控制开关置于合闸位置，然后短接保护跳闸接点，断路器不应跳跃。

（2）模拟 SF_6 压力低告警、SF_6 压力低闭锁、控制回路断线等各种信号动作，监控系统应反映正确，SF_6 压力低闭锁时同时闭锁重合闸。

12. TA 试验

略。

13. TA 回路直流电阻测量

在保护屏端子排上分别测量保护屏内侧和外侧 TA 回路直流电阻，A、B、C 三相应平衡，将试验结果填写在表 3-205 中。

表 3-205　　试 验 结 果（八）

相别		屏　上/Ω	屏　下/Ω
保护回路	AN		
	BN		
	CN		
	I_{0S}		
测量回路	AN		
	CN		

14. 二次回路绝缘检查

断开保护装置电源，在保护屏端子排处用 1000V 兆欧表分别检查各回路绝缘，将试验结果填写在表 3-206 中。

表 3-206　　试 验 结 果（九）

项　目	实测值/MΩ	要求值
交流电流—地		>1MΩ
交流电压—地		
直流回路—地		
交流电流—直流回路		
交流电压—直流回路		

15. 带断路器整组试验

（1）模拟故障试验：加入故障电流大于过电流Ⅰ（Ⅱ）段定值，保护应动作跳开分段开关。

（2）监控系统中保护告警、保护异常、保护动作等信号应正确。

（3）打印保护动作报告和定值，并再次与定值通知单核对。

16. 安全措施恢复

安全措施恢复后必须经第二人检查无误。

（1）所有设备（包括保护压板）恢复至开工前状态。

（2）恢复保护屏上保护回路 A、B、C、N，I_{0S}，测量回路 A、C，恢复后应认真检查，防止开路。

（3）恢复保护屏上Ⅰ母、Ⅱ母电压回路 A、B、C、N，恢复中防止电压回路短路。

（4）恢复端子箱中或开关室 TA 回路接地点。

第十八节 线路自投校验

（以额定电流为 5A 的南瑞 RCS-9652 装置为例）

一、检验项目

检验项目如下：

（1）安全措施；

（2）回路及保护装置清扫；

（3）零漂检查；

（4）交流回路精度及线性度检查；

（5）开入接点检查；

（6）自投逻辑试验；

（7）TV 断线；

（8）断路器防跳闭锁、信号回路检查；

（9）TA 回路直流电阻测量；

（10）二次回路绝缘检查；

（11）安全措施恢复。

二、检验方法

1. 安全措施

（1）断开保护所有压板，联跳运行断路器压板的上端应用绝缘胶布缠绕。

（2）断开交流电流回路 A、B、C、N，I_1、I_2。

（3）断开Ⅰ母、Ⅱ母电压回路 A、B、C、N 以及 1 号进线线路电压 U_{x1}、2 号进线线路电压 U_{x2}。

（4）断开端子箱中或开关室 TA 回路接地点。

2. 回路及保护装置清扫

用绝缘工具对端子箱、保护屏、保护装置进行清扫，并检查装置背板、插件无问题。

3. 零漂检查

（1）试验条件：交流电流输入回路开路，交流电压输入回路短路。

（2）读取每个交流采样通道的采样值。

（3）将试验结果填写在表 3-207 中。

表 3-207　　　　试 验 结 果（一）

通道	实测值	误差	通道	实测值	误差
I_A		±0.05A	U_{A1}		±0.05V
I_B			U_{B1}		
I_C			U_{C1}		
I_1			U_{A2}		
I_2			U_{B2}		
			U_{C2}		
			U_{x1}		
			U_{x2}		

4．交流回路精度及线性度检查

（1）试验条件：在保护屏端子排上分别加入三相交流电流、电压。

（2）读取每个交流采样通道的采样值。

（3）将试验结果填写在表 3-208 和表 3-209 中。

表 3-208　　　　试 验 结 果（二）

通道	0.5A	1A	3A	5A	10A	误差
I_A						±5%
I_B						
I_C						
I_1						
I_2						

表 3-209　　　　试 验 结 果（三）

通道	10V	30V	60V	90V	120V	误差
U_{A1}						±5%
U_{B1}						
U_{C1}						
U_{A2}						
U_{B2}						
U_{C2}						
U_{x1}						
U_{x2}						

5．开入接点检查

使各开入接点动作，在显示屏上观察开入量变化情况，将试验结果填写在表 3-210 中。

表 3-210　　　　　　　　　　　　试 验 结 果（四）

开入量					
变位情况					

6. 自投逻辑试验

（1）方式 1：线路自投，1DL、3DL 在合位，2DL 在分位，自投动作时跳 1DL，合 2DL。

1）充电条件：

①Ⅰ母、Ⅱ母均三相有电压，2 号线路有电压。

②1DL、3DL 在合位，2DL 在分位。

③经 15s 后充电完成。

2）放电条件：

①2 号线路无电压。

②2DL 在合位。

③手跳 1DL、3DL（KKJ 闭锁备投开入=0）。

④有外部闭锁信号。

⑤1DL、2DL、3DL 的 TWJ 异常。

3）动作过程：模拟Ⅰ母、Ⅱ母均无压，U_{x2} 线路有压，I_1 线路无流，经延时 T_{b1} 跳开 1DL，确认 1DL 跳开（1TWJ=1）后，合上 2DL。

（2）方式 2：线路自投，2DL、3DL 在合位，1DL 在分位，自投动作跳 2DL 合 1DL。

1）充电条件：

①Ⅰ母、Ⅱ母均三相有压，1 号线路有压。

②2DL、3DL 在合位，1DL 在分位。

③经 15s 后充电完成。

2）放电条件：

①1 号线路无压。

②1DL 在合位。

③手跳 2DL、3DL（KKJ 闭锁备投开入=0）。

④有外部闭锁信号。

⑤1DL、2DL、3DL 的 TWJ 异常。

3）动作过程：模拟Ⅰ母、Ⅱ母均无压，U_{x1} 线路有压，I_2 线路无流，经延时 T_{b2} 跳开 2DL，确认 2DL 跳开（2TWJ=1）后，合上 1DL。

（3）方式 3、方式 4：桥开关自投，1DL、2DL 在合位，3DL 在分位，自投动作跳 1DL 或 2DL 合 3DL。

1）充电条件：

①Ⅰ母、Ⅱ母均三相有压，1 号线路有压。

②1DL、2DL 在合位，3DL 在分位。

③经 15s 后充电完成。

2）放电条件：

①3DL 在合位。

②手跳 1DL、2DL（KKJ 闭锁备投开入=0）。

③有外部闭锁信号。

④1DL、2DL、3DL 的 TWJ 异常。

3）动作过程：

①方式 3：模拟Ⅰ母无压，I_1无流，Ⅱ母有压，经延时 T_{b3}跳开 1DL，确认 1DL 跳开（1TWJ=1）后，合上 3DL。

②方式 4：模拟Ⅱ母无压，I_2无流，Ⅰ母有压，经延时 T_{b4}跳开 2DL，确认 2DL 跳开（2TWJ=1）后，合上 3DL。

7. TV 断线

（1）Ⅰ母 TV 断线判据：

1）正序电压小于 30V，且 $I_1>0.02I_n$或 1DL 在跳位、3D 在合位且 $I_2>0.02I_n$。

2）负序电压大于 8V。

（2）Ⅱ母 TV 断线判据：

1）正序电压小于 30V，且 $I_2>0.02I_n$或 2DL 在跳位、3D 在合位且 $I_1>0.02I_n$。

2）负序电压大于 8V。

（3）Ⅰ母、Ⅱ母 TV 断线时退出复合电压闭锁功能。

8. 断路器防跳闭锁、信号回路检查

（1）将控制开关置于合闸位置，然后短接保护跳闸接点，断路器不应跳跃。

（2）模拟 SF_6压力低告警、SF_6压力低闭锁、控制回路断线等各种信号动作，监控系统应反映正确，SF_6压力低闭锁时同时闭锁重合闸。

9. TA 回路直流电阻测量

在保护屏端子排上分别测量保护屏内侧和外侧 TA 回路直流电阻，A、B、C 三相应平衡，将试验结果填写在表 3-211 中。

表 3-211　　　　试 验 结 果（五）

相别		屏　上/Ω	屏　下/Ω
保护回路	AN		
	BN		
	CN		
	I_{0S}		
测量回路	AN		
	CN		

10. 二次回路绝缘检查

断开保护装置电源，在保护屏端子排处用 1000V 绝缘电阻表分别检查各回路绝缘，将试验结果填写在表 3-212 中。

表 3-212　　　　试 验 结 果（六）

项　目	实测值/MΩ	要求值
交流电流—地		>1MΩ
交流电压—地		

续表

项　目	实测值/MΩ	要求值
直流回路—地		
交流电流—直流回路		
交流电压—直流回路		

11．安全措施恢复

安全措施恢复后必须经第二人检查无误。

（1）所有设备（包括保护压板）恢复至开工前状态。

（2）恢复保护屏上交流电流回路 A、B、C、N、I_1、I_2，恢复后应认真检查，防止开路。

（3）恢复保护屏上Ⅰ母、Ⅱ母电压回路 A、B、C、N 以及 1 号进线线路电压 U_{x1}、2 号进线线路电压 U_{x2}，恢复中防止电压回路短路。

（4）恢复端子箱中或开关室 TA 回路接地点。

第十九节　电流互感器、电压互感器、断路器、隔离开关、操作箱及其回路的检验

一、新安装或新更换电流互感器及其回路的验收检验

（1）建立 TA 台账：包括 TA 电流比范围、二次线圈数量及抽头、准确度级别。

（2）接线柱、线号牌、电缆标牌等应打印，且清晰、正确。

（3）TA 二次线圈选 5 个线圈：从母线侧依次为保护、母差、录波、测量、计量。

（4）线路（变压器）保护与母差保护用线圈必须交叉，以消除 TA 本身故障时的死区。

（5）所有绕组极性检查（以一相为例）：TA 一次侧以母线为极性，将试验结果填写在表 3-213 中。

表 3-213　　　　试 验 结 果（一）

组别	第 1 组		第 2 组		第 3 组		第 4 组		第 5 组		第 6 组		第 7 组	
接线柱	1S1	1S2	2S1	2S2	3S1	3S2	4S1	4S2	5S1	5S2	6S1	6S2	7S1	7S2
极性	+	–	+	–	+	–	+	–	+	–	+	–	+	–
引出端	1S1		2S1		3S1		4S1		5S1		6S1		7S1	

注　变压器套管 TA 在点极性时需要将其他侧一次侧 A、B、C 三相短路。

（6）电流比试验（以一相为例）。

从 TA 一次侧通入大电流，在端子箱中测量每个二次绕组及其抽头的二次电流，计算出实际电流比，应与标称电流比一致，将试验结果填写在表 3-214 中。

表 3-214　　　　试 验 结 果（二）

组别	第 1 组		第 2 组		第 3 组		第 4 组		第 5 组		第 6 组		第 7 组	
接线柱	1S1	1S2	2S1	2S2	3S1	3S2	4S1	4S2	5S1	5S2	6S1	6S2	7S1	7S2
标称电流比														

续表

组别	第 1 组		第 2 组		第 3 组		第 4 组		第 5 组		第 6 组		第 7 组	
接线柱	1S1	1S2	2S1	2S2	3S1	3S2	4S1	4S2	5S1	5S2	6S1	6S2	7S1	7S2
一次电流														
二次电流														
实测电流比														

（7）伏安特性试验（以一相为例）。

从端子箱中测量每个绕组的 VA 特性，保护与测量、计量应有明显的区别，并分别满足要求，将试验结果填写在表 3-215 中。

表 3-215　　试验结果（三）

组别	接线柱		0.5A	1A	3A	5A	10A	15A	20A	25A
第 1 组	1S1	1S2								
第 2 组	2S1	2S2								
第 3 组	3S1	3S2								
第 4 组	4S1	4S2								
第 5 组	5S1	5S2								
第 6 组	6S1	6S2								
第 7 组	7S1	7S2								

（8）二次负担试验（以一相为例）。

从端子箱中测量每个绕组的二次负担，应满足 10%误差要求，将试验结果填写在表 3-216 中。

表 3-216　　试验结果（四）

组别	第 1 组		第 2 组		第 3 组		第 4 组		第 5 组		第 6 组		第 7 组	
接线柱	1S1	1S2	2S1	2S2	3S1	3S2	4S1	4S2	5S1	5S2	6S1	6S2	7S1	7S2
二次电流	5A		5A		5A		5A		5A		5A		5A	
二次电压														
计算负担														
TA 线圈直阻														
是否满足 10%误差														

（9）检查 TA 二次绕组所有二次接线的正确性及端子排引线螺钉压接的可靠性。

（10）检查电流二次回路的接地点与接地状况，TA 的二次回路必须分别且只能有一点接地；由几组 TA 二次组合的电流回路，应在有直接电气连接处一点接地。

（11）进行新安装验收试验时，用 1000V 绝缘电阻表测量绝缘电阻，其阻值均应大于 10MΩ。

二、新安装或新更换电压互感器及其回路的验收检验

（1）建立 TV 台账：包括 TV 电压比范围、二次线圈数量及抽头、准确度级别。

（2）接线柱、线号牌、电缆标牌等应打印，且清晰、正确。

（3）TV 二次线圈选 3～4 个线圈：依次为保护一、保护二、测量+计量、辅助线圈。

（4）所有绕组极性检查（以一相为例）：TA 一次侧以母线为极性，将试验结果填写在表 3-217 中。

表 3-217　　试验结果（五）

组别	第 1 组		第 2 组		第 3 组		第 4 组	
接线柱	a1	x1	a2	x2	a3	x3	af	xf
极性	+	−	+	−	+	−	+	−
引出端	a1		a2		a3		af	

（5）检查 TV 二次、三次绕组的所有二次回路接线的正确性及端子排引线螺钉压接的可靠性。

（6）各 TV 二次中性点在开关场的接地点应断开，几组 TA 二次回路的 N600 在控制室连通，并只在控制室将一点接地。

（7）开关场各绕组中性点经金属氧化物避雷器接地，其安装应符合规定。

（8）为保证接地可靠，各 TV 的中性线不得接有可能断开的熔断器（自动开关）或接触器等。

（9）独立的、与其他互感器二次回路没有直接电气联系的二次回路，可以在控制室或在开关场一点接地。

（10）来自 TV 二次回路的 4 根开关场引入线和互感器三次回路的 2（3）根开关场引入线必须分开，不得共用。

（11）检查 TV 二次回路中所有熔断器（自动开关）的装设地点、熔断（脱扣）电流是否合适（自动开关的脱扣电流需通过试验确定）、质量是否良好，能否保证选择性，自动开关线圈阻抗值是否合适。

（12）检查串联在电压回路中的熔断器（自动开关）、隔离开关及切换设备触点接触的可靠性。

（13）测量电压回路自互感器引出端子到配电屏电压母线的每相直流电阻，并计算 TV 在额定容量下的压降，其值不应超过额定电压的 3%。

（14）进行新安装验收试验时，用 1000V 绝缘电阻表测量绝缘电阻，其阻值均应大于 10MΩ。

三、断路器、隔离开关及二次回路的检验

（1）断路器及隔离开关中的一切与装置二次回路有关的调整试验工作，均由管辖断路器、隔离开关的有关人员负责进行。

（2）继电保护检验人员应了解并掌握有关设备的技术性能及其调试结果，并负责检验自保护屏柜引至断路器（包括隔离开关）二次回路端子排处有关电缆线连接的正确性及螺钉压接的可靠性。

（3）继电保护人员还应了解以下内容：

1）断路器的跳闸线圈及合闸线圈的电气回路接线方式（包括防止断路器跳跃回路、三相不一致回路等措施）。

2）与保护回路有关的辅助触点的开闭情况、切换时间、构成方式及触点容量。

3）断路器二次操作回路中的气压、液压及弹簧压力等监视回路的工作方式。

4）断路器二次回路接线图。

5）断路器跳闸及合闸线圈的电阻值及在额定电压下的跳、合闸电流。

6）断路器跳闸电压及合闸电压，其值应满足相关规程的规定。

7）断路器的跳闸时间、合闸时间及合闸时三相触头不同时闭合的最大时间差，应不大于规定值。

四、操作箱检验

（1）对于分相操作断路器，应逐相传动防止断路器跳跃回路。

（2）对于操作箱中的出口继电器，还应进行动作电压范围的检验，其值应在55%～70%额定电压之间。对于其他逻辑回路的继电器，应满足80%额定电压下可靠动作。

（3）操作箱的检验根据厂家调试说明书并结合现场情况进行，并重点检验下列元件及回路的正确性：

1）防止断路器跳跃回路和三相不一致回路。如果使用断路器本体的防止断路器跳跃回路和三相不一致回路，则检查操作箱的相关回路是否满足运行要求。

2）交流电压的切换回路。

3）合闸回路、跳闸 1 回路、跳闸 2 回路的接线正确性，并保证各回路之间不存在寄生回路。

（4）新建及重大改造设备需利用操作箱对断路器进行下列传动试验：

1）断路器就地分闸、合闸传动。

2）断路器远方分闸、合闸传动。

3）防止断路器跳跃回路传动。

4）断路器三相不一致回路传动。

5）断路器操作闭锁功能检查。

6）断路器操作油压或空气压力继电器、SF_6密度继电器及弹簧压力等触点的检查。

7）检查压力低闭锁合闸、闭锁重合闸、闭锁跳闸等功能是否正确。

8）断路器辅助触点检查，远方、就地方式功能检查。

9）在使用操作箱的防止断路器跳跃回路时，应检验串联接入跳合闸回路的自保持线圈，其动作电流不应大于额定跳合闸电流的50%，线圈压降小于额定值的5%。

10）所有断路器信号检查。

（5）操作箱定期检验时可结合装置的整组试验一并进行。

附录　光纤通道的检查、试验方法

1. 通道调试前的准备工作

1）调试通道前，首先要检查光纤头是否清洁。光纤连接时，一定要注意检查 FC 连接头上的凸台和砝琅盘上的缺口对齐，然后旋紧 FC 连接头。

2）当连接不可靠或光纤头不清洁时，仍能收到对侧数据，但收信裕度大大降低，当系统扰动或操作时，会导致通道异常，故必须严格校验光纤连接的可靠性。

3）若保护使用的通道中有通道接口设备，应保证通道接口装置良好接地，接口装置至通信设备间的连接线应符合厂家要求，其屏蔽层两端应可靠接地，通信机房的接地网应与保护设备的接地网物理上完全分开。

2. 专用光纤通道的调试步骤

1）用光功率计和尾纤，检查保护装置的发光功率是否和通道插件上的标称值一致，常规插件波长为 1310nm 的发信功率在–16dBm 左右，超长距离波长为 1550nm 的发信功率在–11dBm 左右。

2）用光功率计检查由对侧来的光纤收信功率，校验收信裕度，常规插件波长为 1310nm 的接收灵敏度为–45dBm（64K）或–35dBm（2M）；超长距离波长为 1550nm 的接收灵敏度为–45dBm（64K）或–40dBm（2M）；应保证收信功率裕度（功率裕度=收信功率–接收灵敏度）在 6dB 以上，最好要有 10dB。若线路比较长导致对侧接收光功率不满足接收灵敏度要求时，可以在对侧装置内通过跳线增加发送功率，同时检查光纤的衰耗是否与实际线路长度相符（尾纤的衰耗一般很小，应在 2dB 以内，光缆平均衰耗：1310nm 的为 0.35dB/km，1550nm 的为 0.2dB/km）。

3）分别用尾纤将两侧保护装置的光纤发信、收信自环，将“通道×内部时钟”控制字置 1，本侧纵联码、对侧纵联码整定相等，经一段时间的观察，保护装置不能有“通道异常”告警信号，同时通道状态中的各个状态计数器均维持不变。

4）恢复正常运行时的定值，将通道恢复到正常运行时的连接，投入通道 A、B，保护装置通道异常灯应不亮，无通道异常信号，通道状态中的各个状态计数器维持不变。

3. 复用通道的调试步骤

1）检查两侧保护装置的发光功率和接收功率，校验收信裕度，方法同专用光纤。

2）分别用尾纤将两侧保护装置的光纤发信、收信自环，将“通道×内部时钟”控制字置 1。

3）本侧纵联码、对侧纵联码整定相等，经一段时间的观察，保护装置不能有通道异常告警信号，同时通道状态中的各个状态计数器均维持不变。

4）两侧正常连接保护装置和 MUX 之间的光缆，检查 MUX 装置的光发送功率、光接收功率（MUX 的光发送功率一般为–10dBm，接收灵敏度为–30.0dBm）。

5）MUX 的收信光功率应在–20dBm 以上，保护装置的收信功率应在–15dBm 以上。站内光缆的衰耗应不超过 2dB。

6）两侧在接口设备的电接口处自环，将“通道×内部时钟”控制字置 1，本侧纵联码、对侧纵联码整定相等，经一段时间的观察，保护不能报通道异常告警信号，同时通道状态中的各个状态计数器均不能增加。

7）利用误码仪测试复用通道的传输质量，要求误码率越低越好。同时不能有 NO SIGNAL、AIS、PATTERN LOS 等其他告警。通道测试时间要求至少超过 24h。

8）如果现场没有误码仪，可分别在两侧远程自环测试通道。方法如下：将本侧保护装置的“通道×内部时钟”控制字置 0（对于 64K 速率的装置，此控制字置 0；对于 2M 速率的装置，此控制字仍置 1），本侧纵联码、对侧纵联码整定相等；在对端的电接口自环。

9）经一段时间测试（至少超过 24h），保护不能报通道异常告警信号，同时通道状态中的各个状态计数器维持不变（一段时间后，可能会有小幅度的增加），完成后再到对侧重复测试一次。

10）恢复两侧接口装置电接口的正常连接，将通道恢复到正常运行时的连接。将定值恢复到正常运行时的状态。

11）投入通道压板，保护装置通道异常灯不亮，无通道异常信号。通道状态中的各个状态计数器维持不变（一段时间后，可能会有小幅度的增加）。

4. 通道良好的判断方法

1）保护装置没有“通道异常”告警，装置面板上“通道异常灯”不亮，通道告警接点不闭合。

2）“保护状态”→“通道状态”中有关通道状态统计的计数应恒定不变化（一段时间后，可能会有小幅度的增加，以每天增加不超过 10 个为宜）。

3）必须满足以上两个条件才能判定保护装置所使用的光纤通道通信良好，可以将差动保护投入运行。